현장

용어 사전

현장 전문가가 알기 쉽게 설명한

항공 용어 사전

남명관 지음

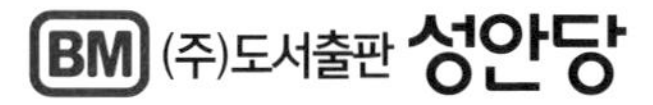

도서 A/S 안내

성안당에서 발행하는 모든 도서는 저자와 출판사, 그리고 독자가 함께 만들어 나갑니다.

좋은 책을 펴내기 위해 많은 노력을 기울이고 있습니다. 혹시라도 내용상의 오류나 오탈자 등이 발견되면 "좋은 책은 나라의 보배"로서 우리 모두가 함께 만들어 간다는 마음으로 연락주시기 바랍니다. 수정 보완하여 더 나은 책이 되도록 최선을 다하겠습니다.

성안당은 늘 독자 여러분들의 소중한 의견을 기다리고 있습니다. 좋은 의견을 보내주시는 분께는 성안당 쇼핑몰의 포인트(3,000포인트)를 적립해 드립니다.

잘못 만들어진 책이나 부록 등이 파손된 경우에는 교환해 드립니다.

저자 문의 e-mail : mknam1903@gmail.com(남명관)

본서 기획자 e-mail : coh@cyber.co.kr(최옥현)

홈페이지 : http://www.cyber.co.kr 전화 : 031) 950-6300

머리말

2020년 시작된 신종 코로나바이러스의 전 세계적 확산으로 인한 팬데믹 상황이 2021년 현재도 우리 항공산업 전체를 막다른 골목으로 내몰고 있다. 하지만 긴 겨울이 지나고 나면 봄이 오듯이, 우리의 항공산업 현장에도 따뜻한 봄날이 찾아올 것임을 믿는다.

우리나라 항공시장은 88올림픽 이후 해외여행이 자유화되면서 급팽창하였고 항공종사자 수요도 폭발적으로 늘어나 인력난에 시달리기도 했다. 따라서 지금 항공산업이 위기라고 해도 하늘 길은 반드시 열릴 것이기에 코로나 19 환경으로 인해 방황하고 있는 예비 항공종사자들에게 "추운 겨울이 가면 따뜻한 봄이 온다."라는 희망의 메시지를 전하고 싶다.

1973년 5월 B747-200 점보 항공기가 우리나라에 도입된 이래 거의 반세기가 지난 현재, 항공기 제작기술의 발달에 따라 50%의 복합소재로 제작된 친환경 항공기가 도입되고, 사회적 관심도 항공운송사업 중심의 시장구조에서 MRO를 근간으로 하는 항공기 정비사업으로 이동하고 있다. 현재 전국에는 항공정비사 양성을 위한 전문교육기관이 37개소 이상 운영되고 있으며, 때를 같이하여 국토교통부에서는 「항공안전법」을 개정하고 지정전문교육기관에서 사용할 수 있는 표준교재를 개발하는 등 보다 효과적인 항공종사자 양성을 위한 터전이 마련되었다. 하지만 이와 같은 큰 변화에도 불구하고 아직 교육현장이나 산업현장에서는 학습자와 종사자들의 궁금증 해소를 위한 도구가 충분히 마련돼 있다고 볼 수는 없다.

이에 저자는 항공종사자 양성을 위한 교육현장에서 20여 년을 몸담고 있는 동안 해소되지 않았던 도구에 대한 갈증을 직접 풀어 봐야겠다는 생각을 하게 되었고, 두려운 마음으로 항공용어사전 만들기를 실행에 옮기게 되었다.

무엇보다 신속 정확성이 요구되는 항공산업의 특성상 항공산업 현장에서 사용되는 용어는 관련 종사자들의 효과적이고 정확한 의사소통과 업무 수행을 위해서 항공 관련 기술의 발전 상황과 개정된 법률 조항을 신속하게 반영했을 때 본연의 기능을 다할 수 있다고 생각한다. 이러한 이유에서 「항공안전법」을 중심으로 한 현행 항공법규에서 정의하고 있는 용어와 국토교통부 표준교재에 사용된 핵심 용어들을 중심으로 항목을 구성하였다. 예비 항공종사자들까지 쉽게 사용할 수 있도록 필요한 부분에는 삽화를 그려서 넣었고, 삽화 작업으로 표현이 어려운 부분은 현장에서 촬영한 사진을 함께 넣어 이해도를 높이고자 노력하였다.

작은 걸음으로 시작된 본서이지만 앞으로 독자들의 고견과 항공시장의 환경 변화를 지속적으로 반영하면서 기초가 탄탄한 도구로서의 역할을 다할 수 있는 항공용어사전으로 만들어 나갈 것을 다짐한다.

끝으로 소장하고 있던 귀한 서적을 건네주시면서 힘을 실어 주신 성안당 이종춘 회장님과 편집부 여러분, “기록을 남겨야 한다.”는 말씀으로 응원해 주신 대한항공 정비본부 황인종 본부장님, 조언과 자료 제공에 힘써 주신 정비 현장의 친우님들, 그리고 묵묵히 지켜봐 준 가족들에게 깊은 감사의 마음을 전한다.

저자 남명관

이 책은 현장 실무자는 물론, 미래의 항공종사자들도 쉽게 활용할 수 있도록 현장에서 촬영한 많은 사진과 삽화를 넣어 이해도를 높였다.

1. 항목의 선택

현행 「항공안전법」을 중심으로 한 항공법규에서 정의하고 있는 용어와 국토교통부 표준교재에 사용된 핵심 용어들을 엄선하여 항목을 구성하였다.

2. 표제어

본문의 표제어는 알파벳순으로 배열하였고, 현장에서 많이 쓰이는 약어를 병기하였다.

3. 색 인

한글 색인을 수록하여 해당 항목의 내용을 쉽게 찾아볼 수 있도록 하였다.

4. 항공기 소개

각 표제어 맨 뒤의 여백을 활용하여 현재 운용 중인 주요 항공기의 이미지를 설명과 함께 넣었다(37쪽, 73쪽, 100쪽, 112쪽, 119쪽, 130쪽, 149쪽, 178쪽, 207쪽).

5. 참고 도서

아래 도서를 참고하여 원고를 구성하였다.

1. 법제처, 고정익항공기를 위한 운항기술기준, 국토교통부고시 제2021-15호, 2021.
2. 법제처, 공항시설법, 법률 제17689호, 2020.

3. 정규수, 로켓과학 I, 지성사, 2015.
4. 나카무라 간지, 비행기구조교과서, 보누스, 2017.
5. 법제처, 정비프로그램 개발 지침, 국토교통부고시 제2020-279호, 2020.
6. 법제처, 항공기기술기준, 국토교통부 고시 제2021-828호, 2021.
7. 국토교통부, 항공기 기체 제1권 기체구조/판금(항공정비사 표준교재), 성안당, 2021.
8. 국토교통부, 항공기 기체 제2권 항공기 시스템(항공정비사 표준교재), 성안당, 2021.
9. 남명관, 항공기 시스템, 성안당, 2018.
10. 국토교통부, 항공기 엔진 제1권 왕복엔진(항공정비사 표준교재), 성안당, 2021.
11. 국토교통부, 항공기 엔진 제2권 가스터빈엔진(항공정비사 표준교재), 성안당, 2021.
12. 국토교통부, 항공기 전자전기계기 기본편(항공정비사 표준교재), 성안당, 2021.
13. 국토교통부, 항공기 전자전기계기 심화편(항공정비사 표준교재), 성안당, 2021.
14. 이상종, 항공계기시스템, 성안당, 2019.
15. 국토교통부, 항공법규(항공정비사 표준교재), 성안당, 2021.
16. 이상종, 항공전기전자, 성안당, 2019
17. 국토교통부, 항공정비일반(항공정비사 표준교재), 성안당, 2021.
18. 법제처, 항공보안법, 법률 제17646호, 2020.
19. 법제처, 항공사업법, 법률 제17462호, 2020.
20. 법제처, 항공안전법, 법률 제17613호, 2020.
21. 법제처, 항공 · 철도사고조사에 관한 법률, 법률 제17453호, 2020.
22. *Advanced Avionics Handbook*, FAA, 2009.
23. Dale Crane, *Aviation Mechanic Handbook*, ASA, 2017.
24. *Aviation Maintenance Technician Handbook–General*, FAA, 2018.
25. *Aviation Maintenance Technician Handbook-Airframe* Vol. 1, FAA, 2018.
26. *Aviation Maintenance Technician Handbook-Airframe* Vol. 2, FAA, 2018.

27. *Aviation Maintenance Technician Handbook-Powerplant* Vol. 1, FAA, 2018.

28. *Aviation Maintenance Technician Handbook-Powerplant* Vol. 2, FAA, 2018.

29. Dale Crane, *Dictionary of Aeronautical Terms*, ASA, 2012.

30. Avotek, *Introduction to Aircraft Maintenance*, Avotek Information Resources, 2012.

31. 대한항공직원, KAL Wiki, 대한항공, 2021.

32. Larry Reithmaier and Ronald Sterkenburg, *Standard Aircraft Handbook for Mechanics and Technicians*, 7th edition, McGraw−Hill Education, 2013.

33. 青木謙知, 航空用語厳選 1000, イカロス出版, 2014.

34. 航空用語研究会, 絵でみる航空用語集, 産業図書, 2008.

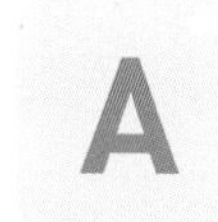

aborted takeoff(rejected take-off RTO) 이륙중단

이륙 중이던 항공기가 긴급하게 발생한 warning을 감지하여, 결정속도 이전에 이륙을 포기하고 활주로상에 급정지하는 것. 최대 엔진 출력으로 활주하던 항공기를 정지시키기 위해 최대 브레이크 파워를 적용하기 때문에 flat tire 발생 등 브레이크 계통의 심한 손상이 예상된다.

abrasion 마모

부분품에 발생하는 결함의 일종으로, 마찰 부분이 닳는 것.

absolute altitude 절대고도

지표면이나 지형·지물 등을 고도 0 ft로 정하고, 이로부터 항공기까지의 수직 높이를 나타낸 고도. 절대고도는 전파 고도계 또는 레이다 고도계를 사용하여 측정한다.

absolute pressure 절대압력

압력은 절대압력과 게이지압력으로 분류되며, 절대압력은 절대진공 0 inHg를 기준으로 측정하는 압력을 말한다. 표준대기 1기압은 29.92 inHg이다.

AC motor 교류전동기

전기에너지를 기계적 회전에너지로 바꾸는 전기장치로, 전동기의 기본 작동원리는 전자유도법칙 중 플레밍의 왼손법칙이 적용된다. 직류전동기에 장착된 계자 역할을 하는 고정자와 직류전동기의 전기자 역할을 하는 회전자가 주요 구성품이며, 동기전동기(synchronous motor)와 유도전동기(induction motor)가 주로 사용된다.

accelerating system 가속장치

스로틀밸브를 급속히 열면 많은 양의 공기가 기화기의 공기 통로를 통해 들어가지만 주 계량장치의 반응이 관성력 때문에 느려져서 연료의 양은 요구되는 만큼 빠르게 공급하지 못하여 연료-공기 혼합기가 순간적으로 희박해지는 것을 방지하기 위한 시스템이다. 이를 극복하기 위해 기화기에 가속펌프라 부르는 작은 연료펌프를 추가적으로 장착한다.

accelerometers 가속도계

가속도를 측정하는 센서. 항공기에서 가속도계는 기체에 작용하는 외부의 힘을 감시하며, 자이로와 함께 관성항법시스템의 필수적인 핵심 센서로서 관성항법장치, 윈드 시어(wind shear) 계통에 입력값으로 제공된다.

accident investigation 사고조사

항공사고 등 및 철도사고와 관련된 정보·자료 등의 수집·분석 및 원인규명과 항공·철도안전에 관한 안전권고 등 항공·철도사고 등의 예방을 목적으로 항공·철도사고조사에 관한 법률 제4조에 따른 항공·철도사고조사위원회가 수행하는 과정 및 활동을 말한다.

accumulator 축압기

유압계통 튜브 중간에 장착되어 유압유의 파동, 압력의 저장, 부족한 유압유의 공급 등의 역할을 하는 구성품. 튜브에 연결된 상부는 계통 내의 압력으로 유압유가 채워져 있고, 중간 부분에서 가림막 역할을 하는 다이어프램, 블래더, 피스톤이 장착되며 하부에는 질소가스가 충전되어 질소가스의 압축효과로 축압기의 역할을 한다. 질소가스의 충전값이 정상압력이 유지되어야 그 기능을 수행할 수 있다.

act of unlawful interference 불법방해행위

항공기의 안전운항을 저해할 우려가 있거나 운항을 불가능하게 하는 행위. 지상에 있거나 운항 중인 항공기를 납치하거나 납치를 시도하는 행위, 항공기 또는 공항에서 사람을 인질로 삼는 행위, 항공기항행안전시설 및 「항공보안법」 제12조에 따른 보호구역에 무단 침입하거나 운영을 방해하는 행위, 범죄의 목적으로 항공기 또는 보호구역 내로 「항공보안법」 제21조에 따른 무기 등 위해물품을 반입하는 행위, 지상에 있거나 운항 중인 항공기의 안전을 위협하는 거짓 정보를 제공하는 행위 또는 공항 및 공항시설 내에 있는 승객, 승무원, 지상근무자의 안전을 위협하는 거짓 정보를 제공하는 행위, 사람을 사상에 이르게 하거나 재산 또는 환경에 심각한 손상을 입힐 목적으로 항공기를 이용하는 행위를 포함한다.

adverse yaw 역요

조종사가 선회하려고 조종간을 움직일 때 선회하려는 방향과 반대 방향으로 항공기가 요잉(yawing)하려는 현상. 역요는 항공기가 롤링(rolling)의 반대 방향으로 요잉하려는 바람직하지 않은 힘으로, 각 날개에서 만들어지는 양력과 항력의 차이로 인해 발생한다.

aerial light 항공등화

항행 중인 항공기를 대상으로 불빛에 의하여 항공기의 항행을 돕기 위한 시설. 비행장의 위치를 알려주기 위하여 비행장 또는 그 주변에 설치하는 비행장등대, 착륙하고자 하는 항공기에 그 진입로를 알려주기 위하여 진입구역에 설치하는 진입등시스템, 착륙하고자 하는 항공기에 착륙 시 진입각의 적정 여부를 알려주기 위하여 활주로의

외측에 설치하는 진입각지시등, 체공선회 중의 항공기가 기존의 진입등시스템과 활주로등만으로는 활주로 또는 진입지역을 충분히 식별하지 못하는 경우에 선회비행을 안내하기 위하여 활주로의 외측에 설치하는 선회등, 착륙하고자 하는 항공기에 활주로 말단 위치를 알려주기 위하여 활주로 말단의 양쪽에 설치하는 활주로말단식별등, 지상주행 중인 항공기에 행선, 경로 및 분기점을 알려주기 위하여 설치하는 유도안내등, 이착륙하는 항공기 조종사에게 활주로의 잔여거리를 아라비아 숫자로 알려주기 위해 설치하는 활주로거리 등이 포함된다.

aerodrome light 비행장 등화

비행장에 악천후 또는 야간에도 항공기가 이착륙할 수 있도록 지원하기 위해 장착된 등화. 중요한 등화로는 비행장등대(aerodrome beacon), 정밀 진입각지시등(precision approach path indicator), 활주로등(runway edge lights), 활주로시단등(runway threshold lights), 활주로중심선

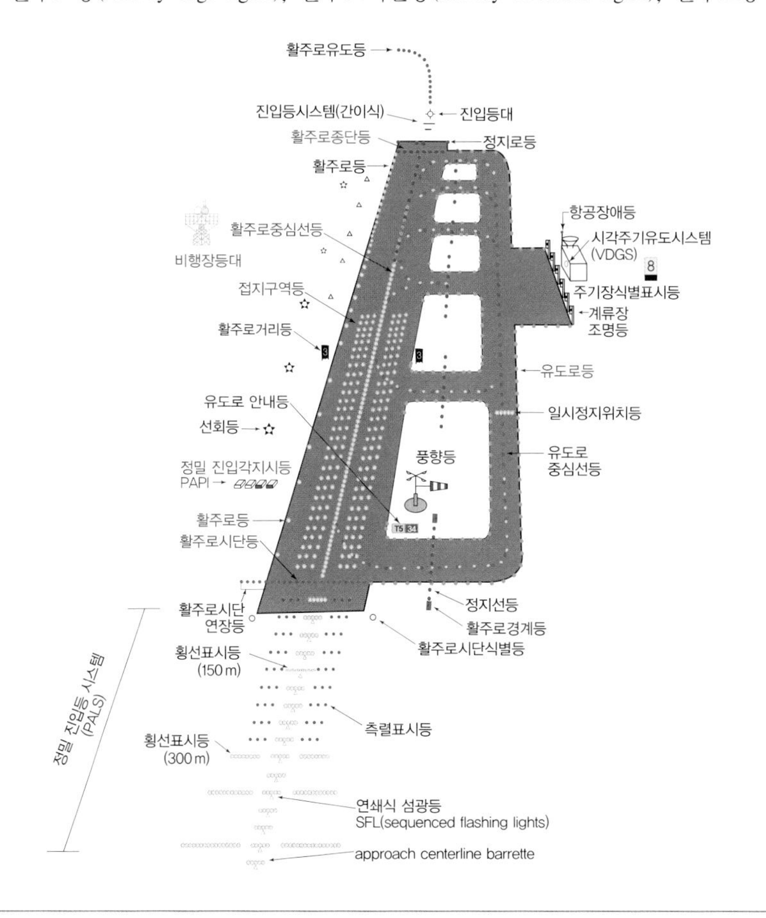

등(runway center line lights), 활주로종단등(runway end lights), 접지구역등(touch-down zone lights), 유도로등(taxiway edge lights) 등이 있으며 항공등화에 포함된다.

aerodynamic center 공력중심
에어포일 모멘트의 기준점. 어떤 받음각에 있든지 간에 공기 합력의 모멘트가 일정한 점으로, 아음속 항공기의 경우 통상 시위선의 약 25%에 위치하며, 초음속 항공기의 경우는 천음속 영역에서 일단 앞으로 이동하다가 이후 뒤쪽으로 이동하기 시작해서 마하 1.5 정도에 이르면 시위선의 50%에서 일정해진다.

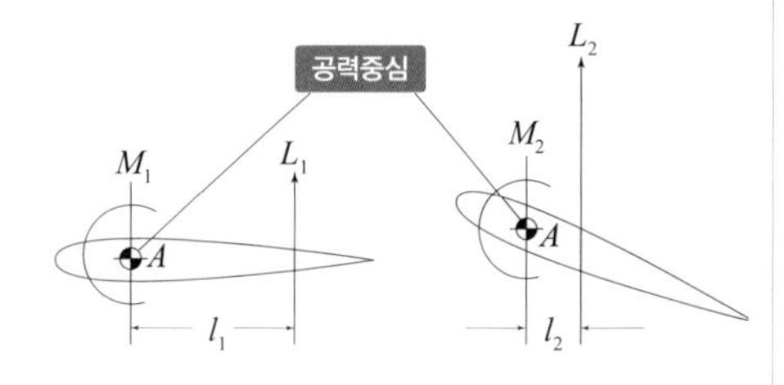

aerodynamic heating 공력가열
공기 중을 빠른 속도로 비행하면서 주변 공기와의 마찰로 인해 발생하는 항공기 외피의 가열 현상. 대기권을 진입하는 항공우주선의 경우 공력가열 현상이 크기 때문에 열피로를 막기 위해 세라믹 등 heat barrier를 설치하지 않을 경우 화염에 휩싸여 진입에 실패하게 된다.

aeronautic review 항공학적 검토
항공안전과 관련하여 시계비행 및 계기비행 절차 등에 대한 위험을 확인하고 수용할 수 있는 안전수준을 유지하면서도 그 위험을 제거하거나 줄이는 방법을 찾기 위하여 계획된 검토 및 평가

aeronautical broadcasting service 항공방송업무
단거리이동통신시설 등을 이용하여 항공항행에 관한 정보를 제공하는 업무

aeronautical fixed service 항공고정통신업무
특정 지점 사이에 항공고정통신시스템 또는 항공정보처리시스템 등을 이용하여 항공정보를 제공하거나 교환하는 업무

aeronautical mobile service 항공무선항행업무
항행안전무선시설을 이용하여 항공항행에 관한 정보를 제공하는 업무

aeronautical telecommunication network service 항공이동통신업무
항공국과 항공기국 사이에 단파이동통신시설을 이용하여 항공정보를 제공하거나 교환하는 업무

aeroplane 비행기
엔진으로 구동되는 공기보다 무거운 고정익 항공기로서 날개에 대한 공기의 반작용에 의하여 비행 중 양력을 얻는 기기

affairs of air communication 항공통신업무
항공교통업무가 효율적으로 수행되고, 항공

안전에 필요한 정보자료가 항공통신망을 통하여 편리하고 신속하게 제공·교환·관리될 수 있도록 국토교통부장관이 수행하는 업무. 항공고정통신업무, 항공이동통신업무, 항공무선항행업무, 항공방송업무 등으로 구분된다.

afterburner 후기연소기

터보제트 또는 터보팬 엔진의 배기 시스템의 구성품으로서 이륙 및 특수 비행조건에 대한 추력을 증가시키는 장치. 가스터빈엔진을 통과하는 공기의 상당 부분은 냉각용으로만 사용되기 때문에 여전히 많은 양의 산소를 포함하고 있고, 애프터버너에 있는 뜨겁고 산소가 풍부한 배기가스에 연료를 분사하여 추가적인 추력을 만들어 낸다.

afterfiring 후화(왕복엔진)

농후 혼합기가 연소를 지연시켜 미연소 연료가 배기계통을 빠져 나가면서 연소되는 것

aging aircraft 경년 항공기

항공기가 설계상의 사용수명 목표를 초과하였거나 근접한 대형 항공기 등 지속적인 감항성 유지를 위해 항공기 제작사가 개발한 프로그램 적용대상 항공기. 부식방지 및 관리 프로그램, 기체구조에 대한 반복점검 프로그램, 기체구조부의 수리·개조 사항에 대한 점검 프로그램, 동체 여압부위 수리·개조사항에 대한 적합 여부 검사, 피로균열에 의한 손상점검 프로그램, 전기배선 연결계통의 점검 프로그램, 연료계통 안전강화 프로그램 등이 포함된다.

agreement 협정

당사자 상호 간의 수락의사의 표명. 정치적인 요소가 포함되지 않는 전문적·기술적 주제를 다룬다.

aileron 보조익

세로축을 중심으로 옆놀이운동을 만들어 주기 위한 조종면. 날개의 뒷전 끝부분에 장착되어 조종휠의 좌우 움직임에 연동하며, 대형기의 경우 2개의 보조익이 wing inboard/outboard에 장착되어 비행속도에 따라서 세밀한 조종이 이루어질 수 있도록 구성한다. 좌우 날개에 장착된 보조익이 동시에 작동할 때, 올려지고 내려지는 각도의 크기가 다르게 작동하기 때문에 차동조종면이라고 부른다.

air carrier maintenance program 항공운송사업자용 정비프로그램

항공기의 감항성 유지를 위해 예상 가동률을 고려하여 수행되어야 할 계획된 정비요목과 점검주기 등을 서술한 문서. 「항공안전법」 제93조 및 같은 법 시행규칙 제266조 제2항 제2호에 따른 정비규정에 정비프로그램이 포함되어 있으며, 운영자는 항공당국의 승인을 받은 정비프로그램을 정비 및 관련 운항 직원들이 사용할 수 있도록 제공하고 이에 따라 항공기 정비가 수행됨을 보증하여야 한다.

air charter 항공기대여업

타인의 수요에 맞추어 유상으로 항공기, 경량항공기, 초경량비행장치를 대여하는 사업

air conditioning package

에어컨 패키지

대형 항공기의 실내온도를 제어하기 위한 engine bleed air source, air cycle machine (ACM)과 mixing valve를 포함한 구성품들. 압축기에서 추출된 고온·고압인 압축공기의 온도를 차갑게 내려주는 ACM과 수분분리기를 포함하며 보통 '팩'이라고 한다.

air conditioning system

공기조화계통

고고도를 비행하는 항공기의 기내 온도, 압력 등을 조정하는 냉난방장치와 여압시스템을 통칭한다. 주로 민항기에서 사용되는 용어로, 군용기의 경우 환경조절시스템이라고 한다. 승무원과 승객에게 지상에서와 비슷한 기압, 온도 환경을 제공하여 신체적 부담을 줄여주는 것을 목적으로 한다.

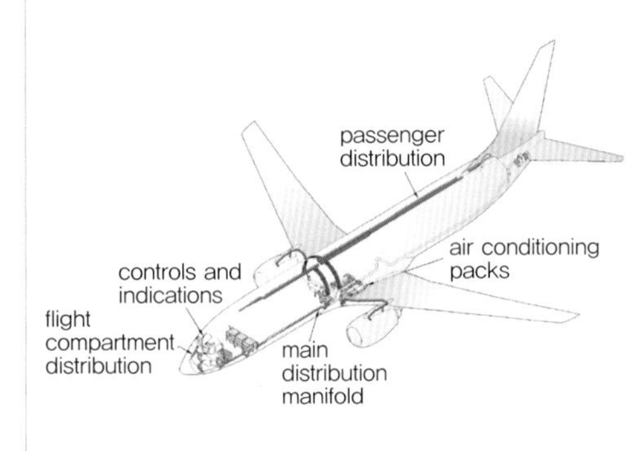

air cooled turbine 공기냉각 터빈

가스터빈엔진의 고압터빈 부분에 압축기에서 추출한 상대적으로 차가운 공기로 냉각되는 블레이드. 가스터빈엔진의 구성품 중 가장 높은 온도에 노출되는 것은 터빈 입구 부분으로,

터빈 입구의 온도를 높게 만들수록 엔진을 소형화하여 연료소비율이 감소하고 출력이 증대하는 등 이점이 많아지지만, 연소실을 빠져나온 고온·고압의 공기가 직접 터빈 블레이드에 닿을 경우 견딜 수 있는 재료의 한계가 존재하기 때문에, 압축기에서 추출된 상대적으로 낮은 온도의 공기를 이용해 터빈 블레이드가 높은 온도에 직접 노출되지 않도록 공기막을 형성하거나 충돌시키는 방법을 적용한다. 열에 직접 닿는 것을 막기 위해 플라스마 코팅처리를 하기도 한다.

air data computer(ADC)
에어 데이터 컴퓨터

pitot-static system, TAT temperature sensor 등의 입력을 받아 속도, 고도, 외기온도를 계산하는 컴퓨터. 만들어진 정보들을 항공기 시스템과 전자비행계기시스템에 제공한다.

air density 공기밀도

1 m^3 공기가 가지고 있는 질량을 표시한 것으로, kg/m^3로 표시한다. 기온이 상승하면 공기밀도가 낮아지고 대기의 중량도 가벼워진다. 표준대기상태하에서 해면고도에서의 기온 15℃, 기압 1013.25 hPa에서의 공기밀도는 1.293 kg/m^3로 정해져 있다.

air driven pump(ADP) 공기구동펌프

공압의 힘으로 작동되는 sub hydraulic pump. 지상에서 엔진을 구동하지 않고 유압을 공급할 수 있도록 공압에 의해 구동시키고, 비행 중 다른 엔진으로부터 공급되는 공압에 의해 필요시 사용할 수 있는 펌프를 말한다. 메인펌프에 문제가 있거나 유압유의 수요가 많을 때 추가적인 유압을 제공하기 위해 사용되며, 항공기 구매 시 항공사에서 선택할 수 있는 옵션으로 제공된다.

air navigation facilities 항행안전시설

유선통신, 무선통신, 인공위성, 불빛, 색채 또는 전파를 이용하여 항공기의 항행을 돕기 위한 시설. 항공등화, 항행안전무선시설 및 항공정보통신시설로 구분된다.

air operator certificate(AOC) of air operators 운항증명

「항공안전법」(항공운송사업의 운항증명)에 근거하여 항공운송사업자가 국토교통부령으로 정하는 기준에 따라 인력, 장비, 시설, 운항관리지원 및 정비관리지원 등 안전운항체계에 대하여 국토교통부장관으로부터 받은 증명. 국토교통부장관 또는 지방항공청장이 항공사의 운항체계를 종합적으로 검사하여 항공사가 적합한 안전운항 능력을 구비하였다고 판단할 때, 항공운송사업을 경영하고자 하는 당해 사업자에게 교부한다.

air transport service 항공운송사업

타인의 수요에 맞추어 항공기를 사용하여 유상으로 여객이나 화물을 운송하는 사업. 국내항공운송사업, 국제항공운송사업, 소형항공운송사업으로 구분된다.

air turbine starter 에어터빈시동기

터빈엔진의 시동을 위해 작고 가벼운 소스를 이용하여 높은 토크가 발생하도록 설계되었으며, pneumatic starter라고도 한다. 동일한 엔진을 시동할 수 있는 electrical starter와 비교하면 상대적으로 가벼워 훨씬 더 큰 토크를 발생시킬 수 있다. 에어터빈시동기를 이용한 시동을 위해서는 작동 중인 다른 엔진, APU 또는 지상지원장비의 air source가 필요하다.

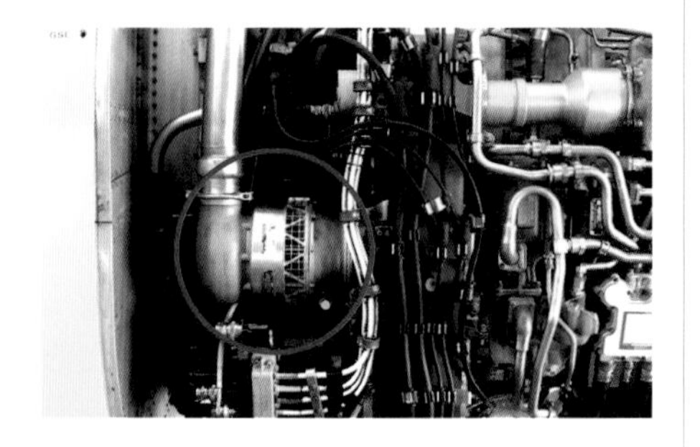

airborne collision avoidance system (ACAS) 공중충돌경고장치

항공기에 장착된 트랜스폰더(transponder) 등을 통해 항공기 주변을 감시하여 공중충돌을 방지하기 위해 알려주는 시스템. ICAO에 의해 대형 항공기에 장착하는 것이 의무화되었으며, 트랜스폰더를 장착한 항공기들 간의 지속적인 질문과 응답을 통해 잠재적인 충돌 위험 항공기에 대한 접근시간을 경고해주던 TCAS의 기능에 추가적으로 ADS-B(Automatic Dependent Surveillance-Broadcast), 위성통신링크, 레이더 등 다양한 감시데이터가 활용된다.

aircraft 항공기

공기의 반작용으로 뜰 수 있는 기기로서 최대이륙중량, 좌석수 등 국토교통부령으로 정하는 기준에 해당하는 비행기, 헬리콥터, 비행선, 활공기와 그 밖에 대통령령으로 정하는 기기

aircraft accident 항공기사고

사람이 비행을 목적으로 항공기에 탑승하였을 때부터 탑승한 모든 사람이 항공기에서 내릴 때까지 항공기의 운항과 관련하여 발생한 사람의 사망·중상 또는 행방불명, 항공기의 파손 또는 구조적 손상, 항공기의 위치를 확인할 수 없거나 항공기에 접근이 불가능한 경우 등을 말한다.

aircraft accident and incident investigation 항공기 사고조사

항공기 사고 등과 관련된 정보자료 등의 수집분석 및 원인규명과 항공안전에 관한 안전권고 등 항공기 사고 등의 예방을 목적으로 사고조사위원회가 수행하는 과정 및 활동. 시카고협약 제26조에 의거하여 항공기 사고 발생 시, 사고 발생지 국가가 사고조사를 수행한다.

aircraft communication addressing and reporting system(ACARS) 에이카스

VHF/HF/SETCOM 등의 무선 데이터 통신을 이용해 항공기와 지상국 사이의 메시지 전송을 위한 디지털 데이터 링크 시스템. 운항상태 정보를 air traffic control, aeronautical operational control, airline administrative control 등 세 가지 유형의 메시지를 문자 위주로 송수신하며 프린트 기능이 있다.

aircraft ground handling service
항공기취급업

타인의 수요에 맞추어 항공기에 급유, 항공화물 또는 수하물의 하역과 그 밖에 국토교통부령으로 정하는 지상조업을 하는 사업

aircraft log 항공기 일지

항공기 운항을 위해 탑재해야 하며, 항공기를 항공에 사용하거나 개조 또는 정비한 경우 그 내용을 기록하는 일지. 항공안전법 시행규칙 제108조(항공일지)에 그 내용을 담고 있다.

Aircraft Maintenance Manual (AMM)
항공기정비매뉴얼

윤활계통의 보급 및 기능 점검을 포함해서 항공기에서 행해지는 정비작업을 수행하는 방법에 대하여 상세하게 기술한 공식 문서. 구조 수리 및 개조에 관한 내용은 별도의 Structural Repair Manual(SRM)에 포함된다.

aircraft maintenance service
항공기정비업

타인의 수요에 맞추어 항공기, 발동기, 프로펠러, 장비품 또는 부품을 정비·수리 또는 개조하는 업무를 수행하거나 이러한 업무에 대한 기술관리 및 품질관리 등을 지원하는 업무

aircraft of state agencies, etc.
국가기관등 항공기

국가, 지방자치단체, 그 밖에 「공공기관의 운용에 관한 법률」에 따른 공공기관으로서 대통령령으로 정하는 공공기관이 소유하거나 임차한 항공기 중 재난 · 재해 등으로 인한 수색 · 구조, 산불의 진화 및 예방, 응급환자의 후송 등 구조 · 구급활동, 그 밖에 공공의 안녕과 질서유지를 위하여 필요한 업무를 수행하기 위하여 사용되는 항공기. 군용 · 경찰용 · 세관용 항공기는 국가항공기라서 제외된다.

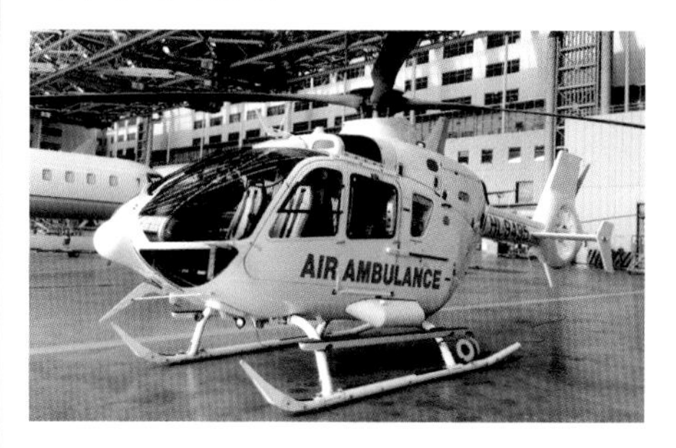

aircraft on ground (AOG)
항공기 운항 중지

항공기가 비행하는 것을 막을 만큼 문제가 심각함을 나타내는 항공정비용어. 결함 또

는 운항요건이 미흡하여 이에 따른 조치가 행해져야 하나 해당 부품이 공급되지 않아서 부품 확보 후 정비작업이 행해지기 전까지 항공기 운항이 불가능한 상태로, 신속하게 부품을 확보하는 데 노력해야 한다.

Aircraft Operating Manual(AOM) 항공기 운영교범

정상, 비정상 및 비상절차, 점검항목, 제한사항, 성능에 관한 정보, 항공기 시스템의 세부사항과 항공기 운항과 관련된 기타 자료들이 수록된 국토교통부가 승인한 교범. 항공기 제작사에서는 Flight Crew Operations Manual(FCOM)로 부른다.

aircraft registration 항공기의 등록

항공기를 소유하거나 임차하여 항공기를 사용할 수 있는 권리가 있는 자가 항공기를 사용하기 위해 받는 등록

aircraft rental services 항공기사용사업

항공운송사업 외의 사업으로서 타인의 수요에 맞추어 항공기를 사용하여 유상으로 농약살포, 건설자재 등의 운반, 사진촬영 또는 항공기를 이용한 비행훈련 등 국토교통부령으로 정하는 업무를 하는 사업

airfield area 비행장구역

비행장으로 사용되고 있는 지역과 공항·비행장개발예정지역 중 「국토의 계획 및 이용에 관한 법률」 제30조 및 제43조에 따라 도시·군계획시설로 결정되어 국토교통부장관이 고시한 지역

airfoil 에어포일

비행기 날개의 단면 모양. 항공기가 이동하는 기류를 이용하여 양력을 만들어 내거나 항공기의 움직임을 제어하는 데 도움이 되도록 설계된 날개(wing), 보조익(aileron), 스태빌라이저(stabilizer)와 같은 조종면의 유선형 단면형상을 말한다.

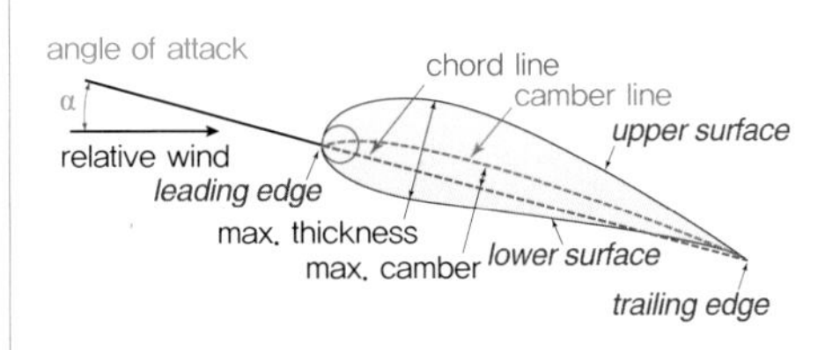

airframe fuel system 기체연료계통

기체 내부에 만들어진 연료탱크로부터 엔진 입구인 spar valve까지의 연료계통. 연료의 공급, 정비 등의 목적으로 탱크로부터 연료를 빼내는 배유, 탱크에 장착된 승압펌프로 공급해 주기 위한 가압, 탱크 내 연료의 탑재량을 읽어 내기 위한 계량, 탱크 간 균형을 위해 연료를 주고받을 수 있는 트랜스퍼 등의 기능이 포함된다.

airport 공항

공항시설을 갖춘 공공용 비행장으로서 국토교통부장관이 그 명칭 위치 및 구역을 지정 고시한 것

airport area 공항구역

공항으로 사용되고 있는 지역과 공항·비행장개발예정지역 중 「국토의 계획 및 이용에 관한 법률」 제30조 및 제43조에 따라 도시·군계획시설로 결정되어 국토교통부장관이

고시한 지역

airport facilities 공항시설

공항구역에 있는 시설과 공항 구역 밖에 있는 시설 중 대통령령으로 정하는 시설로서 국토교통부장관이 지정한 항공기의 이륙·착륙 및 항행을 위한 시설과 그 부대시설 및 지원시설, 항공 여객 및 화물의 운송을 위한 시설과 그 부대시설 및 지원시설

airport operation regulations 공항운영규정

공항운항증명을 받으려는 공항운영자가 「공항안전운영기준」에 따라 국토교통부장관으로부터 인가받은 규정. 이 규정을 근거로 공항 내의 상주 직원들과 항공종사자들의 활동을 규제한다.

airport operator 공항운영자

「인천국제공항공사법」, 「한국공항공사법」 등 관계 법률에 따라 공항운영의 권한을 부여받은 자 또는 그 권한을 부여받은 자로부터 공항운영의 권한을 위탁·이전 받은 자

airport tenant 공항상주업체

공항에서 영업을 할 목적으로 공항운영자와 시설이용 계약을 맺은 개인 또는 법인

airspace 영공

대한민국의 영토와 「영해 및 접속 수역법」에 따른 내수 및 영해의 상공

airspeed indicator 속도계

외부 공기에 대한 항공기의 상대속도인 대기속도를 측정하여 지시하는 계기. 다이어프램이 장착되어 전압과 정압의 차압인 동압을 측정하며, 피토 튜브로 유입된 공기의 전압은 속도계 내부 다이어프램으로 연결되고, 정압 포트에서 유입되는 정압은 속도계 케이스 내부 격실로 유입되어, 전압과 정압의 차인 동압에 비례하여 다이어프램이 확장되고 수축되는 정도를 기계적 전달장치를 통해 지시한다. 디지털 통합계기로 발전하여 air data computer(ADC)로부터 정보를 받아 PFD 왼쪽에 수직 바 형태로 지시해 준다.

airway 항공로

국토교통부장관이 항공기, 경량항공기 또는 초경량비행장치의 항행에 적합하다고 지정한 지구의 표면상에 표시한 공간의 길

airworthiness 감항성

정비·수리·개조된 항공기·발동기·프로펠

러·장비품 또는 부품에 대하여 안전하게 운용할 수 있는 성능. 「항공안전법」 제23조(감항증명 및 감항성 유지)에 감항증명을 받고 운항할 것을 명시하고 있다.

airworthiness certificate 감항증명

항공기가 안전하게 비행할 수 있는 성능이 있다는 것을 확인하는 인증. 지방항공청에서 감항증명을 위해 서류, 현장검사를 수행하며 표준감항증명과 특별감항증명으로 구분한다.

airworthiness directives(AD)
감항성 개선지시

외국으로 수출된 국산 항공기, 우리나라에 등록된 항공기와 이 항공기에 장착되어 사용되는 발동기, 프로펠러, 장비품 또는 부품 등에 불안전한 상태가 존재하고, 이 상태가 형식설계가 동일한 다른 항공제품들에도 존재하거나 발생될 가능성이 있는 것으로 판단될 때, 국토교통부장관이 해당 항공제품에 대한 검사, 부품의 교환, 수리·개조를 지시하거나 운영상 준수하여야 할 절차 또는 조건과 한계사항 등을 정하여 지시하는 문서. 국토교통부에서 대한민국 내의 해당 항공기 보유자에게 검사, 수리, 개조의 시한과 방법 및 보고 여부를 지시하는 강제성이 있는 명령이다.

airworthiness limitation(AWL)
감항성한계품목

항공기의 감항성을 보증하기 위하여 설계 국가에서 규정한 정비 요구사항. 정비계획서(MPD) 및 정비심의위원회보고서(MRBR)에서 내용을 명시하고 있다.

airworthiness release 감항성 확인

항공기운영자가 지정한 사람이 항공기운영자의 항공기에 대하여 정비작업 후 사용 가능한 상태임을 확인하고 문서에 서명하는 것. AOC 대표가 인가한 사람이 대표를 대신하여 정비작업 후 행하는 확인 행위로 정비단계에 서명한 자는 각 단계별로 수행된 정비에 대한 책임을 지며, 감항성 확인은 전체 정비작업에 대한 인증으로 항공에 사용할 수 있음을 증명한다.

airworthy 감항성이 있는

항공기, 엔진, 프로펠러 또는 부품이 인가된 설계에 합치되고 안전한 운용 상태에 있음을 나타내는 말이다.

alclad 알클래드

강도를 증가시키기 위해 만들어진 알루미늄 합금이 부식에 취약한 단점을 극복하기 위해 내부식성이 큰 순수 알루미늄층을 알루미늄합금 표면에 hot rolling 공정을 통해 접착한 제품

alignment 얼라인먼트

동체, 주 날개, 꼬리날개, 조종면, 착륙장치 등 각각의 구조부를 조립한 후 설계상의 거리값에 맞게 장착되었는지 측정하고, 차이가 난 부분을 수정하는 작업. 보통 조종계통, 랜딩기어, 엔진계통 등의 성능을 세팅

하기 위해 케이블 장력이나 로드 길이를 조절하는데, 이를 리깅이라고 한다. 리깅 작업 시 주요 포인트는 정확한 rig pin을 사용하는 것이며, 해당 기종 AMM Chapter 20 Standard Practice에서 해당 항공기에 사용되는 pin list를 참고할 수 있다.

RIG PINS - MAINTENANCE PRACTICES

1. General
   A. This procedure has one task:
      (1) Rig pin maintenance practices.

TASK 20-10-25-910-801

2. Rig Pin Maintenance Practices
   A. General
      (1) This procedure gives a list of rig pin sets with a list of the rig pins contained in each set.
      (2) The list gives:
         (a) Rig pin number.
         (b) Rig pin part number (P/N).
         (c) ATA location.
   B. Procedure
      SUBTASK 20-10-25-480-001
      (1) Use the correct rig pin for the application.

Table 201/20-10-25-993-801

F70207 Assembly Number	AMM Rig Pin Prefix	ATA No.
-4	ST-4	27-41-51
-7	A/S-1, E-4, LGE1, NS4, LGP2	27-11-00, 27-61-00, 27-31-00, 32-51-00, 32-31-00, 32-44-00
-8	R-5	27-21-00, 27-81-00
-9	A/S-4, A/S-15, E-1, E-5, LGEA1, LGEA2, LGEA3, MNGEA	27-11-00, 27-61-00, 27-31-00, 27-41-51, 32-34-00, 32-35-00
-10	A/S-14	27-61-00
-14	R-1, R-2, LGB1, LGB2, LGP1	27-21-00, 32-41-00, 32-44-00
-66	E-2, E-3	27-31-00
-85	S/B-1, S/B-3, NS2, NS5, NS10	27-62-00, 32-51-00
-88	A/S-3, NS1, LGB3, LGB4	27-11-00, 27-61-00, 27-51-22, 32-51-00, 32-41-00
-101	S/B-2	27-61-00, 27-62-00
-113	A/S-8, A/S-9, A/S-10, A/S-11	27-51-14, 27-61-00
-115	R-3, R-4	27-21-00, 32-51-00
-117	A/S-1A	27-11-00, 27-61-00

END OF TASK

allowances and tolerances 허용공차

설계도에 기입된 호칭치수와 기계가공을 통해 생산된 부품의 치수가 정확하게 들어맞기 어려우므로, 도면 제작 시 최대 치수와 최소 치수를 정해 여유를 주어 가공한 후 조립작업이 쉬워지도록 규정된 최댓값과 최솟값의 차이를 말한다.

alodizing 알로다이징

알루미늄합금의 내부식성과 페인트의 접착력을 증가시키기 위한 간단한 화학처리방법으로, 양극산화처리를 빠르게 대체하고 있다. 금속 세정제를 사용해 알루미늄 판재를 세척하고 깨끗한 물로 충분히 세척한 후 알로다인 용액을 분사하거나 붓으로 바른 뒤 적당한 색으로 변할 때까지 기다려서 깨끗한 물로 헹군 후 deoxylyte bath에 담가 중화시킨 후 건조시킨다.

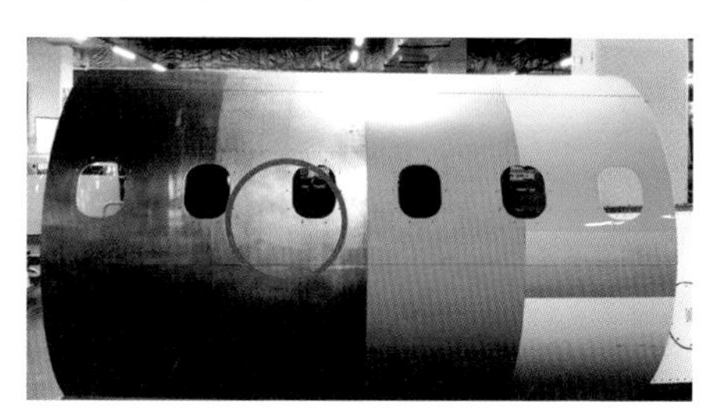

alteration 개조

인가된 기준에 맞게 항공제품을 변경하는 것. 성능의 향상, 구조 강도의 증가 등을 목적으로 기존에 갖고 있는 기능을 뛰어넘는 성능을 추가하기 위한 내용들이 수행된다.

alternator 교류기

기계적 에너지를 교류 형태의 전기에너지로 변환하는 발전기. 비용과 구조적인 단순성을 이유로 대부분의 교류발전기는 고정 전기자가 있는 회전 자기장을 활용하는데, 때로 고정 자기장과 함께 선형 교류발전기 또는 회전 전기자가 사용되기도 한다. 원칙적으로 모든 AC 발전기는 교류기라고 할 수 있지만, 교류기라는 용어는 일반적으로 자동차 및 기타 내연기관으로 구동되는 소형 회전기계에 사용된다.

altimeter 고도계

대기의 압력 중 정압을 측정하여 표준 대기

표를 기준으로 측정된 정압에 해당되는 고도를 ft 단위로 지시하는 계기. 디지털 통합 계기로 발전하여 air data computer(ADC)로부터 정보를 받아 PFD 오른쪽에 수직 바 형태로 지시해 준다.

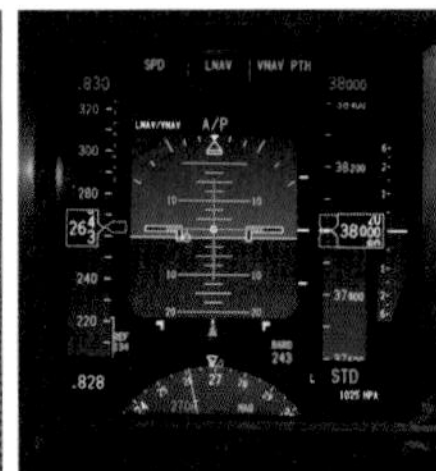

altimeter error 고도계 오차

기압과 온도 변화가 원인이 되어 발생하는 고도계의 오차. 계기판의 눈금이 대기압과 고도의 비선형 관계 및 공함과 변위량과의 비선형성으로 인해 발생하는 눈금오차(scale error), 고도계에 사용되는 부품이 온도 변화에 의한 팽창과 수축에 의해서 발생하는 온도오차(thermal error), 고도계 내부에 사용되는 부품 중 탄성체 재료의 온도, 압력 변화에 대한 회복 시 지연이 발생하거나 휘어짐이 증가하는 크리프 효과와 같은 특성 변화로 인한 탄성오차(elastic error), 고도계의 계기 수감부 및 확대부 등에 사용되는 구성품들의 간섭에 의한 기계적 오차(mechanical error) 등으로 구분한다.

altitude engine 고도 엔진

해면고도에서부터 지정된 고고도까지 일정한 정격이륙출력을 발생하는 항공기용 왕복엔진

American Wire Gauge(AWG)
미국의 전선규격

항공기에 사용되는 전선 지름의 기준. AWG 번호가 작을수록 도선이 굵고, 허용 전류량이 커지며, 항공기에서는 00~26번까지의 짝수 번호 도선을 주로 사용한다.

amphibious aircraft 수륙양용 항공기

육상비행장과 수상비행장 모두에서 뜨고 내릴 수 있도록 만들어진 항공기. 수상비행장에서의 이착륙을 위해 플로트(float)가 장착되어 있고, 육상비행장에서 이착륙이 가능하도록 휠(wheel)이 장착된 랜딩기어시스템(landing gear system)을 갖추고 있으며 차동으로 작동하는 브레이크로 방향 전환이 이루어진다.

amplifier circuit 증폭회로

신호의 세기를 높이기 위해 사용되는 전기회로. 전원공급장치의 전력을 사용하여 입력단자에 적용되는 신호의 진폭을 증가시켜 출력에서 비례적으로 더 큰 진폭신호를 생성하는 2포트 전자회로

aneroid 아네로이드

주름이 있는 얇은 금속판 2개를 겹친 후 내

부가 완전히 밀폐되도록 만든 공함. 밀폐된 내부는 압력이 0인 진공(vacuum) 상태로 만들거나 표준대기 1기압 상태로 만든 후 봉인하며, 측정할 압력을 아네로이드 외부에 가해주어 수축과 팽창률로 차압을 표현할 수 있어 고도계, 승강계 등에 사용한다.

angle of attack (AOA) sensor
받음각 센서

날개 에어포일 시위와 상대풍이 만나는 각을 측정하기 위해 항공기 동체 측면에 장착되는 센서. 항공기와 대기 사이의 상대운동을 나타내는 벡터에 의해 형성된 각도를 지시하며, 시각·청각 신호를 통해 공기역학적인 실속(stall)의 안전여유를 알려주는 기능을 한다.

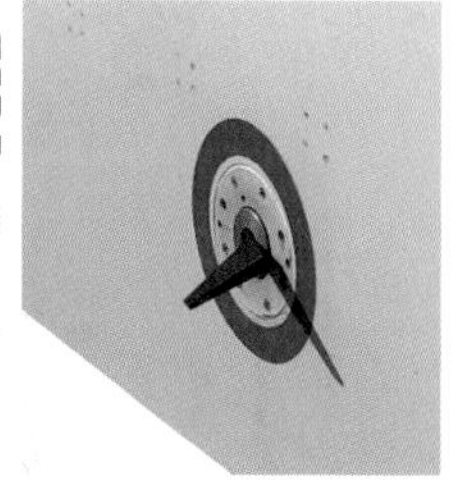

annealing 풀림

잔류응력의 제거, 연성 및 인성의 향상, 특정한 미세구조 형성과 같은 특징을 얻기 위해 재료를 특정온도까지 가열한 후, 고온에서 장시간 유지시킨 다음 상변태가 가능하도록 충분히 긴 시간 동안 상온까지 서서히 냉각시키는 열처리

Annexes to the Convention on International Civil Aviation
시카고 협약 부속서

시카고 협약 제37조 국제표준 및 절차의 채택 조항을 근거로 만들어진 총 19개의 문서. 부속서는 항공산업의 발전과 환경변화에 따라 제정되거나 개정될 수 있으며, 2013년부터 적용된 Annex 19 안전관리가 추가 제정되었고, 항공종사자 자격증명, 항공규칙, 항공기상, 항공도, 항공단위, 항공기운항, 항공기 국적 및 등록기호, 항공기 감항성, 출입국 간소화, 항공통신, 항공교통업무, 수색 및 구조, 항공기 사고조사, 비행장, 항공정보업무, 환경보호, 항공보안, 위험물 수송, 안전관리순으로 구성되어 있다.

annular type combustor 애뉼러형 연소실

개별적으로 분리된 별도의 연소구역을 없애고 단순한 링 형태의 라이너와 케이싱으로 구성된 연소실. 균일한 연소, 더 짧은 크기 및 더 작은 표면적을 가지는 장점이 있다.

anodizing 양극산화처리

알루미늄합금을 양극에 걸고 희석한 산용액에서 전해하면 양극에서 발생하는 산소에 의해 산화피막이 형성된다. 자연적으로 생

기는 피막은 사용하기에 너무 얇기 때문에 황산, 인산, 크롬산, 붕산 등의 수용액과 전기를 사용해 피막을 더 두껍게 입힌다.

antenna coupler 안테나 커플러

단파 통신시스템은 사용 주파수의 선택에 따라 파장의 실제적인 길이 변화가 크므로, 길이가 정해진 1개의 HF 안테나를 사용하기 위해 주파수의 적정한 매칭이 이루어지도록 조절해주는 장치. 대형 운송용 항공기의 경우 수직안정판 앞 도살핀 내에 장착된다.

anti-chafe tape 마찰방지 테이프

항공기 외피용 천이 찢어지는 것을 방지하기 위해 부착하는 테이프. 날카로운 돌출부, 리브 덮개, 금속 이음매 부분에 사용한다.

anti-knock value 안티녹값

가솔린엔진 실린더 안으로 들어가는 연료 혼합가스가 폭발이 일어나지 않은 상태에서 낼 수 있는 최대 출력수. 항공연료는 연료성능지수를 높이기 위해 4-에틸납과 같은 첨가제를 사용한다.

anti-seize compound 고착방지 콤파운드

장착된 나사산에 고열 등으로 부식 및 고착이 발생하는 것을 막기 위해 조립하기 전에 나사산에 바르는 윤활제. 알루미늄, 구리 및 흑연 윤활유의 고도로 정제된 혼합물로 구성된 반고형의 그리스로서 보어스코프 포트, 점화플러그 등 고열에 노출되어 작동되는 구성품이 달라붙어 장탈되지 않는 현상을 막기 위해 도포하며, 필히 매뉴얼을 참조하여 적절한 파트넘버의 윤활제를 적용해야 한다.

anti-skid system 안티스키드 시스템

항공기 착륙 시 활주로상에서 브레이크가 잡힌 타이어가 지상과 접촉한 상태로 구르지 않고 밀리는 현상을 예방하기 위한 계통. 각각의 휠속도(wheel speed)를 모니터하여 스피드가 나오지 않는 휠의 브레이크 파

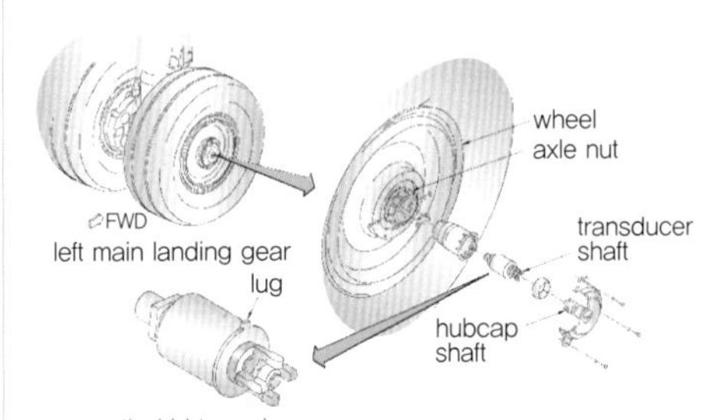

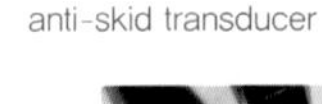
anti-skid transducer

워를 릴리스하여 브레이크가 과하게 잡히지 않도록 하며, locked wheel protection, touchdown protection, hydroplane protection, gear retract inhibit 등의 기능을 한다.

anti-torque pedal control
반토크 페달 조종

헬리콥터의 기수 방향을 변경하기 위해서는 동체에 발생하는 토크를 억제해야 하는데, 이를 위해 조종석 아래 페달을 이용해서 테일로터의 피치각을 조절하는 것이다.

anti-torque system 안티토크 시스템

헬리콥터의 무거운 로터가 회전하면서 발생시키는 회전질량의 토크로 인해 동체를 반대 방향으로 회전시키려는 힘이 발생하기 때문에 이를 상쇄시켜 주기 위해 반대 방향

의 추력을 발생시키기 위한 시스템. 헬리콥터에서는 테일 붐 끝에 테일 로터(tail rotor) 또는 페네스트론(fenestron) 등을 장착한다.

apparent power 피상전력

무효전력과 유효전력의 벡터합. 위상각을 고려하지 않고 회로에 인가된 전압과 전류의 크기만을 고려하여 전압과 전류의 곱으로 정의하며, P_a로 표시하고 볼트전압(volt · ampere, [VA]) 단위를 사용한다.

$$P_a = V \cdot I \text{ [VA]}$$

approval for maintenance organization 정비조직 인증

타인의 수요에 맞추어 항공기, 기체, 발동기, 프로펠러, 장비품 및 부품 등을 대상으로 정비 또는 수리개조 등의 작업을 수행하고 감항성을 확인하거나, 항공기 기술관리 또는 품질관리 등을 제공하고자 하는 조직의 능력을 평가하는 절차

approval for type certification
형식증명승인

「항공안전법」 제21조에 의거, 항공기 등의 설계에 관하여 외국정부로부터 형식증명을 받은 자가 해당 항공기 등에 대하여 항공기 기술기준에 적합함을 인증받는 것

approved 승인된

특정인이 규정되어 있지 않는 한 국토교통부장관에 의해 승인됨을 의미

Approved Maintenance Organization (AMO) 인증받은 정비조직

국토교통부장관으로부터 항공기 또는 항공제품의 정비를 수행할 수 있는 능력과 설비, 인력 등을 갖추어 승인받은 조직. 지정된 항공기 정비업무는 검사, 오버홀, 정비, 수리, 개조 또는 항공기 및 항공제품의 사용가능 확인(release to service)을 포함할 수 있다.

apron 계류장

항공기가 정비, 주기(주차), 화물의 탑재 또는 하기, 연료 보급, 승객의 탑승 등을 위해 멈춰서 있을 수 있도록 지정된 공항 내의 지점. 각각의 지점이 spot, bridge No.로 명명되며, 실제 현장에서는 ramp라는 용어가 더 친숙하게 사용된다.

aramid 아라미드

고분자화합물로 알려진 폴리아라미드를 이용해 만들어진 고강도 섬유. 습식 끈, 진공백, 수지 주입 제조에 적합하다.

area navigation(RNAV) 지역항법

과거에는 VOR이나 DME 지상국을 기준으로 삼아 항로를 따라 비행하였으나, 항공교통량의 증가로 인해 항공보안무선시설로부터의 신호 도달 범위 내에 있거나 자립항법장치의 기능 범위 내에 있을 경우 항공기가 임의의 코스로 비행하는 것이 허용되는 항법. 기지국 상공을 지나가는 각진 비행방법에서 벗어나 단거리 유선형 코스로 비행하여 효율적인 운항이 가능해졌다.

armature 전기자

직류발전기의 회전자로, 정류자와 코일로 구성되며 정류자와 코일을 합친 것. 전동기에서는 외부로부터 공급되는 전류가 흐르고, 발전기에서는 계자에서 만든 자속과 상호 작용하여 기전력을 발생시켜 전류가 흐른다.

artificial feeling system 인공감각장치

동력조종시스템을 사용하는 경우 조종사의 조종간 조작이 직접 조종면을 움직여 주는 것이 아니기 때문에 수동조종시스템처럼 조종면에 발생하는 공기력을 체감할 수 없다. 이런 경우 조종면 조작의 정확성이 떨어질 수 있기 때문에, 수동조종시스템에서 느끼던 감각을 인공적으로 만들어 제공하기 위해 장착된 시스템이다.

aspect ratio 종횡비

가로·세로의 비율로, 비행성능에서 다뤄지는 날개의 종횡비는 평균 시위 길이에 대한 날개 길이(wingspan, b)의 비율을 말한다. 날개 길이의 제곱을 날개 면적(S)으로 나눈 값과 같으며, 길고 좁은 날개는 종횡비가 큰 반면, 짧고 넓은 날개는 종횡비가 작다. 종횡비의 값이 클수록 양력의 효율이 좋으며, 날개의 공기역학적 효율성을 예측하는 데 사용된다.

$$AR = \frac{b^2}{S}$$

$AR = 33.5$ $AR = 5.6$

Schleicher ASH 31 Glider Piper PA-28 Cherokee

attachment of aircraft registration mark 등록기호표의 부착

등록기호표란 강철 등 내화성 금속으로 된 가로 7cm, 세로 5cm의 직사각형 판에 국적기호, 등록기호, 소유자 등의 성명을 기록한 이름표. 소유자 등은 항공기를 등록한 경우에는 그 항공기의 등록기호표를 국토교통부령으로 정하는 형식위치 및 방법 등에 따라 항공기에 부착해야 한다.

audio and video on demand(AVOD) 주문형 음성 영상 시스템

항공기에 탑승한 승객의 선택에 따라 개인 좌석별로 원하는 프로그램을 제공하는 시스템

augmenter exhaust 배기 오그멘터

배기 테일 파이프 주위에 장착된 긴 스테인리스스틸 튜브. 배기가스가 오그멘터 튜브로 흐를 때 발생하는 벤투리 효과를 이용하여 실린더 헤드 냉각핀을 통과하기 위한 냉각 공기를 끌어들이는 엔진실에서 저압을 생성하여 찬 공기를 더 많이 흡수하여 배기계통 구성품의 냉각 효과 증진을 목적으로 한다. APU 배기덕트에도 같은 기능이 적용된다.

austenite 오스테나이트

순철은 상온에서 체심입방정계로 존재하지만 900~1,400℃에서는 면심입방정계로 바뀐다. 철에 철 이외의 합금원소가 녹아 들어가서 면심입방정계를 이룬 상태의 철강 및 합금강을 말하며 비자성을 띠고 있다.

authority of captain, etc. 기장 등의 권한

항공기의 기장은 비행 중 승무원, 승객, 화물 및 항공기의 안전에 대하여 최종적인 권한과 책임을 지는 사람으로서 그 항공기의 승무원을 지휘·감독하며 그 항공기에 위난이 발생하였을 때에는 여객을 구조하고, 지상 또는 수상에 있는 사람이나 물건에 대한 위난 방지에 필요한 수단을 마련하여야 한다.

auto brake 오토브레이크

착륙 절차를 진행 중인 항공기의 속도와 하중 등을 반영하여 접지하는 순간 브레이크를 자동으로 잡아주는 기능. 활주로, 기상

상태를 고려해서 오토브레이크 스위치를 설정한다.

autoclave 오토클레이브

높은 온도와 압력을 필요로 하는 복합소재 경화공정 등을 수행하기 위한 기계. 균일하고 완전한 경화를 위해 고온에서 적층된 복합소재를 가공할 때 사용하며, 소재의 냉각과 가열, 진공 처리가 가능하고 온도유지 및 압축의 정밀공정을 수행할 수 있다.

automatic direction finder(ADF)
자동방향탐지기

무지향성 무선표지 기지국의 전파를 수신하여 지상무선국의 방향을 알아내는 무선항법장치. 지상에 설치되어 전파를 360° 전방향으로 발사해주는 탐지기의 지상국인 무지향성 무선표지(NDB, Non-Directional radio Beacon) 기지국의 전파신호를 항공기에 장착된 ADF 안테나가 수신하여 지상무선국의 방향을 알아내고, 항공기가 ADF의 지시 지침이 가리키는 무선국 방향으로 기수 방위를 맞추고 비행하면 지상무선국 상공에 도달할 수 있다.

automatic flight control system(AFCS) 자동비행제어장치

조종사의 업무 부하를 줄여주고 안전한 비행이 가능하도록 갖추어진 각각의 자동 조종과 관

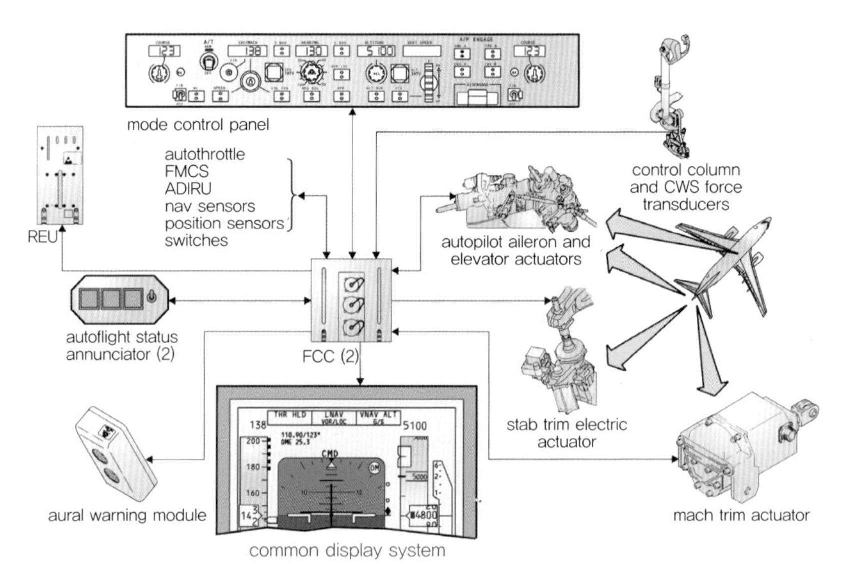

련된 장치들이 하나의 단일 시스템으로 통합된 것. 비행 자세를 제어하는 autopilot, flight director 기능, 선택된 고도 제어를 위한 altitude alert 기능, 이륙 중 속도 유지를 위한 speed trim 기능, 비행기 속도가 빨라짐에 따라 기수가 내려가는 mach tuck 현상을 제어하기 위한 mach trim 기능, 이륙부터 착륙까지 엔진 추력을 제어하는 auto throttle 기능 등을 포함한다. 주요 구성품은 flight control computer, mode control panel, flight management computer 등이 포함된다.

autopilot system 자동조종시스템

조종사가 조종계통을 수동으로 계속해서 제어할 필요 없이 항공기의 궤적을 제어하는 데 사용하는 시스템. 관성유도장치와 전파를 발신하는 항행보조시설 등에서 목적지 등에 대한 자신의 상대 위치를 계산하고 이동경로의 오차를 자동으로 보정함으로써 순항비행 등 장거리 비행 시 조종사에게 진행 방향 변경과 순항고도 변경 등의 간단한 업무만 부여하여 전체적으로 조종사의 부담을 줄여 준다.

autorotation 자동회전

비행 중인 헬리콥터의 엔진에 문제가 발생했을 때 엔진과 로터의 구동 메커니즘을 분리시켜 로터가 마치 풍차와 같이 유입된 바람에 의해 회전하도록 함으로써 계속해서 양력을 발생시켜 비상착륙하는 데 사용한다. 헬리콥터 인증 시 자동회전기능에 대한 확인 절차가 포함된다.

autosyn 오토신

교류로 작동하는 교류 셀신(AC selsyn)의 한 종류. 발신기와 지시계가 동일한 구조로 이루어져 있으며, 발신기와 지시계는 교류 전자석을 사용하므로 영구자석을 사용하는 방식보다 정밀측정이 가능하다.

auxiliary power unit(APU) 보조동력장치

지상에서 항공기에 동력을 공급하거나 비행 중 엔진 이상으로 동력이 추가로 요구될 때 보조 동력으로 사용하기 위해 장착된 작은 사이즈의 엔진. 엔진이 추력을 조절하기 위해 스로틀 레버에 의해 출력 조절이 가능한 반면, APU는 정격 파워만 공급되도록 설계되었으며 스타트 스위치만 가지고 있다. electric, pneumatic power가 생성되며, 전

력으로 작동되는 펌프를 구동시켜 hydraulic power 공급이 가능하다.

available seat-kilometer(ASK)
제공좌석 킬로미터

항공사가 승객에게 제공하는 유상승객 좌석 수에 이동거리(km)를 곱한 값. 제공 수송능력을 나타내는 지표의 하나로, 서로 다른 크기의 항공기를 비교할 때 사용한다.

Aviation and Railway Accident Investigation Board
항공철도사고조사위원회

항공철도사고 등의 원인규명과 예방을 위한 사고조사를 독립적으로 수행하기 위해 설치된 기구. 사고원인을 명확하게 규명하여 향후 유사한 사고를 방지하는 데 목적을 두고 있다.

aviation business 항공사업

「항공사업법」에 따라 국토교통부장관의 면허, 허가 또는 인가를 받거나 국토교통부장관에게 등록 또는 신고하여 경영하는 사업. 항공운송사업, 항공기사용사업, 항공기정비업, 항공기취급업 등이 포함된다.

aviation day beacons 항공장애 주간표지

항공기의 안전한 운항을 위하여 「항공시설법」 제36조에 의거, 장애물 제한표면 내에 있는 구조물과 장애물 제한표면 밖의 지역에서 지표로부터 60미터 이상이 되는 구조물을 설치하는 자가 불빛 외에 위험을 알리기 위하여 건물 외벽에 흰색과 오렌지색을 번갈아 표시한 것을 말한다.

aviation gasoline(AVGAS) 항공용 휘발유

항공기에 동력을 공급하는 데는 석유 기반 연료 또는 석유 및 합성연료 혼합물을 사용하며, AVGAS는 피스톤엔진 항공기에 사용되는 연료이다. 자동차 연료로 사용되는 MOGAS(motor gasoline)와 크게 다르지 않다. 하지만 고고도 비행 특성상 고옥탄가와 저온에서도 엔진의 원활한 작동을 위해 각종 첨가제를 추가한다.

aviation insurance 항공보험

여객보험, 기체보험, 화물보험, 전쟁보험, 제3자보험 및 승무원보험과 그 밖에 국토교통부령으로 정하는 보험

aviation light 항공장애표시등

항공기의 안전한 운항을 위하여 「공항시설법」

제36조에 의거, 장애물 제한표면 내에 있는 구조물과 장애물 제한표면 밖의 지역에서 지표로부터 60미터 이상이 되는 구조물을 설치하는 자가 불빛으로 위험을 알리기 위하여 건물 외벽에 장착하는 고광도의 전등

aviation operator 항공교통사업자

공항 또는 항공기를 사용하여 여객 또는 화물의 운송과 관련된 유상서비스를 제공하는 공항운영자 또는 항공운송사업자

aviation safety programme 항공안전프로그램

항공안전을 확보하고, 안전 목표를 달성하기 위한 항공 관련 제반 법규정, 기준, 절차 및 안전활동을 포함한 종합적인 안전관리체계

aviation security 항공보안

비행기로 공중을 날아다니는 것과 관련하여 항공기 내의 안녕 및 안전을 저해하는 행위를 방지하는 일. 폭파, 납치, 위해정보 제공 등 불법 방해행위에 맞서 행하는 항공기 및 항행안전시설 등 민간항공을 보호하기 위한 제반 활동으로 정의되며, 비행현장에서는 항공기 출항 전, 입항 후 지정된 담당자가 보안점검을 수행하는 형태로 구현된다.

aviation security screening officer 항공보안검색요원

승객, 휴대물품, 위탁수하물, 항공화물 또는 보호구역에 출입하려고 하는 사람에 대하여 보안검색을 하는 사람

aviation service 항공업무

항공기의 안전한 운항을 위하여 항공기의 운항업무, 항공교통관제업무, 항공기의 운항관리업무, 정비·수리·개조된 항공기·발동기·프로펠러, 장비품 또는 부품에 대하여 안전하게 운용할 수 있는 성능이 있는지를 확인하는 업무 및 경량항공기 또는 그 장비품·부품의 정비사항을 확인하는 업무

aviation snips 항공가위

판금작업 시 홀, 굴곡진 부분, 보강재를 절단하는 데 사용하는 가위. 오른가위, 왼가위가 따로 있다.

avionics 항공전자기기

항공기에 탑재되어 있는 전자적인 회로를 갖추고 있는 장비품. 레이다, 관성항법장치, 각종 센서, 전자계기시스템의 구성품 등을 포함한다.

axial-flow compressor 축류압축기

가스터빈엔진에 사용되는 압축기 유형. 공기는 압축기 축에 평행한 직선으로 압축기를 통과하며 회전하는 압축기 로터 블레이드(rotor blade)와 케이스에 고정된 스테이터(stator)가 반복되는 여러 개의 스테이지들로

구성되어 다단을 지나면서 압력비가 증가한다.

axis of airplane 기체축

비행 중인 항공기는 전후, 좌우, 상하 3차원으로 움직이며, 이러한 움직임의 중심이 되는 3개의 축이 있다. 3개의 축은 항공기의 중심 위치를 지나는 직선으로 표시하며, 전후를 지나는 직선을 X축, 좌우를 관통하는 직선을 Y축, 그리고 상하를 관통하는 직선을 Z축이라고 한다. X축을 중심으로 회전하는 운동은 기체를 좌우로 움직이게 하며 롤링(rolling)이라고 한다. Y축을 중심으로 회전하는 운동은 기수(기체의 앞부분)를 위로 들거나 아래로 내리는 움직임으로 피칭(pitching)이라고 한다. Z축을 중심으로 회전하는 운동은 기수를 좌측과 우측으로 향하는 움직임으로 요잉(yawing)이라고 한다.

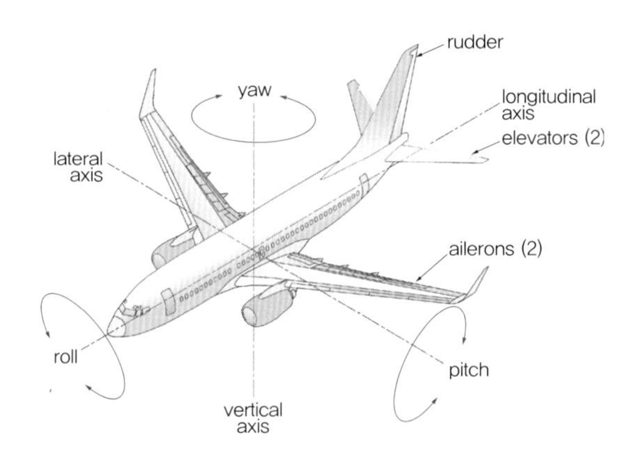

B

B

backfire 역화

실린더에 공급된 희박혼합기가 불완전연소 또는 배기행정 종료시점까지 연소가 완료되지 않는 등 연소 지연으로 실린더 내에 화염이 오래 남아 있다가 흡입밸브가 열릴 때 흡기계통으로 유입되는 혼합기를 연소시키는 현상. 기화기 또는 흡기계통에 손상을 일으킨다.

backup ring 백업링

누출(leak) 방지를 위한 seal이 장착된 부분에 높은 압력이 걸릴 경우 seal이 반대 방향으로 밀려나가는 것을 방지하기 위해 장착된 링. 주로 테프론으로 제작되며, seal과 함께 장착할 때 seal의 손상을 줄이기 위해 잘린 부분이 겹쳐지는 방향을 확인하는 것이 중요하다.

baffle 배플

비행 중 항공기의 움직임에 따라 레저보어 내부의 유압유가 출렁거리는 것을 방지하기 위해 장착된 판. 심하게 출렁거리면 유압유 내부에 공기방울이 생겨 펌프를 통해 계통 내로 유입될 수 있으므로 출렁이지 않게 한다.

balance panel 밸런스 패널

에일러론(aileron)이 장착된 날개 뒷전 부분에 2개의 에어 체임버(air chamber)가 형성되어 기체 구조부분과 에일러론 힌지 부분 사이에 장착된 패널. 두 체임버에서 만들어진 공기 압력의 차이가 에일러론의 움직임 쪽으로 힘을 더해주어 작동을 쉽게 만들어 주는 역할을 한다.

balance tab 밸런스 탭

1차 조종면과 기계적으로 연결되어 조종면의 움직임에 비례하여 그 반대 방향으로 움직이는 탭. 반대 방향으로 움직인 밸런스 탭이 조종면을 움직이는 조종력을 경감시킨다.

ball bearing 볼베어링

구체 모양의 볼을 사용하는 방사상의 하중과 추력하중을 담당하는 구름 베어링(rolling bearing)의 일종. 기본적인 구성요소는 내측 레이스와 외측 레이스, 볼, 리테이너로 이루어져 있고, 2개의 레이스 사이에 볼이 들어가 있어서 각각의 레이스와 점 접촉을 함으로써 마찰을 줄인다.

ballast 밸러스트, 평형용 무게추

항공기의 비행을 준비하면서 중심위치를 조정하기 위해 탑재하는 추가 무게. 항공기 개

발을 위한 시험비행을 할 때 여러 개의 물탱크를 탑재하고 필요에 따라 탱크를 채우는 물의 양을 조정하거나, 객실의 좌석을 떼어내고 구조부 검사를 할 경우 화물칸에 추가 무게를 탑재하는 등 다양한 경우에 추가 무게가 사용된다.

balsa wood 발사나무
무게가 가벼워 항공기 개발 초기에 코어재료로 사용된 목재. 현재 글라이더나 모형 비행기를 제작할 때 사용하고 있다.

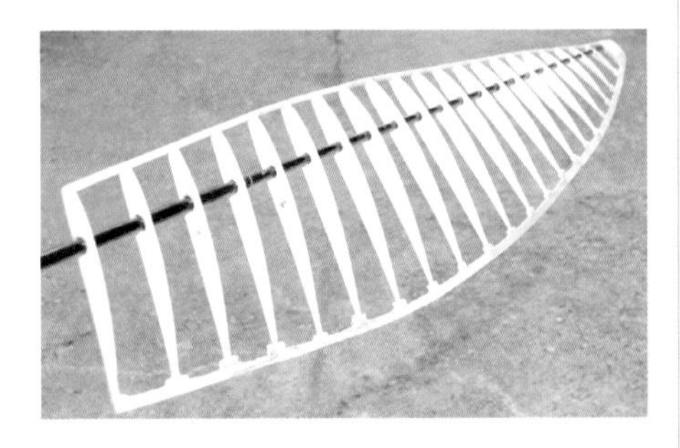

basic empty weight 기본 자중
제작사에서 제공된 standard basic empty weight에 standard item 중 변경된 항목을 더하거나 빼서 실제로 적용된 무게

battery 배터리
화학변화에 의해 발생하는 화학에너지를 전기에너지로 변환하여 직류전원을 공급해 주는 장치. 전기를 축적하여 보관하고 있다가 필요할 때 공급한다는 의미에서 축전지라고도 한다. 항공기 전기계통이 정상적으로 작동할 때는 충전상태를 유지하다가 비상시에는 standby bus를 통해 비상전원 공급 역할을 한다.

battery ratings 배터리 정격
정상적으로 사용 시 일정 기간 동안 방출되는 평균 전류량. 100 Ah 용량의 배터리의 경우 10시간 동안 일정한 속도로 10 A의 전력을 공급할 수 있음을 의미한다.

bead 비드
타이어의 주요 구성품의 하나. 휠과 타이어

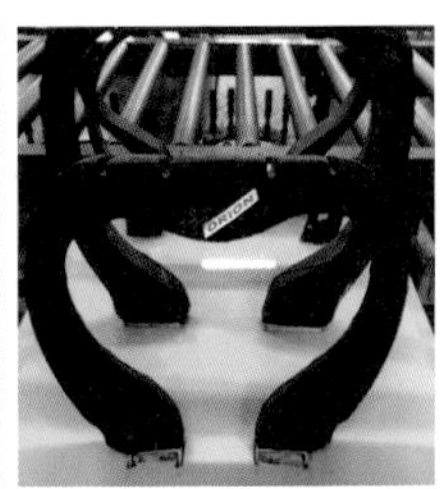

가 조립될 때 맞닿는 부분으로, 큰 하중이 작용하기 때문에 이를 견딜 수 있도록 와이어 다발로 구성된다.

beading 비딩

튜브 비딩은 튜브 끝에 비드를 형성하는 금속 성형 공정으로, 튜브 끝에 호스를 고정하거나 튜브 끝을 강화하는 데 사용한다.

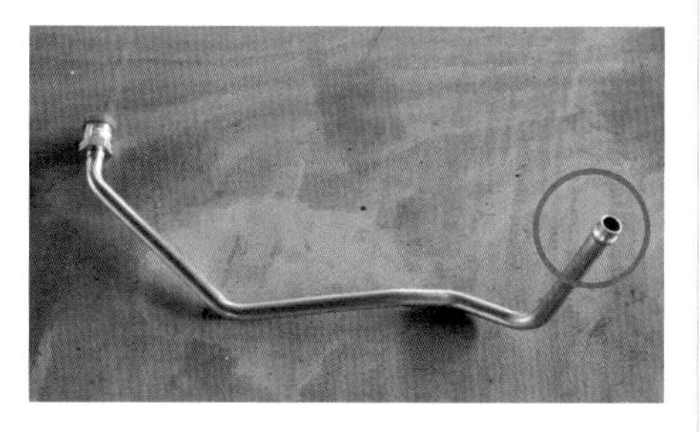

bearing stress 베어링 응력

구조재에 가해지는 응력의 하나. 리벳이나 볼트와 접합된 판재의 접촉면에 압력이 가해질 때 생기는 힘을 말한다.

bell-mouth compressor inlet 벨마우스 압축기 흡입구

엔진 test cell에서 시험하는 엔진의 입구에 장착하는 장치. 성능시험을 하는 동안 공기의 공급을 원활하게 하는 기능을 한다.

bellows 벨로즈

여러 개의 다이어프램을 겹쳐 놓은 형태로 만들어진 공함. 벨로즈는 압력에 따른 수축 및 팽창의 변위량이 크기 때문에 기계적 링키지로 연결된 확대부의 크기를 작게 제작할 수 있는 저압측정용으로 적합하며, 연료 압력계 등에 사용된다.

belly 동체 하면

항공기의 중앙 동체 하부. 여객기 등의 lower deck cargo 또는 belly cargo라고 부른다.

belly-in 동체착륙

랜딩기어(LG)를 작동시키는 구성품의 이상 등으로 랜딩기어가 펼쳐지지 않거나 일부만 펼쳐진 상태에서 동체를 활주로나 지면에 직접 접촉하면서 행하는 긴급착륙. 랜딩기어가 정상적으로 펼쳐진 상태에서 착륙할 때 과도한 접근 각도로 인해 동체의 일부가 접촉하는 경우에도 동체착륙이라고 한다. 항공기기술기준에는 이러한 동체착륙을 할 때 belly 부분에 장착된 연료탱크의 폭발이 일어나지 않도록 belly 부분에 강도를 증가시킨 구조부 기준을 제시하고 있다.

bend allowance 굽힘 허용량

판재 가공 시 굽힐 때 사용되는 재료의 실제 필요한 길이. 굽힘 허용량은 굽힘 반지름과 재료의 두께 두 가지 요소에 의해 결정되며, 보통은 bend allowance chart를 활용하여 위쪽 숫자는 90°일 때, 아래쪽 숫자는 1°에 해당하는 값으로 확인할 수 있다. 예외적으로 1~180° 굽힘 가공을 하려고 할 때 차트가 없는 경우 항공정비현장에서의 경험치인 아래 식을 이용하여 구할 수 있다.

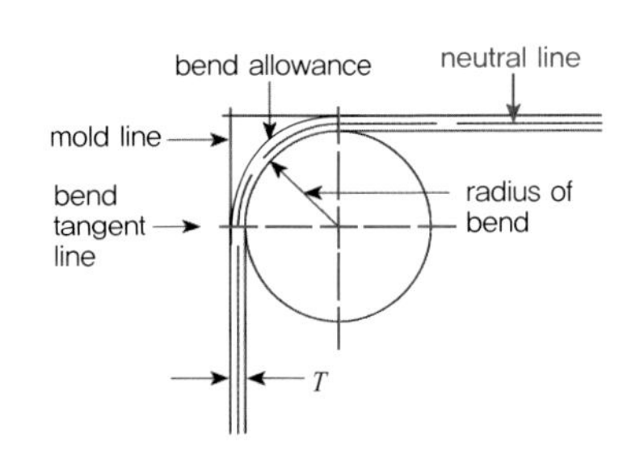

$$\text{bend allowance} = 0.01743 \times R + 0.0078 \times T \times N$$

여기서, R = 굽힘 반지름, T = 재료의 두께, N = 굽힘 각도

metal thickness	radius of bend (inch)						
	1/32	1/16	3/32	1/8	5/32	3/16	7/32
0.020	0.062	0.113	0.161	0.21	0.259	0.309	0.358
	0.000693	0.001251	0.001792	0.002333	0.002874	0.003433	0.003977
0.025	0.066	0.116	0.165	0.214	0.263	0.313	0.362
	0.000736	0.001294	0.001835	0.002376	0.002917	0.003476	0.004017
0.028	0.068	0.119	0.167	0.216	0.265	0.315	0.364
	0.000759	0.001318	0.001859	0.0024	0.002941	0.003499	0.00404
0.032	0.071	0.121	0.17	0.218	0.267	0.317	0.366
	0.000787	0.001345	0.001886	0.002427	0.002968	0.003526	0.004067
0.038	0.075	0.126	0.174	0.223	0.272	0.322	0.371
	0.000837	0.001396	0.001937	0.002478	0.003019	0.003577	0.004118
0.040	0.077	0.127	0.176	0.224	0.273	0.323	0.372
	0.000853	0.001411	0.001952	0.002493	0.003034	0.003593	0.004134
0.051		0.134	0.183	0.232	0.28	0.331	0.379
		0.001413	0.002034	0.002575	0.003116	0.003675	0.004215
0.064		0.144	0.192	0.241	0.29	0.34	0.389
		0.001595	0.002136	0.002676	0.003218	0.003776	0.004317
0.072			0.198	0.247	0.296	0.346	0.394
			0.002202	0.002743	0.003284	0.003842	0.004283
0.078			0.202	0.251	0.3	0.35	0.399
			0.002249	0.00279	0.003331	0.003889	0.00443
0.081			0.204	0.253	0.302	0.352	0.401
			0.002272	0.002813	0.003354	0.003912	0.004453
0.091			0.212	0.26	0.309	0.359	0.408
			0.00235	0.002891	0.003432	0.00399	0.004531
0.094			0.214	0.262	0.311	0.361	0.41
			0.002374	0.002914	0.003455	0.004014	0.004555
0.102				0.268	0.317	0.367	0.416
				0.002977	0.003518	0.004076	0.004617
0.109				0.273	0.321	0.372	0.42
				0.003031	0.003572	0.004131	0.004672
0.125				0.284	0.333	0.383	0.432
				0.003156	0.003697	0.004256	0.004797
0.156					0.355	0.405	0.453
					0.003939	0.004497	0.005038
0.188						0.417	0.476
						0.004747	0.005288

metal thickness	radius of bend (inch)						
	1/4	9/32	5/16	11/32	3/8	7/16	1/2
0.020	0.406	0.455	0.505	0.554	0.603	0.702	0.799
	0.004515	0.005056	0.005614	0.006155	0.006695	0.007795	0.008877
0.025	0.41	0.459	0.509	0.558	0.607	0.705	0.803
	0.004558	0.005098	0.005657	0.006198	0.006739	0.007838	0.00892
0.028	0.412	0.461	0.511	0.56	0.609	0.708	0.805
	0.004581	0.005122	0.00568	0.006221	0.006762	0.007862	0.008944
0.032	0.415	0.463	0.514	0.562	0.611	0.71	0.807
	0.004608	0.005149	0.005708	0.006249	0.006789	0.007889	0.008971
0.040	0.421	0.469	0.52	0.568	0.617	0.716	0.813
	0.004675	0.005215	0.005774	0.006315	0.006856	0.007955	0.009037
0.051	0.428	0.477	0.527	0.576	0.624	0.723	0.821
	0.004756	0.005297	0.005855	0.006397	0.006934	0.008037	0.009119
0.064	0.437	0.486	0.536	0.585	0.634	0.732	0.83
	0.004858	0.005399	0.005957	0.006498	0.007039	0.008138	0.00922
0.072	0.443	0.492	0.542	0.591	0.639	0.738	0.836
	0.004924	0.005465	0.006023	0.006564	0.007105	0.008205	0.009287
0.078	0.447	0.496	0.546	0.595	0.644	0.745	0.84
	0.004963	0.005512	0.00607	0.006611	0.007152	0.008252	0.009333
0.081	0.449	0.498	0.548	0.598	0.646	0.745	0.842
	0.004969	0.005535	0.006094	0.006635	0.007176	0.008275	0.009357
0.091	0.456	0.505	0.555	0.604	0.653	0.752	0.849
	0.005072	0.005613	0.006172	0.006713	0.007254	0.008353	0.009435
0.094	0.459	0.507	0.558	0.606	0.655	0.754	0.851
	0.005096	0.005637	0.006195	0.006736	0.007277	0.008376	0.009458
0.102	0.464	0.513	0.563	0.612	0.661	0.76	0.857
	0.005158	0.005699	0.006257	0.006798	0.007339	0.008439	0.009521
0.109	0.469	0.518	0.568	0.617	0.665	0.764	0.862
	0.005213	0.005754	0.006312	0.006853	0.007394	0.008493	0.009575
0.125	0.48	0.529	0.579	0.628	0.677	0.776	0.873
	0.005338	0.005878	0.006437	0.006978	0.007519	0.008618	0.0097
0.156	0.502	0.551	0.601	0.65	0.698	0.797	0.895
	0.005579	0.00612	0.006679	0.00722	0.007761	0.00886	0.009942
0.188	0.525	0.573	0.624	0.672	0.721	0.82	0.917
	0.005829	0.00637	0.006928	0.007469	0.00801	0.009109	0.010191
0.250	0.568	0.617	0.667	0.716	0.764	0.863	0.961
	0.006313	0.006853	0.007412	0.007953	0.008494	0.009593	0.010675

bend radius 곡률반경
파이프, 튜브, 케이블, 호스, 판재를 수명을 단축시키지 않고 구부릴 수 있는 최소 반경. 반경이 작을수록 재료의 연성이 크다.

bending stress 굽힘 응력
구조재에 가해지는 응력의 하나. 굽히고자 하는 부재의 상면에 인장응력과 하면에 압축응력의 합성응력이 발생한다.

Bermuda Agreement 버뮤다 협정
시카고협약의 표준과 권고방식을 따라 미국과 영국이 양국 간의 노선지정, 운항횟수 등 항공기 운항의 권익에 대한 사항을 정한 양국가 간의 협정. 양국 간의 첫 번째 협정이라는 데 의의가 있으며 이후 국가 간 협정의 모델이 되었다.

beyond right 이원권
항공협정을 체결한 협정 상대국의 국내지점(공항)에서 다시 제3국으로 연장하여 여객 및 화물을 운항할 수 있는 권리. 즉 A라는 나라에서 B라는 나라의 어느 지점을 경유하여 C라는 나라의 어느 비행장에 여객이나 화물을 운송할 수 있는 권리를 말한다. 하늘의 자유 가운데 제5자유 이후의 것을 일컫는다.

bidirectional fabric 양방향 직물
복합소재의 일종. 복합재 섬유에 유연성을 주기 위해 직조된 형태로 제작되며, 5 harness stain weave, 8 shaft stain weave 등 다양한 방법의 직조 형태가 활용된다.

bilge area 바닥 부분
항공기 동체 하면의 구조 부분으로, 물과 오염물질이 모이는 장소로 활용되며, 동체 구조부재인 ring, frame, stringer의 조합으로 이루어져 있다. 부식 방지를 위해 corrosion inhibiter가 도포되어 있고 drain hole이 만들어져 있다. floor panel이 장착되는 부분에 crack이 자주 발생하기 때문에 zonal inspection의 대상이기도 하다.

bill of material(BOM) 부품목록
도면에 포함된 부품의 목록, 수량 등을 기록한 표. 표제란 하부 또는 왼쪽에 위치하지만, 기록해야 할 내용이 많을 경우 추가 페이지에 기록한다.

bird cage 버드 케이지
케이블의 코어와 감긴 와이어 가닥이 풀리는 것을 말한다.

bird strike 조류 충돌
항공기의 이착륙 및 순항 중 조류가 항공기 엔진이나 동체에 부딪히는 현상. 보통은 저고도에서 발생하고, 철새들의 움직임이 활발한 환절기에 더욱 빈번하게 일어나며,

항공기가 추락하는 상황까지 발생할 만큼 심각한 현상으로, 충돌이 확인되면 ATA 05-50 unscheduled maintenance check를 수행해야 한다.

bird strike inspection 조류충돌검사

항공기가 비행 중 새와 충돌하여 발생한 손상에 대한 검사. 레이 돔, 엔진, 날개 및 동체 등 외부의 손상 점검이 포함된다. ATA 05 conditional inspection에 점검절차가 기술되어 있다.

bladder fuel tank 고무형 연료탱크

소형 항공기에 사용되는 연료탱크의 하나. 고무 튜브 형식으로 만들어져 장탈착 시 작은 작업창이 필요하며, 대형 누출에 의한 위험성을 줄일 수 있고, 누출이 있는 부분에 패치(patch) 수리가 가능하다.

blade butt 블레이드 버트

프로펠러 블레이드를 허브에 완전하게 고정할 수 있도록 가공된 블레이드 팁과 반대되는 방향의 끝부분. 허브에 장착되는 부분의 형상에 따라 가공된다.

blade profile 블레이드 프로파일

사각형 모양의 팁이 있는 블레이드에 발생하는 진동에 영향을 받지 않도록 더 높은 공진주파수를 제공하기 위해 두께가 감소된 형태로 제작된 축류 압축기 블레이드. 블레이드에 의해 이동하는 고속 공기 흐름을 공기역학적으로 보다 더 효율적인 형태로 제공하며, 엔진이 꺼질 때 종종 케이스에 닿아 삐걱거리는 소음을 발생시켜 스퀼러 팁(squealer tip)이라고 불린다.

blade shank 깃 생크

프로펠러 허브에 장착되는 둥근 부분. 프로펠러의 회전으로 발생하는 하중에 견딜 수 있도록 두꺼운 원통형으로 제작된다.

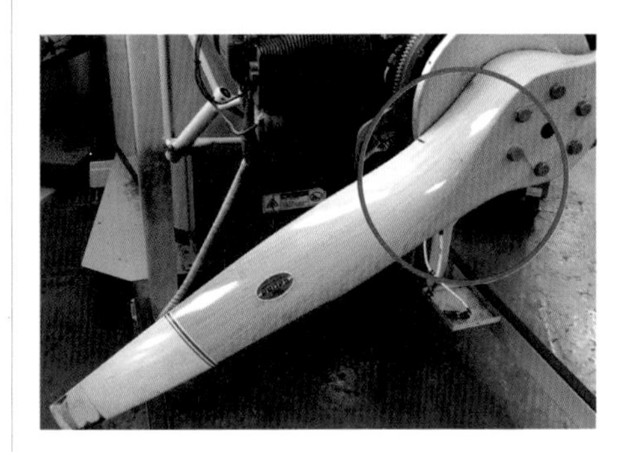

B

blade tracking 깃의 궤도 점검

프로펠러 블레이드가 동일한 회전 평면에 있는지 블레이드 팁의 위치를 점검하는 절차. 각각의 블레이드 팁이 앞서 지나간 블레이드 팁의 위치와 동일한지, 아니면 얼마나 차이가 나는지 확인하고 제작사에서 정한 한계값과 비교하여 블레이드의 결함 여부를 결정한다.

blanket method 담요방식

우포 항공기용 외피용도로 인증된 가공되지 않은 직물을 담요 크기로 재단하여 덮어주는 형태로 접착하는 방법. 안정판이나 조종면의 작업에 적합하다.

bleed air 블리드 에어

비행 중 작동 중인 엔진의 압축기로부터 추출한 고온 · 고압의 공기. 추출한 공기를 활용하여 방제빙, 기내환경조절계통 등에 공급하거나 작동기의 동력원으로 사용한다. 최근 개발된 B787 항공기의 경우 기존 엔진들과는 다르게 압축된 공기를 추출하지 않도록 설계하여 엔진이 본연의 추력 발생 기능에 주력할 수 있도록 하여 엔진의 효율을 극대화하였다.

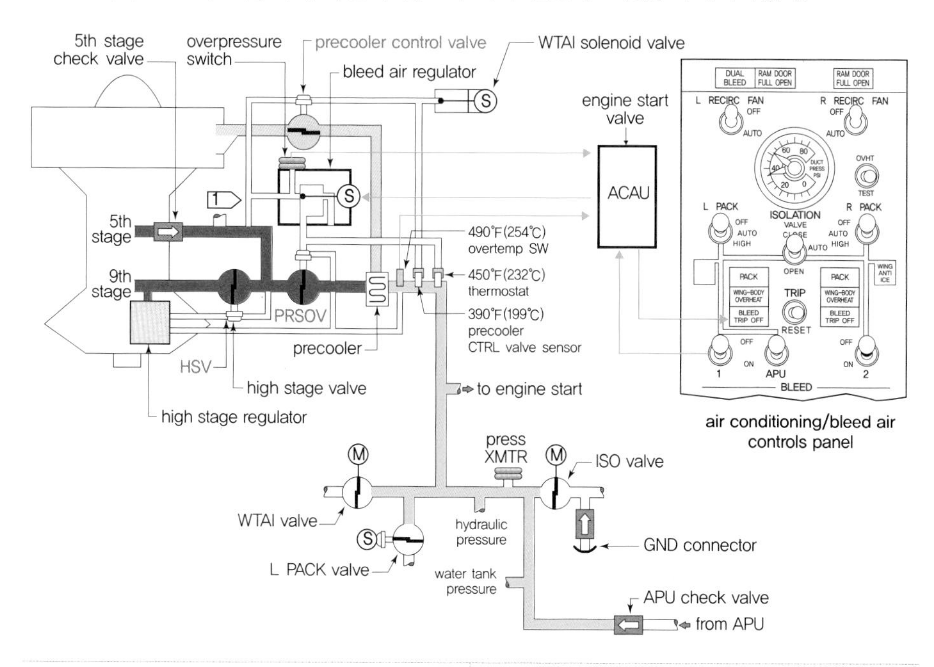

bleeding 블리딩

유류가 보급된 압력계통 내부에 공기가 유입되면 원래의 기능을 저해하는 방해 현상이 발생하는데, 이를 없애기 위해 내부에 차

있는 공기를 제거하는 절차. 유압을 사용하는 브레이크 계통의 진동이나 브레이크가 뒤늦게 작동하는 슬립 현상을 해결하기 위해 자주 경험하게 된다.

blind rivets 블라인드 리벳

판재작업 시 반대편에 shop head를 가공할 작업자의 접근이 어려울 경우 사용하는 리벳. 단독작업을 하기 때문에 작업이 용이하지만, 강도면에서는 약한 단점이 있으며, pop 리벳 등 다양한 종류가 있다.

block time 블록타임

항공기를 운항하기 위해 항공기가 출발 게이트나 주기장을 출발하는 시간부터 도착 후 spot에 정지할 때까지의 시간. taxi-out, taxi-in 시간을 포함하며, timetable상의 항공편 출발/도착 시각은 block time을 기준으로 한다.

blowout disk 그린 디스크

기체산소가 들어 있는 산소탱크 내부의 압력 상태를 지상에서 확인할 수 있도록 장착된 점검장치. 산소탱크 상부에 만들어진 고압에 찢길 수 있는 막과 연결된 튜브가 동체 하부 옆면에 배출구를 형성하고 있으며, 녹색 마개 형태로 배출구를 막고 있다가 산소

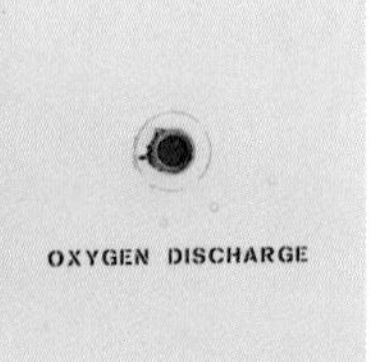

탱크에 과압이 걸렸을 때 폭발 방지를 위해 외부로 배출시키는 출구기능을 하는 것으로, 외부점검(walk around) 시 마개의 유무로 산소탱크의 이상 여부를 확인한다.

blushing 백화현상

페인트 작업된 상부 표면이 우윳빛처럼 하얀색을 띠며 광택이 나지 않고 색상이 엷고 흐리게 보이는 현상. 페인트 작업 표면의 용제가 급하게 증발하면서 발생할 수 있기 때문에 증발속도가 느린 용제를 첨가하여 예방할 수 있다.

bogie-type landing gear
보기타입 랜딩기어

랜딩기어 스트럿 하나에 복수의 타이어가 장착된 경우, 타이어가 앞뒤로 배치된 형태의 랜딩기어

bonding 본딩

2개 이상의 분리된 금속구조물을 전기적으로 완전히 접속시켜 전위차를 없애는 것. 구조물과 구조물 사이의 전기적 접촉을 확실히 하기 위해 여러 가닥의 구리선을 넓게 짜서 bonding wire 또는 bonding jumper

형태로 만들어진다. 본딩은 구조물 양단 간의 전위차를 제거하여 정전기 발생과 이로 인한 화재 위험을 방지하며, 전위차에 의해 발생하는 미세 전류를 차단하여 무선장비의 전파방해 및 잡음을 감소시키고 계기오차를 없애는 기능을 한다.

boom 붐

헬리콥터의 동체와 테일 로터(tail rotor) 구성품을 연결하기 위해 연장된 구조물. 주로 피칭 모멘트(pitching moment)와 비틀림(torsion)을 받으며 메인 로터(main rotor)와 테일 로터 사이의 충분한 거리를 확보하기 위해 길게 제작되기 때문에 경량 소재로 제작한다.

boost pump 승압펌프

유체의 압력을 높여주는 기계장치. 액체 또는 가스의 압력을 증가시키는 데 사용할 수 있지만, 유체의 종류에 따라 세부 구성품은 달라질 수 있으며, 항공기 연료탱크의 연료를 엔진기어박스에 장착된 연료펌프까지 보내는 압력을 제공하기 위해 연료탱크의 바닥 가까이에 장착된다.

bootstrapping 부트스트래핑

터보차저 시스템을 갖추고 있는 엔진에서 좀 더 많은 엔진출력을 생산하기 위해 가해진 회전 변화가 터보차저를 가속하게 되면서 동반되는 일시적 엔진출력의 증가현상

borescope inspection (BSI) 내시경 검사

접근하기 어렵거나 접근할 수 없는 부품을 분해하거나 손상시키지 않고 검사할 수 있는 비파괴검사방법의 하나. 항공기 엔진의 분해는 복잡하고 위험하며 비용이 많이 들기 때문에 분해하지 않고 부품의 상태를 평가하기 위해 사용된다. 항공기 엔진의 결함이 문제를 더 일으키기 전에 미리 감지하여 비행 안전의 향상에 기여한다. 최근 광학기술의 발달로 디지털 촬영, 비교 판독, 데이터 전송 등의 기술이 적용된다.

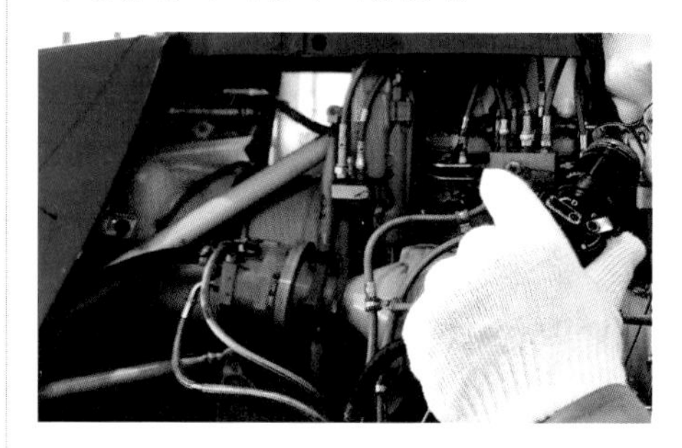

bottom dead center (BDC) 하사점

4행정 사이클 엔진의 연소행정에서 실린더 내부에서 직선운동하는 피스톤이 위치할 수 있는 가장 낮은 지점

boundary layer 경계층

물체의 표면과 접하고 있는 유동기체나 액체의 얇은 층. 경계층은 점성력에 의한 현상으로, 유체가 표면에 접해 있다고 가정할 때 물체 근처로 갈수록 점성에 의해서 유체의 속도가 감소하게 된다. 이렇게 거리를 기준으로 점성의 영향력이 강하게 미치는 층과 점성의 영향력을 무시할 수 있는 층으로 나누었을 때, 점성의 영향을 많이 받는 쪽의 층을 경계층이라고 한다.

bow 블레이드 휨

회전하는 블레이드에 열의 집중현상이 발생할 경우 생기는 열적 굽힘 현상. 굽힘 현상은 진동의 원인으로 작용한다.

brace 버팀대

하중을 받을 때 강성과 강도를 제공하기 위해 기체를 강화하는 추가 기능성 구조부재. 버팀대(brace)는 항공기 내부 및 외부 모두에 적용될 수 있으며, 필요에 따라 압축 또는 장력으로 작용하는 스트럿 또는 장력에서만 작용하는 와이어의 형태로 적용된다.

brake bleeding 브레이크 블리딩

브레이크 계통 내 유압유에 포함된 공기를 제거해 주는 작업절차. 유압계통이 정상 작동하는 상태에서 브레이크를 밟아 내부의 유압유를 배출시키기를 반복하여 내부에 포함된 공기층이 모두 제거될 때까지 여러 번 브레이크를 작동시키며, 블리딩 작업을 마무리한 후 유압유를 보충해 주어야 한다.

brake horsepower 제동마력

항공기 엔진의 프로펠러축에 전달되는 출력. 피스톤의 펌핑 작용, 피스톤의 마찰과 같은 기계적인 손실을 뺀 실제 유용한 일로 전환되어 프로펠러 샤프트에 전달되는 실제 동력

brake mean effective pressure (BMEP) 제동평균유효압력

출력 행정이 진행되는 동안 왕복엔진의 실린더 내부의 평균 압력. 평방인치당 파운드 단위로 측정되는 BMEP는 엔진에서 발생하는 토크와 관련이 있으며, 브레이크 마력을 알고 있을 때 계산할 수 있다.

brake specific fuel consumption 제동연료소비율

연료소비량을 생산된 출력으로 나눈 값. 연소를 통해 회전력 또는 축 출력을 생성하는 엔진의 연료효율을 측정한 것으로, 축 출력을 갖는 내연기관의 연료효율을 비교할 때 이 SFC를 사용하면 서로 다른 엔진의 연비를 직접 비교할 수 있다. 엔진으로 공급되는 연료의 단위 시간당 소모율을 의미한다.

brayton cycle 브레이튼 사이클

가스터빈엔진의 이상적 사이클. 두 개의 정압과정과 두 개의 단열과정으로 구성된 사이클로서 체적은 변화하고 압력은 일정한 사이클로 정압 사이클, 연속 연소사이클이라고 부른다.

breather system 브레더 시스템

엔진 윤활계통 중 베어링 구역에서의 과다한 공기를 제거하기 위한 시스템. 오일 탱크로 보내진 오일에 포함된 공기가 공기분리기를

거치면서 분리되어 대기 중으로 배출된다.

brinelling 브리넬링

표면에 발생한 원주형의 함몰. 부적절한 장착, 취급 중 기계적인 낙하, 작동 중 발생한 하중 등에 의해 발생하는 영구적인 손상을 말한다.

brittleness 취성

어떤 재료에 힘을 가할 때, 재료가 외력에 의해 영구 변형되지 않고 파괴되거나 극히 일부만 영구 변형을 일으키고 파괴되는 성질

buckling 좌굴

하중을 받은 구조물의 구성 요소에 발생한 갑작스러운 변형. 항공기 구조물이 점차적으로 증가하는 하중을 받아 임계수준에 도달하여 동체 표면 일부가 쭈글쭈글해져 주름 잡힌 모양으로 변형되는 것을 가리킨다.

bucking bar 버킹바

솔리드 리벳의 숍 헤드(shop head)에 해당하는 벅테일을 만드는 데 사용되는 금속막대. 리벳 제작 시 가공된 팩토리 헤드(factory head)와 꼬리에 해당하는 생크 부분을 변형시켜 숍 헤드를 만들어야 하는데, 숍 헤드를 가공하기 위해 적절한 무게와 모양의 버킹바가 사용된다.

buffet 버펫

비행 중 항공기에 발생하는 진동. 비행 중 기류의 변화에 의한 흔들림은 포함되지 않고, 저속의 큰 받음각으로 비행하는 경우 주날개의 일부에서 형성된 실속에 의해 진동이 발생하고, 고속의 작은 받음각으로 비행하는 경우 충격파의 형성으로 인한 박리가 일어나면서 진동이 동반된다.

built-in test equipment(BITE) 자체고장진단장비

항공기 정비 프로세스를 지원하기 위해 개별 전자제어장비에 내장된 결함관리 및 진단장비. AMM(Aircraft Maintenance Manual)에 제시된 절차에 따라 테스트하여 내재된 결함을 찾아낼 수 있다.

KAL 601
KAL (5) Forward Cabin Attendant Temperature Control - System Test.

KAL 001-006, 010-016, 020, 051, 054-060, 071, 072, 080-085, 591-599, 601-699, 901-907, 921-999

TASK 21-61-00-700-806-002

2. Pack/Zone Temperature Controller BITE Test
(Figure 501)

A. General
(1) This task does a BITE test of the pack/zone temperature controller.
(2) The BITE test does the following checks:
(a) Pack/zone temperature controller self test.
(b) Zone temperature selector test.
(c) Cabin temperature sensor test.
(d) Duct temperature limit sensor test.
(e) Zone trim air modulating valve test.
(f) Ram air control temperature sensor test.
(g) Ram air inlet actuator test.

bulkhead 벌크헤드

항공기 동체 내부에 만들어진 직립벽. 원형으로 만들어진 동체의 노즈(nose) 부분과 꼬리 부분에 장착되는 튼튼한 부재로, 여압이 작용하는 부분과 비여압 부분의 경계에 위치한다. 고공비행 시 노출되는 높은 내부 압력에 항공기가 파열되지 않을 정도의 강도가 요구된다.

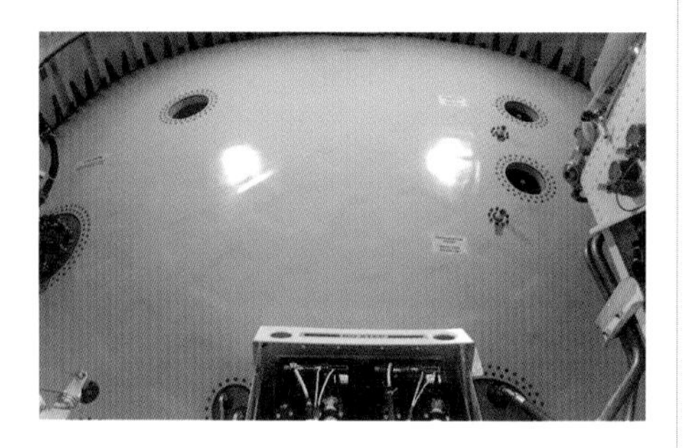

bumping 범핑

금속 성형가공 공정의 하나. 고무, 플라스틱, 생가죽으로 만든 해머로 두들겨서 모양을 잡거나 성형하는 것을 말한다. 금속의 두들겨진 부분이 늘어나 가라앉지 않도록 받침판(dollies), 모래주머니 또는 형틀을 받치고 작업해야 한다.

burning 버닝

과도한 열에 의해 발생한 표면의 변색 또는

연소 흔적. 연소 화염에 직접 노출의 위험이 있는 연료 노즐, 1단계 터빈 블레이드 등에서 자주 발생한다.

burnishing 버니싱

단단한 표면과의 미끄럼 접촉에 의해 항복 강도를 부분적으로 초과하면서 발생한 표면의 소성변형. 표면을 매끄럽게 하고 밝게 만들어 준다.

burr 버

부품의 단면 부분에 발생하는 거친 찌꺼기. 드릴 가공 시 홀 반대편 가장자리에 쌓이며 적절한 공구를 사용하여 제거해 주어야 한다.

bushing 부싱

가공된 홀과 패스너(fastener)의 직접적인 접촉을 막기 위해 홀 안에 삽입하는 미끄럼 베어링. 면과 면이 접촉하기 때문에 축이 회전할 때 마찰저항이 구름 베어링보다 크지만, 하중을 지지하는 능력이 커서 충격을 많이 받는 연결구조 부분에 많이 사용된다.

butt joint 맞대기이음

특별한 모양 없이 두 개의 재료를 단순히 끝을 함께 배치하여 결합하는 접합방법. 가장 간단한 이음방법이며, 보강재를 사용하지 않으면 구조적으로 약하다.

buttock line (BL) 버톡라인

항공기를 운용하는 도중 수리·개조 등의 정비작업을 할 때 참고할 수 있도록 동체 구조물 안쪽에 표시된 세로축 중심선부터 개별 구조물까지의 거리. 동체 중심선으로부터 윙팁(wing tip) 방향으로 측정된 거리값을 L/H, R/H로 표현한다.

bypass ratio(BPR) 바이패스비

터보팬 엔진의 효율 측정방법으로, 팬을 통해 이동된 공기 질량과 코어 엔진을 통해 이동하는 공기 질량의 비율. 연소에 사용되는 공기의 양이 연료의 소모량과 비례관계에 있다고 하면, 팬을 지나는 공기는 연소에 관여하지 않기 때문에 연비가 좋아지는 장점이 있어서 고바이패스 엔진이 운송용 항공기에 주로 사용되고 있다.

- 항속거리 : 2,950 nmi(5,460 km)
- 동체 길이 : 42.11 m(138 ft 2 in)
- 날개 길이 : 34.32 m(112 ft 7 in)
- 높이 : 12.55 m(41 ft 2 in)
- 장착 엔진 : CFM56-7B

1967년 출시된 클래식 시리즈의 차세대 시리즈인 B737-900가 1996년 인도되었고, 2017년 B737 MAX 버전으로 출시되었다. 2018년 10,000번째 737 항공기를 생산하면서 "highist production large commercial jet"로 기네스북에 올랐다.

classic type 항공기로, 항공기에 결함이 생겼을 때 결함 부품을 확인하는 데 다소 시간이 소요되는 반면, 최신 항공기와 달리 각 컴퓨터 오류에 의한 결함 발생이 없는 것이 장점이다.

부품의 내구성이 좋고 잔 고장이 적으며 정비의 편의성을 고려한 설계로 정비작업이 용이하여 정비사들에게도 '비행기 좋다'는 평가를 받고 있는 대표 항공기이다.

C

C-8 tensiometer C-8 장력측정기

항공기 조종계통에 장착된 케이블에 정확한 장력값을 맞추기 위한 장력측정기의 하나. 측정기에 장착된 다이얼게이지상에서 케이블 직경에 맞춰 0점 조정한 후 측정한 장력값을 바로 읽어내는 직독식 측정장치이다. 측정하기 전 교정막대를 먼저 측정하여 사용 가능한지 오차 범위를 확인해야 한다.

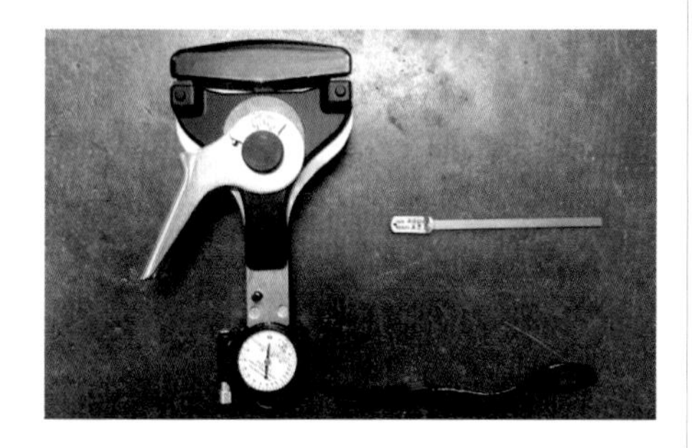

cabin altitude 객실고도

고고도를 비행하는 항공기는 비행기 밖의 기압보다 기내 압력을 높게 유지하며, 지상에서와 같은 기압 환경을 제공하기 위해 여압장치를 갖추고 있다. 객실고도는 여압장치를 통해 공급된 압력에 의해 형성된 기내 압력을 기준으로 표현한 고도를 말한다. 여객기의 경우 비행고도 7,500 m 정도까지는 지상의 압력을 유지하다가 그 이상의 고도에서는 8,000 ft(약 2,400 m)에서의 압력을 유지하도록 설계되었다. 최근 B787 항공기나 A350 항공기의 경우 6,000 ft(약 1,800 m)에서의 압력을 제공할 수 있도록 기체구조 강도가 확보되어 승객들에게 더욱 안락한 기내 환경을 제공할 수 있도록 여압성능이 향상되었다.

cabin configuration 좌석 배치

항공기의 객실 내부 화장실과 갤리의 배치 등을 고려한 객실 좌석의 배치. 단일 클라스 편성, 2클라스 편성, 3클라스 편성, 4클라스 편성 등으로 나눌 수 있으며, 단일 클라스 편성의 경우, 전 좌석을 이코노미로 편성하는 것이 일반적이다. 2클라스 편성은 퍼스트석 또는 비즈니스석과 이코노미석을 적절하게 혼합한 형태로, 운송사의 좌석 판매전략에 따라 결정한다.

cabin differential pressure 객실차압

기내 압력과 대기압의 차이. 기체가 설계된 최댓값을 초과하지 않도록 객실압력조절기(cabin pressure controller)에 의해 조절된다.

cabin rate of climb 객실고도 상승률계

기내 고도가 상승 또는 하강하는 비율을 표시하는 장치

cable peening 케이블 피닝

케이블에 부적절한 윤활로 인한 풀리와의 마찰에 의해 발생한 마모와 표면의 반짝임이 동반된 변형. 기준치보다 큰 마모가 발생하면 케이블을 교환해야 한다.

cable tension regulator 장력조절기

항공기 조종면을 작동시켜주는 케이블에 온도 변화에 따라 발생하는 장력의 변화를 보상해 주는 장치. 알루미늄합금으로 제작된 구조물과 강철로 만들어진 케이블의 온도 변화에 따른 팽창률의 차이로 인한 케이블의 장력을 조절할 수 있도록 압축스프링과 잠금 메커니즘(locking mechanism)으로 구성된다.

calibrated air speed(CAS) 교정대기속도

지시대기속도에서 피토 튜브나 정압포트의 위치오차 및 계기 자체의 오차를 수정한 속도

calipers 캘리퍼스

물체의 두 면 사이의 거리를 측정하는 데 사용하는 장치. 눈금식, 다이얼식, 디지털식으로 구분되며, 버니어, 마이크로미터 종류도 캘리퍼스의 범주에 포함된다.

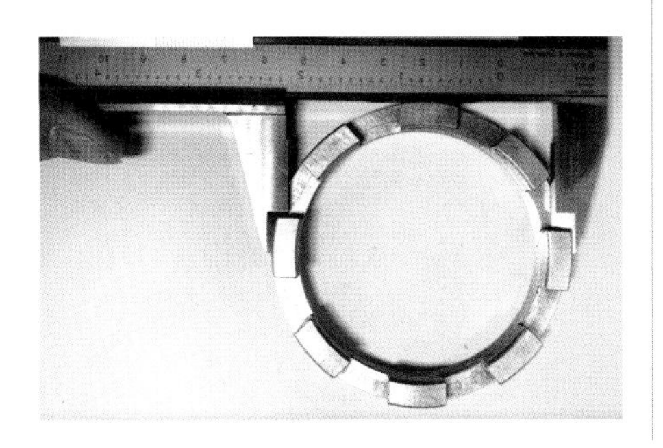

cam ring 캠링

성형엔진의 크랭크 샤프트와 동심원으로 장착되며 캠 중간의 구동 기어 어셈블리를 통해 감소된 속도로 크랭크 샤프트에 의해 구동되는 링. 설정된 속도로 밸브의 열리고 닫힘을 만들어주는 로브가 장착된다.

camber 캠버

에어포일(airfoil)의 앞전에서 뒷전까지를 잇는 시위선을 기준으로 한 에어포일 곡선의 볼록한 정도. 날개의 양력특성에 영향을 미치며 의도된 속도와 목적에 따라 캠버의 크기를 달리 디자인한다.

camloc fastener 캠로크 패스너

항공기 장비실에 장탈착이 빈번한 점검창을 고정하는 곳에 사용되는 패스너. 간혹 스터드가 빠져나오는 결함이 발생하는데, 정확한 길이가 확인되어야 장착에 무리가 없다.

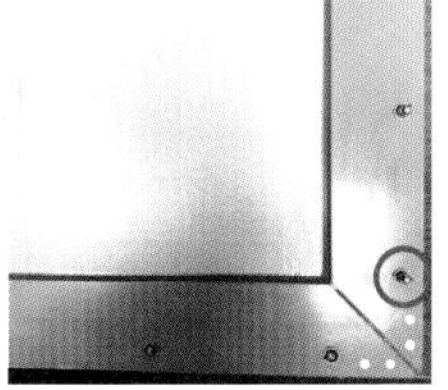

한 장의 점검창에 장착된 동일한 모양의 캠로크라도 장착되는 위치에 따라 길이가 다를 수 있다.

camshaft 캠샤프트

대향형 엔진의 밸브 메커니즘을 작동시키기 위한 회전축. 캠샤프트는 크랭크 샤프트에 부착된 다른 기어와 결합하는 기어에 의해 구동된다.

can type combustor 캔형 연소실

독립적인 원통형 연소실. 각 '캔'에는 자체 연료분사장치, 점화장치, 라이너 및 케이스가 장착되는데, 압축기에서 나온 1차 공기는 개별 캔으로 안내되어 감속되고 연료와 혼합된 다음 점화되어 연소되며, 2차 공기는 라이너 외부로 진입한 뒤 라이너의 작은 구멍들을 통해 내부의 연소 영역으로 진입하면서 필름막을 형성하여 화염이 직접 연소실벽에 닿지 않도록 유지함으로써 라이너를 냉각시키는 구조로 제작된다.

can-annular type combustor 캔-애뉼러형 연소실

일부 대형 터보제트 및 터보팬 엔진에 사용되는 개별 캔 내에 연료가 분사되고 점화되는 연소기 유형. 뜨거운 가스를 모아 터빈으로 균일하게 전달하는 환형 덕트 내부에 캔들이 장착된다.

canard wing 카나드 윙

기체 전방에 장착된 작은 날개면. 전투기의 안정성을 포기하고 운동성을 높이기 위한 기능을 위해 장착하는데, 수평꼬리날개가 없는 델타윙을 장착한 항공기에 주로 사용한다.

cap strip 캡 스트립

날개 리브의 상단 및 하단의 주요 부재 또는 패널 플랜지의 상부 부재. 캡 스트립은 강도를 증가시키고 상부를 덮는 재료의 안정적

인 부착을 위해 넓은 면적을 제공하는 역할을 한다.

capacitance 커패시턴스

콘덴서가 담을 수 있는 전기용량. 커패시턴스는 기호 C로 표시하고, 단위는 패럿(farad, [F])을 사용한다. 유전율(ε) 전극면적(A)에 비례하며 전극 간격(d)에는 반비례한다.

$$C = \varepsilon \frac{A}{d} \text{ [F]}$$

capacitive reactance 용량성 리액턴스

교류 커패시터 회로에서 커패시터에 흐르는 전류를 방해하는 역할을 하여 90°의 위상차를 발생시키며, 교류회로 전체 저항인 임피던스를 이루는 한 요소이다.

capacitor 커패시터

전하를 자기 몸체에 담는 전기소자로, 에너지를 소비하는 부품인 수동소자 중 하나. 주파수가 높아지면 저항값이 커지며 전기에너지를 저장하는 장치로, 유전체(dielectric substance)를 사이에 두고 (+), (−)전하들이 전극판에 대전되어 전기를 축적하는 기능을 한다.

carbon fiber 탄소섬유

탄소원자로 구성된 탄소 또는 흑연 섬유. 내열성, 탄성 및 강성과 인장강도가 높으며, 가볍고 화학약품에 강하다. 항공기 부품 구조재, 고온 단열재, 스포츠용품(낚싯대, 골프채 등) 등 각 분야의 고성능 산업용 소재로 널리 쓰인다.

carbon monoxide detector 일산화탄소 감지기

엔진 배기가스를 활용하여 기내에 따듯한 공기를 공급하는 시스템을 갖춘 항공기의 결함으로 기내에 배기가스가 스며드는 것을 감지하기 위한 장치. 일산화탄소 중독을 예방하기 위해 주로 경량항공기에 사용된다.

carbon monoxide poisoning 일산화탄소 중독

내연기관에서 발생한 무색·무취의 유독가스인 일산화탄소를 흡입함으로써 일어나는 중독증세. 배기가스를 활용해서 객실 내 난방을 하는 왕복엔진을 장착한 항공기에서 주로 발생하고, 항공기 내에서 발생한 화재로 인해 중독될 수도 있으며, 일산화탄소의 중독으로 사망할 수도 있기 때문에 일산화탄소 감지기를 설치하기도 한다.

carburetor 기화기

기체 또는 액체의 속도가 증가하면 압력이 감소한다는 기본 물리학법칙에 의한 벤투리를 장착한 유입공기 유도 시스템을 통해 기류를 반영하여, 비행 중 발생하는 상황

에 요구되는 적절한 공기와 연료의 혼합비를 맞춰주는 장치. 최근까지 기화기를 장착한 대부분의 항공기는 항공산업의 기술 발전에 따라 성능이 향상된 연료분사장치로 대체되고 있다.

carburizing 침탄법

저탄소강의 표면에 탄소를 투입시켜 경화하는 경화법의 일종. 고체침탄법, 가스침탄법, 진공침탄법이 있다.

carcass plies 카커스 플라이

타이어의 형상을 만들어주며 강도를 주기 위해 고무층 사이에 삽입된 섬유층. 타이어 점검 시 섬유층이 보이기 전에 교환할 수 있도록 관리할 필요가 있다.

cascade vane 캐스케이드 베인

공기역학적 차단방식인 역추력장치의 주 구성품 중 하나. 트랜스레이팅 카울에 숨겨져 있다가 리버서가 후방으로 밀리면, 팬 에어의 흐름을 블로커도어가 가로막아 차단하고 원주 방향의 캐스케이드 베인을 통해 전방으로 에어 흐름을 형성해 주는 역할을 한다.

case hardening 표면경화법

탄소강, 합금강 등의 취성이 높아지는 것은 피하고 표면의 경도를 증가시켜 내마모성을 얻기 위해 표면의 경도를 높여주는 열처리법. 강 표면의 화학성분을 변화시키는 화학적 표면경화법과 강 표면의 화학성분을 변화시키지 않고 담금질만으로 경화시키는 물리적 표면경화법이 있다.

casting 주조

금속 재료를 완전히 녹여서 액체 상태로 만든 뒤 주형에 부어 응고시키는 과정을 거친 후 몰드를 제거하여 성형하는 공정

celestial navigation 천측항법

육분의를 사용하여 태양, 달, 북극성 등의 위치와 각도를 관측하여 현재의 위치를 산정하여 비행하는 방법. 목적지 공항까지의 정확한 비행을 위해 관측업무를 담당하는 항법사가 함께 탑승했으나 항법장비들의 진화로 인해 기장과 부기장 2명의 승무원만 탑승하고 비행이 가능하게 되었다.

center of gravity(CG) 무게중심

항공기를 세로축을 중심으로 매달았다고 가

정했을 때, 기체가 전후로 기울지 않고 균형을 유지할 수 있는 지점. 무게중심은 항공기의 비행 안정성과 균형을 위해 매우 민감하게 다루어지며 운송용 항공기의 경우 3년에 한 번씩 무게중심을 측정하도록 법제화되어 있다. 일반적으로 항공기의 무게중심은 평균공력시위(MAC, Mean Aerodynamic Chord)의 일정 범위 내에 위치해야 하며, 그 허용범위는 각 항공기 기종별로 설정되어 있다. 탑재 화물의 위치, 탑재 연료의 양, 승객의 착석 분포에 따라 항공기의 무게중심이 앞뒤로 이동할 수 있으므로 매 비행준비단계마다 허용범위 내에서 탑재될 수 있도록 관리되어야 한다.

center of pressure(CP) 풍압중심

풍압중심은 날개의 시위선을 따라 이동하는 비행기가 날아오르려는 힘의 중심점을 의미한다. 비행 중인 항공기의 풍압중심은 비행기의 자세에 따라 그 중심점이 이동하게 되는데, 받음각이 커지면 중심점은 앞으로 쏠리고 받음각이 작아지면 뒤쪽으로 이동한다. 이러한 결과로 풍압중심의 이동은 항공기의 무게중심점을 중심으로 하는 모멘트를 발생시켜 항공기의 피칭 운동에 영향을 주게 된다.

central maintenance computer system(CMCS) 통합정비컴퓨터시스템

운항승무원과 정비사를 돕기 위해 LRU의 fault data를 수집하여 통합해서 제공하는 시스템. 입출력 프로세서는 항공기 통신시스템과 데이터통신시스템에 연결된다.

centrifugal-flow compressor 원심압축기

임펠러 같은 모양의 날개 판을 사용하는 압축기의 일종. 공기는 임펠러의 중심으로 들어가 원심력에 의해 디퓨저 형태의 출구를 통해 바깥쪽으로 내보내지며, 이때 속도가 감소하고 압력이 증가하는 원리를 이용한다. 단(stage)당 압축비가 높아 터보샤프트 등 일부 엔진에서 사용된다.

ceramic fiber 세라믹섬유

내열성과 내식성이 강한 광물섬유. 알루미나·실리카 및 기타 금속산화물 등의 재료로 만들어지며, 금속 대용으로 고온 응용 분야에 사용된다.

Certification Maintenance Requirements(CMR) 인증정비요목

항공기의 설계 인증과정에서 시스템 안전분석 결과로 개발된 필수 정비요목. 심각한 잠재위험요인을 식별하기 위해 제작사가 만들어 설계국이 승인하며 형식증명의 운용한계(operating limitation) 일부로 형식증명자료집(TCDS) 등에 수록한다.

certification of aircraft registration 항공기 등록증명서

항공기를 소유하거나 임차하여 항공기를 사용할 수 있는 권리가 있는 자가 국토교통부장관에게 등록을 하고 받은 증명서

certification of airport operation 공항운영증명

공항운영자가 국토교통부장관이 고시한 「공항안전운영기준」을 적용하여 공항을 안전하게 운영할 수 있는 체계를 갖추고 공항의 사용목적, 항공기의 운항횟수 등을 고려하여 등급을 구분하여 받은 증명

certification, etc. of competence of aviation personnel 항공종사자 자격증명 등

항공업무에 종사하려는 사람은 국토교통부령으로 정하는 바에 따라 국토교통부장관으로부터 항공종사자 자격증명을 받아야 한다. 항공종사자는 운송용 조종사, 사업용 조종사, 자가용 조종사, 부조종사, 항공사, 기관사, 항공교통관제사, 항공정비사, 운항관리사로 구분된다. 항공종사자별 업무범위가 「항공안전법」 [별표] 자격증명별 업무범위에 정해져 있다.

certifying staff 감항성 확인 요원

국토교통부장관이 인정할 수 있는 절차에 따라 정비조직(AMO, Approved Maintenance Organization)에 의해 항공기 또는 항공기 구성품의 감항성 확인 등을 하도록 인가된 정비사

CG limits CG 한계

항공기의 평형 유지를 위해 특별한 경우가 아니면 3년에 한 번 항공기 무게를 실측하여 무게중심을 구하고, 항공기의 비행 스케줄에 따라 매번 탑재되는 연료와 승객 그리고 화물의 무게를 적용하여 구해진 무게중심에서 얼마나 이동하는지를 확인하는데, 변경된 무게중심점이 안정된 비행을 위해 정해진 전방과 후방의 한계점 내에 있어야 한다. 운송용 항공기의 경우 평균공력시위(MAC)의 25%를 기준으로 앞뒤로 정해진다.

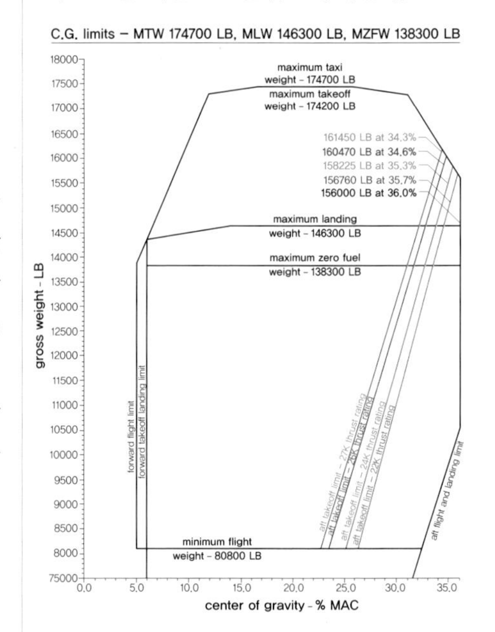

chafing 체이핑

지속적인 진동에 노출된 2개의 금속 간의 접촉과 마찰에 의해 생긴 마모. 가깝게 지나가는 유압 튜브 간의 간섭에 의한 핀홀(pinhole) 등의 형태로 나타난다.

charter 헌장

국가 혹은 기관, 단체, 비영리기구 등에서 어떠한 사실을 지키려고 정한 규범. 국제기구를 구성하거나 특정 제도를 규율하는 국제적 합의에 사용되며, 법과 같은 강제적 구속력, 처벌성을 갖지 않는다.

check valve 체크밸브

계통 내 튜브의 중간 부분에 장착되어 역류하는 유체의 흐름을 차단하는 밸브. 밸브 몸체에 화살표로 흐름 방향을 표시해두고 있어 방향이 바뀌지 않도록 장착해야 한다.

chemical milling 케미컬 밀링

화학약품에 의한 화학반응을 이용하여 재료를 용해시켜서 깎아낸 것과 같은 효과를 얻는 가공공법. 항공기의 동체 스킨 제작 시 요구되는 사양에 맞는 강도를 위해 가공을 요하지 않는 부분은 내식처리를 한 뒤 가열한 알칼리 용액에 일정 시간 담근 후 중화처리를 거쳐 가공을 마무리한다.

chevron cut 셰브론 컷

고르지 못한 활주로에서 사용한 타이어에 발생하는 V자 모양의 작은 갈라짐. 코어 물질의 손상이 없으면 계속 사용할 수 있다.

chip chasers 칩 제거도구

항공기 기체에서 드릴 작업 시 판재 사이에 박혀 있는 칩을 제거하기 위한 공구

chipping 치핑

부주의한 접촉 등 과도한 응력집중으로 인해 표면이나 단면 끝부분이 떨어져 나가는 것. 일반적으로 기계가공 공정 중 급하게 마무리 작업을 할 때 많이 발생한다.

chokebore 초크보어

엔진이 작동하면서 직선 실린더를 유지할 수 있도록, 연소에 의해 발생하는 열팽창을 고려해서 실린더 헤드 부분을 스커트 부분에 비해 상대적으로 작은 직경으로 제작하는 공법. 왕복엔진에서 가장 높은 열은 실린더 헤드 부분의 내부, 즉 연소공간에서 발생하기 때문에 크랭크케이스에 장착되는 실린더의 하부는 상부에 비해 상대적으로 낮은 온도에 노출되며 이를 보상하기 위해 제작 시 실린더 헤드부분의 내경을 좁게 만들고 엔진이 작동 중일 때 연소열에 의한 팽창을 고려한다.

chuck 척

드릴 건에 드릴 포인트를 고정하기 위한 회전공구. 완벽한 고정을 위해 정확한 크기의 척을 사용해야 하며, 드릴 건에 있는 모든 홀에 균등한 힘으로 조여주는 작업을 반복해서 마무리해야 한다.

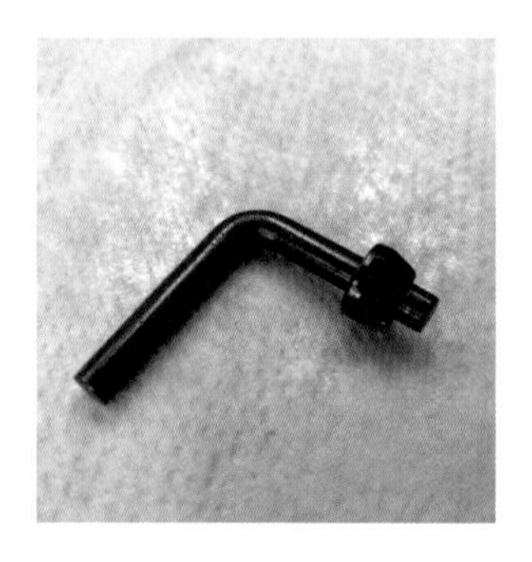

circuit braker(CB) 회로차단기

회로에 규정 이상의 전류가 흐를 때 내부 접점을 열어 전류를 차단하여 장비를 보호하는 장치. 퓨즈가 1회용인 데 반해 회로차단기는 재사용이 가능하며, 통상적으로 항공기 전기·전자장치에 전원을 공급하는 전선을 CB를 통해 연결해 주어 과부하 발생 시 해당 장치를 보호한다. CB는 주로 항공기 조종석 overhead panel, after panel,

electric and electronic compartment에 장착되어 있고 원형 헤드 부분에 표기된 숫자는 허용전류용량을 나타내며, 수많은 CB 중 목표하는 CB를 쉽게 찾아낼 수 있도록 행(ABC)과 열(123)을 조합한 번호체계를 사용한다.

circumferential crack 원주균열

타이어 sidewall에 발생한 원주 방향의 결함. 타이어의 강도상 취약부분인 타이어의 측면에 발생한 원주균열은 허용되지 않는다.

city airport terminal services 도심공항터미널업

「공항시설법」 제2조 제4호에 따른 공항구역이 아닌 곳에서 항공여객 및 항공화물의 수송 및 처리에 관한 편의를 제공하기 위하여 이에 필요한 시설을 설치 운영하는 사업

clamshell door 클램셸 도어

기계적 차단방식인 역추력장치의 메인 구성품. 엔진 배기구를 가로막는 두 조각의 조개껍질 모양의 구성품으로 기계적인 액추에이터의 힘에 의하여 작동하면서 배기구를 가로막아 가스의 흐름을 전방으로 유도한다.

class fires 화재등급

다양한 재료에 의해 발생한 화재를 소화하기 위한 소화기의 종류를 구분하기 위해 적용된 방법. 종이·목재·옷감 등에 의한 일반화재를 A급, 오일·연료·유압유 등 유류에 의한 화재를 B급, 전자장비, 배터리 등 전기에 의한 화재를 C급, 마그네슘 등 금속으로

인해 발생한 화재를 D급으로 구분하고 있어 적절한 소화기 사용이 권고된다.

classification of airworthiness 감항분류

해당 항공기가 기술기준을 충족함이 입증되어 안전하게 운용될 수 있는 상태가 확인된 경우에 표준감항증명서(Standard Airworthiness Certificates)가 발급된다. 이때 감항분류는 비행기, 비행선, 활공기 및 헬리콥터를 대상으로 하여 보통, 실용, 곡예, 커뮤터 또는 수송으로 구분한다.

cleco fastener 클레코 패스너

알루미늄 판재 가공 시 판재를 고정하기 위한 임시 패스너. 클레코 플라이어로 잡아서 사용하며, 다양한 홀 크기에 맞게 제작되어 있어 몸체 색깔로 크기를 구분하며, 가공된 홀 크기와 꼭 맞는 것을 선택해서 사용해야 한다.

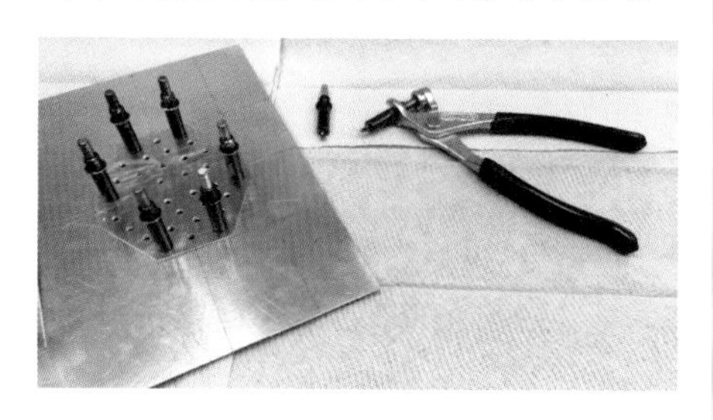

close bend 닫힘 굴곡부

판재의 굽힘 가공 시 굽힘 각도가 90°를 넘는 굽힘. 굽힘 각도의 크기에 따라 열림과 닫힘으로 부른다.

cloud point 혼탁점

오일 성분 중 왁스 성분이 응고되어 작은 결정으로 분리되기 시작하여 오일이 흐릿해지는 순간의 온도

cockpit 조종실

일반적으로 항공기의 정면 가까이에 위치하여 승무원이 탑승하는 장소. 대형기의 경우 최근 기장과 부조종사 2명이 탑승하는 구조로 되어 있으며, 교대 승무원이나 옵저버가 탑승할 수 있는 좌석이 마련되어 있다. 항공기 운항을 위한 조종석, 각종 조작스위치와 몇 개의 디스플레이 유닛으로 구성되어 glass cockpit이라고 불린다. 추가적으로 비상시 사용할 산소장치 등이 구비되어 있고, 직사광선을 막을 수 있는 선바이저와 야간에 사용할 수 있는 조명장치가 장착되어 있으며, 항공기의 정상적인 작동 시에는 어두운 조명을 유지하고 있다가 이상상황이 발생할 때 경고등이 도드라지게 보일 수 있도록 dark cockpit 디자인을 채택하고 있다.

cockpit resource management(CRM) 승무원 자원관리

조종실 내 승무원들 간의 원활한 커뮤니케이션 환경을 제공하여 항공기의 안전운항

확보를 위해 적용하는 안전관리기법. 지시나 조작에 의문이 생겨도 부조종사의 입장에서 기장에게 이의를 제기할 수 없는 등 기존의 커뮤니케이션 방법의 폐해를 없애기 위한 기법으로, 승무원 각자가 지니고 있는 경험과 지식 등을 공유함으로써 항공기의 안전운항에 기여할 수 있도록 개선하려는 의지를 담고 있다.

Code of Federal Regulations(CFR) 미국항공법

미국 관보에 발표된 관련 규정을 기록한 것으로, 코드 체계로 분류된 연방규정집. ICAO의 SARPs 개정 내용을 지속적으로 반영하고 있는 실질적인 항공부문에 대한 법 기준을 14 CFR에 「항공우주법」으로 규정하고 있다.

coin tapping 코인 태핑

복합소재의 손상 여부를 검사하는 방법의 하나. 해머 형태의 가벼운 공구를 사용하여 가볍게 두드려 전달되는 반응소리를 듣고 결함 여부를 판단하며, 들뜸 현상과 같은 내부 손상이 있는 곳에서는 둔탁한 소리가 난다.

cold section inspection 저온부 점검

항공기 엔진에서 공기를 흡입하고 압축하는 부분으로, 고열을 받지 않는 부분에 대한 점검. 연소실 이전의 전방 모듈을 통칭하는 용어로, 팬블레이드, 저압 압축기, 고압 압축기 등을 포함하며 BSI 점검방법을 통해 주로 피로파괴 결함 유무를 확인한다.

cold working 냉간가공

재결정 이하의 낮은 온도에서 금속에 소성변형을 주는 상온 가공법. 가공경화 현상이 발생한다.

collective pitch control 콜렉티브 피치 조종

조종사의 좌석 왼편에 장착된 조종장치. main rotor blade의 각도를 한꺼번에 조절하므로 양력을 증가시키거나 감소시키며, 헬리콥터의 상승운동과 하강운동을 조종한다.

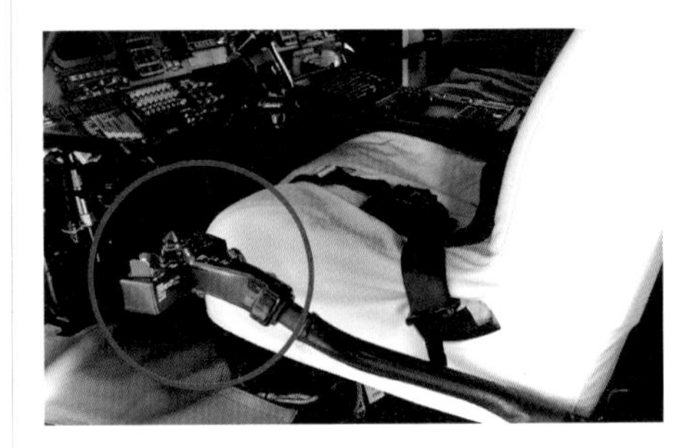

combustion chamber 연소실

제트엔진의 압축기로부터 공급된 고압의 공

기와 노즐에 의해 분사된 연료공기 혼합가스를 연소시켜 고온·고압의 연소가스를 배출시키는 장치. 연소실의 종류는 can type, annular type, can-annular type 등이 있다. 구조적으로 간단하고 압력 손실이 작으며 연소가 안정적인 특징이 있는 애뉼러형 연소실이 대부분의 엔진에 적용되고 있다. GEnx jet engine은 앞의 사진과 같이 애뉼러형 연소실이 진화한 형태인 TAPS(Twin Annular Premixing Swirler)를 장착하여 연소효율을 높이고 탄소배출량을 줄였다.

combustion drain valve
연소실 드레인밸브

엔진이 정지한 후 연소실에 남아 있는 연료를 배출시키는 밸브. 연소실에 남아 있는 연료로 인한 화재 발생을 예방하기 위해 장착된다.

combustion section 연소실 부분

가스터빈엔진의 연료가 분사되어 연소가 이루어지는 부분. 압축기를 통과한 압축공기와 분사된 연료를 적절하게 혼합하여 연소가 진행되는 부분으로, 버너라고도 한다. 압축기와 터빈 사이에 위치하고, 연소로 인해 발생한 고온의 열은 연소실의 공기를 팽창시켜 터빈을 통해 배출시킨다.

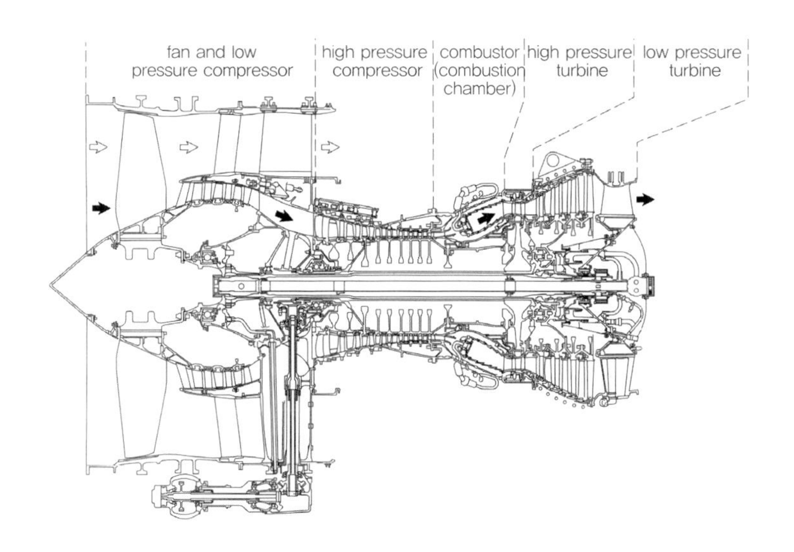

commutator 정류자

전동기의 회전축인 전기자(armature) 끝에 설치된 쐐기 모양의 금속편. 정류자편에 전기자 코일(armature coil)을 붙여 접속시키며, 회전자와 외부 회로 사이의 전류 방향을 주기적으로 반전시킨다.

compass swing 컴퍼스 스윙

자기컴퍼스에 존재하는 오차를 수정하기 위해 컴퍼스 로즈 위에 항공기를 위치시키고, 일정 각도 간격으로 항공기를 360° 회전시키면서 컴퍼스 로즈의 정확한 방위각과 자기컴퍼스의 지시값을 맞추는 작업. 공항의 일정 공간에 만들어진 방위표 위에서 수행되며, 엔진작동 등 항공기 운항 중 작동 상태를 구현하여 실시한다.

compensating windings 보상권선

도체에서 흐르는 전류에 의해 전기자(armature)에 자기장의 모양을 변형시켜 중성축을 이동시키는 형태와 같은 왜곡이 일어나며, 이러한 왜곡으로 인해 정류자와 브러시의 손상이 발생하고 효율이 떨어지는 전기자반작용을 감소시키기 위해 보상권선을 설치한다.

compensator 보상기

연료탱크에 보급된 연료의 양을 측정하기 위한 fuel quantity indicating system(FQIS) 구성품의 하나. 연료탱크 벽면에 하나의 보상기 또는 덴시토미터(densitometer)가 장착되어 연료의 온도 변화에 따른 비중을 보상해 준다.

competency based training(CBT) 능력배양교육

소속 직원이 어떤 교육을 필요로 하는지 개인별 테스트를 통해 평가하고, 이 평가로 소속 직원이 높은 직무 숙련도를 갖고 있는지 그리고 어떤 교육을 더 필요로 하는지 확인하여, 개인의 부족한 숙련도를 교정할 수 있는 특정 요구에 맞는 정비교육 프로그램을 제공하는 교육방법이다.

component 콤퍼넌트

항공기의 주요 구성품을 이르는 말. 크기가 큰 구성품의 경우 동체, 주 날개, 꼬리날개 등이 콤퍼넌트에 해당하며, 착륙장치, 갤리, 화장실 유닛도 콤퍼넌트 중 하나로 간주

된다. 크기가 작은 구성품의 경우 하나하나의 기구가 콤퍼넌트에 해당하며, 각종 시스템에서 사용하고 있는 특정 기능을 갖고 있는 부품류도 콤퍼넌트라 부른다.

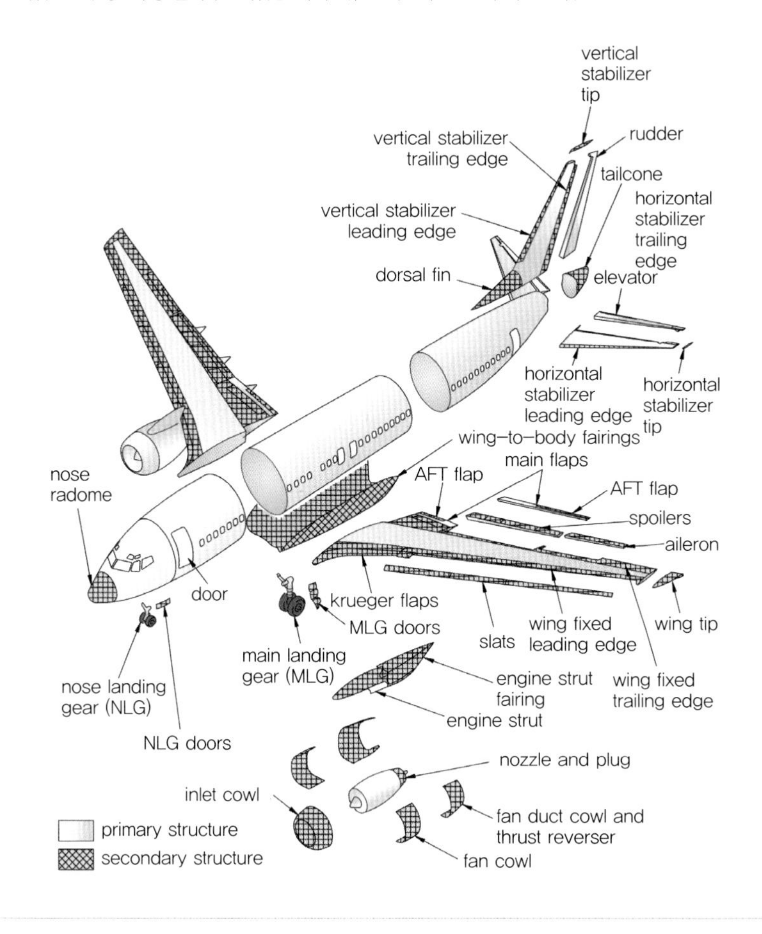

compound DC motor 복권직류전동기

직류모터의 고정자와 회전자 사이를 연결하는 방법 중 하나. 전기자와 계자권선을 DC 전원에 shunt 및 직렬 조합으로 연결하여 높은 시동 토크와 용이한 속도조절이 필요한 곳에 사용한다.

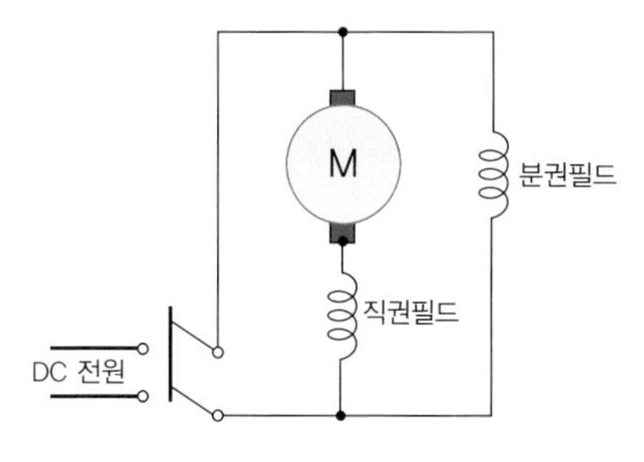

compound wound DC generators
복권직류발전기
전기자 코일과 계자 코일이 직렬과 병렬로 모두 연결된 발전기. 정격부하 이상에서도 일정한 발전전압을 유지한다.

compression ratio 압축비
스트로크가 진행 중인 엔진의 피스톤이 하단에 있을 때의 실린더 체적과 스트로크 상단에 피스톤이 있을 때 실린더 체적의 비율을 말한다.

compression ring 압축링
엔진작동 중에 피스톤을 지나 연소가스가 빠져 나가는 것을 방지하기 위해 장착된 링. 피스톤 헤드 바로 아래 링 홈에 장착되며 링 단면이 직사각형 또는 테이퍼진 쐐기형으로 제작되어 마찰을 작게 한다.

compression stress 압축응력
구조재에 가해지는 응력의 하나. 양쪽에서 눌러 압착하는 힘

compression stroke 압축행정
압축행정은 4행정 사이클 엔진의 두 번째 행정. 연료와 공기 혼합물은 피스톤이 위쪽으로 이동하여 체임버의 부피를 줄인 결과 실린더 상단으로 압축되며 피스톤이 상사점 가까이 이동할 무렵 혼합물이 점화플러그에 의해 점화된다.

compressor pressure ratio 압축기 압력비
터빈엔진의 압축기 가장 마지막 스테이지 출구의 전 압력을 첫 스테이지 압축기 입구의 전 압력으로 나눈 값. 압력비가 높을수록 더 큰 열효율을 얻을 수 있다.

compressor 압축기
가스터빈엔진의 열역학적 사이클의 압축 부분을 제공하는 엔진의 구성품. 가스터빈엔진 압축기는 axial compressor, centrifugal compressor와 mixed flow compressor 세 가지 형태로 분류한다.

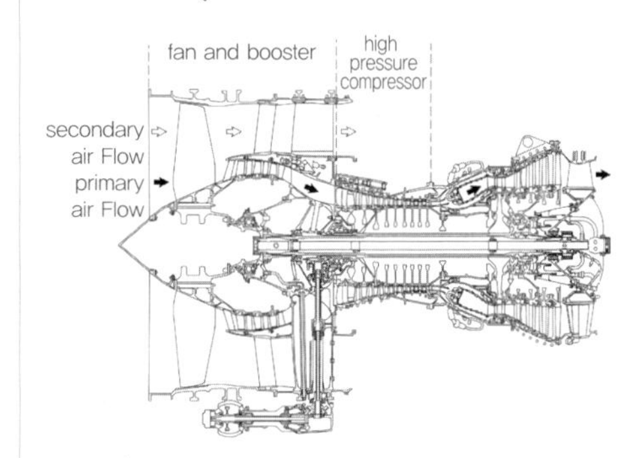

compressor stall 압축기 실속
제트엔진 압축기 내의 압축된 공기 흐름에 교란이 생겨 콤프레서 블레이드에 실속이 발생하여 압축기의 기능을 상실하는 현상. 엔진이 흡입하는 공기가 심하게 교란되어도 같은 현상이 발생한다. 압축기의 실속으로 인해 공기의 역류가 발생하거나 엔진출력이 급격하게 감소하는 현상을 동반하는데, 회복시키지 않을 경우 블레이드의 파손이나 엔진 내부의 파괴 등이 일어나는 서지(surge)로 확대될 수 있다.

condition-monitoring (CM) 상태감시품목
계획된 정비요목이 필요하지 않고 결함 수정을 위해 필요할 경우에만 수리가 요구되는 부분품 정비방식

conductivity 전도도
물질에서 열, 전기 등이 얼마나 잘 옮겨지는가를 나타내는 정도

conductor 도선
전기·전자 계통의 회로 내부에 전력을 공급하기 위한 전선. 도선은 단선(solid conductor)과 연선(stranded conductor)으로 구분하는데, 단선은 굵은 구리선 1가닥으로 이루어져 있는 전선을 말하고, 연선은 다수의 얇은 구리선들을 꼬아서 묶음으로 이루어진 전선으로서 피로(fatigue) 파괴현상을 줄여 선이 끊어지는 것을 방지하는 장점이 있다.

Configuration Deviation List (CDL) 외형변경목록
형식증명소지자가 해당 감항당국의 승인을 받고 작성한 목록으로서 비행을 개시함에 있어 누락될 수 있는 항공기 외부 부품목록. 정시성과 관련된 감항성에 크게 위배되지 않는 점검 도어 등의 구성품이 없는 상태로 비행을 할 수 있도록 적용 가이드를 제시하고 있다.

connecting rod 커넥팅 로드
콘로드라고도 불리는 커넥팅 로드는 피스톤을 크랭크축에 연결하는 피스톤 엔진의 구성품으로, 피스톤의 왕복운동을 크랭크축의 회전으로 변환시킨다. 커넥팅 로드는 피스톤으로부터의 압축력과 인장력을 전달하고 양쪽 끝에 회전을 위한 베어링을 지지한다. 엔진의 배열 형태에 따라 다양한 형상으로 분류된다.

constant displacement pump 일정용량펌프
펌프가 1회전할 때 토출량이 정해져 있는 펌프. 초기에 사용되던 유압계통펌프 유형으로, 엔진의 회전속도에 따라 토출량이 달라지기 때문에 펌프를 지난 부분에 압력조절기를 장착하여 계통 내로 공급되는 압력을 조절해 주어야 한다.

constant speed driver (CSD) 정속구동장치
항공기 엔진 기어박스의 구동축과 발전기축 사이에 장착되어 엔진 회전수에 상관없이 발전기의 회전수를 항상 일정하게 유지해주는 장치. 교류발전기에서는 직류발전기와 다르게 출력전압을 일정하게 유지하고 출력 주파수도 일정하게 유지해 주어야 하는데, CSD가 엔진 기어박스축과 발전기(generator)

사이에 장착되어 이 기능을 수행한다.

constant speed propeller
정속 프로펠러

프로펠러의 효율을 유지하기 위해 회전속도를 일정하게 유지하는 프로펠러. 프로펠러 조속기를 이용하여 프로펠러 블레이드의 각도인 피치를 증가시키거나 감소시켜 엔진의 속도를 일정하게 유지한다.

constant voltage charging 정전압 충전

배터리 충전 시 전압을 일정하게 공급하여 충전하는 방법. 항공기 비행 중 사용되는 충전방법으로, 초기 전류가 크다가 충전이 진행되면서 전류가 감소하며, 충전 완료시간을 예상할 수 없으나 충전 소요시간이 짧고, 과충전 우려가 적은 장점이 있다. 여러 개를 동시에 충전할 때는 전압값별로 전류에 관계없이 병렬 연결하여 충전한다.

continuing airworthiness 계속감항

항공기, 엔진, 프로펠러 또는 부품이 운용되는 수명 기간 동안 적용되는 감항성 요구조건을 충족하고, 안전한 운용상태를 유지하기 위하여 적용하는 일련의 과정

Continuous Airworthiness Maintenance Program(CAMP) 지속적 감항성 정비프로그램

정비기능과 관련된 안전을 관리하기 위한 항공운송사업자의 시스템. 항공운송사업자의 최상의 안전도를 유지할 수 있도록 하기 위한 정책과 절차의 전반적인 구조로서 정비프로그램의 목적을 달성하게 하는 구조화된 체계적인 절차이며, 위험 요소를 기반으로 하는 순환형 시스템으로 감시(surveillance), 분석(analysis), 시정조치(corrective action), 후속조치(followup)의 4가지 기본적인 절차로 구성되어 있으며 감항성 책임(airworthiness responsibility), 항공운송사업자의 정비매뉴얼(air carrier maintenance manual), 항공운송사업자의 정비조직(air carrier maintenance organization), 정비 · 개조의 수행과 승인(accomplishment and approval of maintenance and alterations), 정비계획(maintenance schedule), 필수검사항목(RII), 정비기록시스템(maintenance recordkeeping system), 계약정비(contract maintenance), 교육훈련(personnel training), 지속적 분석 및 심사시스템(CASS)과 같은 10개 영역을 감시 대상으로 한다.

continuous ignition 연속점화

제트엔진 점화스위치의 모드 중 하나. 가스터빈엔진은 엔진 시동 시에만 점화장치가 작동하는 것이 일반적이지만, 만일의 상황을 대비해서 점화플러그에 지속적으로 불꽃 스파크가 일어날 수 있도록 선택 가능한 기

능으로, 보통 이륙, 착륙, 비행 중 심한 강우 등 대기 중의 상황이 좋지 않은 경우 '비행 중 엔진정지'의 상황을 피하기 위해 선택한다.

continuous loop system 연속루프계통

루프에 열이 전달되면 온도 변화로 인하여 전도체로 활성화되는 특징을 활용하여 일정 온도에서 전기회로를 완성하도록 구성한 열에 민감한 감지장치. 엔진과 같이 외부에 노출되어 저항이 심한 곳에서도 감지 효과가 뛰어나, 항공기 엔진, APU zone, 랜딩기어 휠웰 등에 사용된다. fenwal type, kidde system 등이 있다.

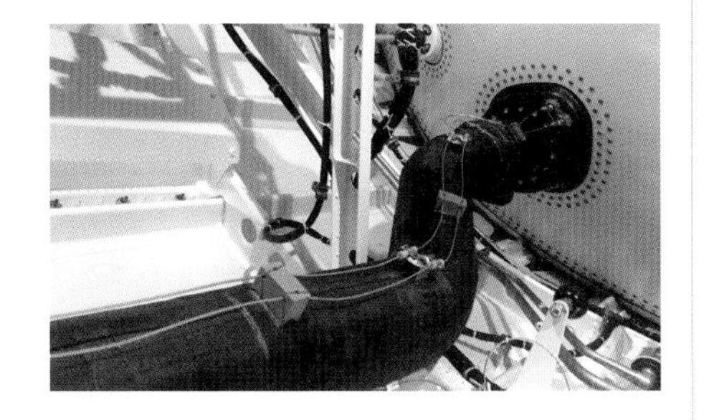

contract maintenance 계약정비

항공운송사업자의 항공기 등, 장비품 및 부품 등에 대한 정비의 전부 또는 일부를 위탁하여 수행하는 것. 정비위탁업체의 조직은 실질적으로 항공운송사업자의 정비조직 일부로 간주되며 항공운송사업자의 관리하에 있고, 항공운송사업자의 항공기 등에 대하여 수행한 정비위탁업체의 모든 정비행위에 대한 책임은 항공운송사업자에게 있다.

control cable 조종 케이블

조종간의 움직임을 각각의 조종면에 전달하기 위한 장치. 케이블의 유연성을 위해 19개의 가는 철사를 꼬아서 만든 7개의 케이블을 다시 꼬아서 케이블 1개를 만든다. 1차 조종면에는 1/8 inch size 이상의 케이블만 사용하도록 항공기기술기준에 규정되어 있다.

control stick 조종간

1차 조종면의 움직임을 위한 input 장치. 조종석 중앙에 장착된 조종간(control stick)은 항공기의 3축운동 중 세로축과 가로축의 움직임을 만들어 주며, 세로축 조종을 위한 조종휠(control wheel)과 가로축 조종을 위한 조종대(control column)로 구분한다.

control tower 관제탑

비행장 내부가 잘 보이는 장소에 세워진 가장 높은 탑으로, 관제사가 업무를 수행하는 곳이다. 이착륙하는 항공기를 허가하거나 순서를 정해 주는 역할을 하며, 관제권 내의 항공기를 관리하고, 유도로에서 활주로까지 이동하는 항공기에 허가 및 지시, 착륙한 항공기를 spot까지의 이동경로 허가 및 지시, 공항 내 이동 항공기와 차량의 관리 업무 등을 수행한다.

controllable pitch propeller
피치조절 프로펠러, 가변피치 프로펠러
광범위한 항공기 속도 범위에서 높은 프로펠러 효율을 얻기 위해 프로펠러 블레이드의 각도를 조절할 수 있도록 만들어진 프로펠러. 고정피치 프로펠러의 경우 좁은 속도 범위 내에서만 적절한 성능을 제공하기 때문에 이러한 단점을 보완하기 위하여 정속 구동장치를 포함한 블레이드 각도 제어장치가 사용된다.

convergent-divergent exhaust nozzle 수축 – 확산형 배기 노즐
더 많은 추력을 내기 위해 초음속 항공기에 적용되는 형태의 배기구. 수축 노즐 부분에서 아음속을 거쳐 노즐의 목부분에서 음속에 이르러 확산 노즐 부분에서 초음속 흐름을 형성한다.

Coriolis effect 코리올리 효과
어떤 원점을 기준으로 회전계에 회전력이 작용하지 않으면 각운동량이 보존된다는 각운동량 보존법칙에 의거하여 회전하는 관측자가 자신이 힘을 받아 회전운동을 한다는 것을 인식하지 못할 때 모든 운동이 힘을 받은 것처럼 착각하는 효과를 말한다.

corrosion 부식
주위 환경과의 화학반응으로 인하여 물질이 구성원자로 분해되는 현상. 일반적으로 산소와 같은 산화체와 반응하여 금속이 전기화학적으로 산화하는 것을 말하며, 구조재료의 강도를 떨어뜨리기 때문에 주기적인 검사를 통한 관리가 필요하다.

corrosion fatigue 부식피로
부식에 의한 침식과 빠르게 반복되는 주기적인 인장 및 압축응력과의 상호작용에 의해 발생하는 금속의 약화 현상

Corrosion Prevention and Control Program(CPCP) 부식방지 및 관리 프로그램
항공기의 1차 구조부에서 발생하는 부식을 방지하고 제어하기 위한 체계적인 접근방법. 부식으로 인한 구조적인 약화를 감항성을 유지하는 데 필요한 수준으로 제한하고, 필요한 경우 구조부에 대한 부식방지 처리

를 통해 복원한다.

counter electro motive force 역기전력

전기회로에서 전원전압과 반대 방향으로 생기는 기전력. 패러데이의 전자기유도법칙에 의해 전류의 변화를 상쇄하기 위한 자기장이 코일 내부에 발생하고, 전류 변화 크기에 비례하면서 방향은 반대인 전압이 코일에 걸린다.

counter weight 균형추

해당 열에 장착된 피스톤과 커넥팅 로드의 무게를 상쇄시켜, 크랭크축의 정적 평형을 만들어주기 위해 추가적인 무게를 갖도록 만들어진 구성품. 각 열의 회전하는 축이 크랭크축의 중심에서 벗어남에 따라 회전 시 지속적으로 발생하는 어긋난 힘을 보상할 수 있도록 연장된 부분에 추가의 무게를 장착한다.

counterbalance 평형추

항공기 조종면에 발생할 수 있는 진동을 예방하기 위해 장착하는 추가 무게. 모멘트를 크게 하기 위해 힌지축 전방으로 돌출된 형태로 장착한다.

counterbore 카운터 보어

볼트나 작은머리나사를 묻기 위해 가공된 구멍을 넓게 도려내는 것. 일반적으로 소켓 헤드, 캡나사 같은 고정장치가 공작물 표면의 높이와 같거나 그 아래에 놓여야 할 때 사용한다.

countersink 카운터싱크

날개 상면 등 유선형 공기흐름이 필요한 곳에 사용하는 리벳을 장착하기 위한 홀가공 작업. 드릴 가공된 홀의 상부를 접시머리 리벳의 모양으로 리벳 각도만큼 깎아내는 작업으로, 동일한 홀을 반복 가공하기 위해서 microstop countersink를 사용한다.

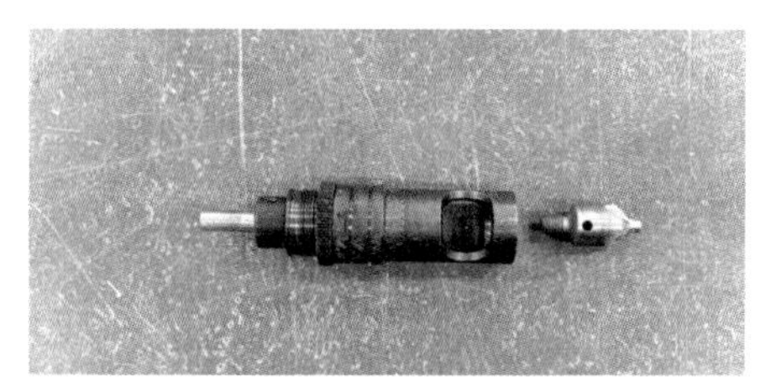

coupling 커플링

다단 증폭기에서 발생하며 한 단의 출력이 다음 단의 입력에 연결되는 방식. 첫 번째 단계의 출력이 두 번째 단계의 입력에 연결되는 DC 커플링, 첫 번째 단계의 증폭기의 출력이 커패시터를 통해 두 번째 단계의 입력에 연결되는 커패시티브 커플링(capacitive coupling), 첫 번째 단계의 증폭기의 출력이 변압기(transformer)를 통해 다음 단의 입력에 연결되는 변압기 커플링(transformer coupling) 방법이 주로 사용된다.

courier services 상업서류송달업

타인의 수요에 맞추어 유상으로 「우편법」 제1조의 2 제7호 단서에 해당하는 수출입 등에 관한 서류와 그에 딸린 견본품을 항공기를 이용하여 송달하는 사업

covenant 협약

외교에서 국제협정 또는 조약을 의미. 양자조약의 경우 특정분야 또는 기술적인 사항에 관한 입법적 성격의 합의에 사용한다.

cowling 카울링

카울 또는 카울링은 검사 등을 하기 위해 열거나 제거할 수 있도록 만들어진 엔진 덮개. 엔진 나셀의 일부분으로서 항력을 줄이고 외부 물질 등에 의한 손상으로부터 엔진을 보호하는 등의 역할을 한다.

crack 균열

금속 부재가 충격이나 하중 등으로 인해 갈라지는 현상. 진동이나 충격으로 인한 응력 집중으로 표면을 가로지르는 가늘고 얇은 선으로 보이는 갈라짐이 내부까지 진행된 결함의 형태를 말한다.

crank cheek 크랭크 칙

크랭크핀을 주 저널에 연결시켜 주는 부품으로, 크랭크암이라고도 한다. 크랭크축의 평형을 유지하는 균형추(counter weight)를 지지하도록 주 저널을 지나 좀더 길이가 길게 제작된다.

crankpin 크랭크핀

커넥팅 로드 베어링을 지지하기 위한 저널. 크랭크축 전체의 무게를 줄이고, 윤활유가 오가는 통로 역할을 하며, 탄소 침전물, 찌꺼기 등이 커넥팅로드 베어링 표면으로 나오지 못하게 원심력으로 이를 모으는 체임버(chamber) 역할을 하기 위해 속이 빈 형태로 제작된다.

crankshaft 크랭크샤프트

크랭크샤프트는 커넥팅로드와 함께 피스톤의 왕복운동을 회전운동으로 변환하는 회전하는 축으로, 실린더 내부에서 만들어진 에

너지를 프로펠러에 회전 동력으로 제공한다. 주 저널과 크랭크암, 크랭크핀으로 구성되며 메인 베어링에 지지되어 엔진 블록(크랭크 케이스) 내에서 회전한다.

creep 크리프

재료에 일정한 하중을 가한 상태에서 시간이 경과함에 따라 그 재료가 천천히 변형하여 가는 현상. 일반적으로 응력과 온도가 높을수록 크리프 현상이 빠르다. 가스터빈엔진의 터빈 부분에 크리프 현상이 자주 발생하며, 주기적으로 블레이드의 치수를 측정하여 크리프 한도 범위 내에 있는지 점검한다.

crimping 크림핑

금속 성형가공 공정의 하나. 판금의 연결 부분의 지름 등 크기를 줄이기 위해 접거나 주름을 잡아주는 작업을 말한다.

critical altitude 임계고도

표준대기상태에서 규정된 일정한 회전속도에서 정해진 출력 또는 다기관 압력을 유지할 수 있는 최대 고도

critical engine 임계발동기

쌍발 이상의 프로펠러 항공기가 운항 중 엔진의 고장이 발생한 경우 엔진회전에 의한 토크의 영향으로 항공기의 성능에 큰 피해를 줄 수 있는 엔진. 조종석에서 바라다볼 때 오른쪽으로 회전하는 프로펠러를 장착한 항공기의 경우 좌측 엔진이 임계발동기가 된다. 임계발동기가 정지한 경우 작동 중인 엔진 프로펠러에서 발생하는 토크가 더 크게 항공기에 영향을 줄 수 있기 때문이다.

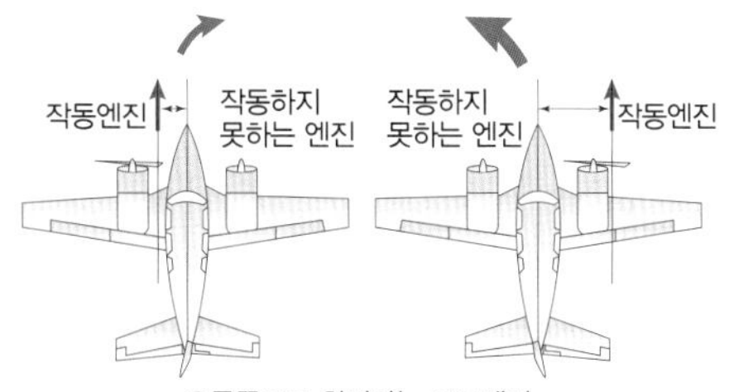

오른쪽으로 회전하는 프로펠러 엔진을 장착한 항공기의 경우

critical surfaces 결빙 위험 표면

항공기 디아이싱(deicing) 작업 시 제빙액을 뿌릴 때 직접 뿌려서는 안 되는 부분. 수분의 유입으로 오류 발생의 위험이 있는 센서, 엔진이나 APU 공기 흡입구, 오염을 발생시키는 타이어, 뿌려지는 압력으로 인해 제빙

액이 침투할 수 있는 윈드실드나 윈도, 조종면 하부의 열려 있는 구조부분에 빠져나가지 못한 제빙액이 얼어 도리어 작동면의 고착을 유발할 가능성이 있는 부분에는 직접적으로 뿌리지 못하도록 관리하고 있다.

cross feed 크로스 피드

2개 이상의 엔진을 장착한 항공기에 적용된 연료 공급방법. 일반적으로 엔진에서 가까운 날개에 장착된 연료탱크에서 해당 엔진에 연료를 공급하지만, 엔진이나 연료계통에 발생한 문제로 인해 해당 탱크로부터의 연료공급이 어려울 경우 반대편 날개의 탱크에서 연료를 공급받을 수 있도록 만든 백업기능에 해당한다.

crow foot wrench 크로 풋 렌치

hydraulic fitting 장착 시 보통의 open end wrench 등의 공구로 접근이 불가능한 협소한 작업공간에 extension bar 또는 ratchet 등을 연결하여 작업할 수 있도록 렌치의 헤드 부분만으로 만들어진다. 두께, 각도 등이 다양하게 만들어져 있어서 특정 작업 시 필수 공구가 될 수 있다.

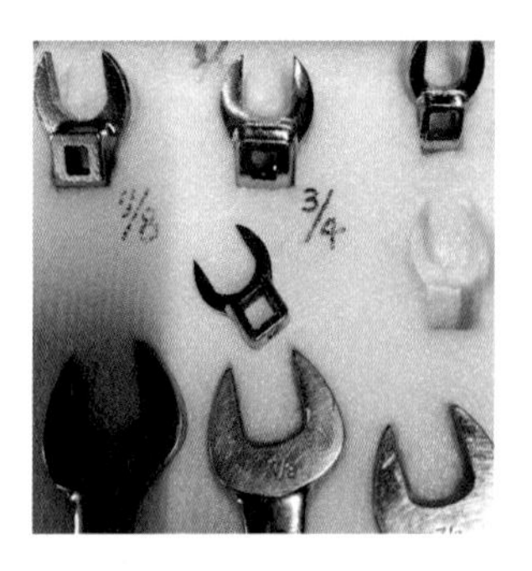

cruise power 순항출력

항공기가 이륙 후 제한 범위 내에서 고도와 속도를 거의 일정하게 유지하여 가장 경제적으로 비행하는 상태에서의 엔진 출력

cruise speed 순항속도

항공기가 연속적으로 정상비행을 계속할 때 사용하는 속도. 경제성과 비행시간의 균형을 고려한 운항의 효율을 반영하여 정해지며, 순항비행이 가능한 최대속도를 최대순항속도라고 한다. 순항속도는 장거리 비행을 위한 장거리순항속도, 경제성을 중요하게 다루는 경제순항속도로 구분해서 정의하는데, 비행시간과 연료소비의 균형을 기준으로 삼는다.

cryofit fitting 크리요핏 피팅

유압계통에 사용되는 튜브 중 장탈이 빈번하게 발생하지 않는 부분에 주로 장착되며, 제작 시 튜브보다 3% 정도 작은 직경으로 제작되고 액화질소에 담가 냉간 처리를 하면 inside 지름이 5% 정도 커지는 tinel 재질의 형상기억소재로 만들어진다. 냉간 처리를 하면 지름이 커져 장착하기 쉽고, 실온에 두면 제

작 사이즈로 돌아와 스웨이징한 것 같은 강도를 갖게 된다.

cure time 경화시간

콤파운드와 같은 베이스와 경화제를 혼합해서 사용하는 합성물이 최대 강도에 도달할 때까지 걸리는 시간. 매뉴얼에서 제시하는 상대습도(RH, relative humidity)와 온도를 포함해서 각각의 콤파운드 part number에 따라 적용되는 시간을 확인해야 한다.

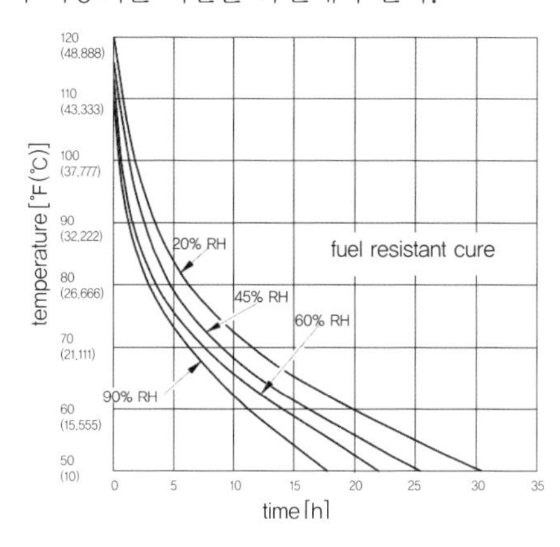

curing 경화

고분자 물질의 강화 또는 경화 공정. 두 가지 화학물질이 반응하여 요구되는 강도의 증가 등 목적한 성질이 완성되는 과정으로, 경화가 진행되는 장소의 온도·습도 등에 영향을 받는다.

current divider 전류분배기

입력전류의 일부인 출력전류를 생성하는 단순한 선형회로. 전류분배를 설명하기 위해 키르히호프의 전압법칙(Kirchhoff's Voltage Law, KVL)이 사용된다.

current limiter 전류제한기

30 A(ampere) 이상의 큰 전류회로에 연결되어 과전류 조건에서 회로를 개방하는 장치. 높은 전류가 짧은 시간 동안 흐를 수 있도록 만든 퓨즈로, 일반 퓨즈보다 녹는점이 높은 구리를 사용하며 동력회로와 같이 짧은 시간 동안 과전류가 흘러도 장비나 부품에 손상이 오지 않는 경우에 사용한다.

cut 절단

재료에 외부의 기계적인 힘이 가해져 해당 재료가 일부 잘려나가는 것을 말한다.

cutout speed 시동기 차단속도

시동기를 보호할 목적으로 엔진에 물려 작동하던 축을 분리하기 위한 속도. 시동기가 엔진을 돌려주다가 점화되어 정상속도를 갖게 되면 시동기 회전속도보다 엔진의 회전속도가 빨라져 클러치 장치로 물려 있는 부분에 손상이 발생할 수 있기 때문에 시동기로 공급되던 공기 소스를 차단하기 위해 스타트 밸브를 닫아 준다.

cyclic pitch control 사이클릭 조종

조종사의 다리 사이에 있는 조종간을 움직

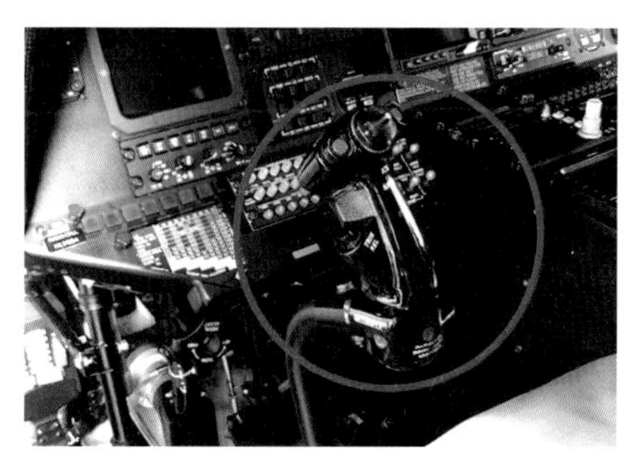

여 메인 로터(main rotor)의 기울기를 조절하여 헬리콥터의 피칭(pitching), 요잉(yawing), 롤링(rolling) 운동을 조종한다. 요잉 시 페달의 도움을 받는다.

cylinder 실린더
피스톤, 밸브 및 점화플러그를 수용하고 연소실을 형성하는 왕복엔진의 구성 요소

cylinder barrel 실린더 배럴
실린더 내부에서 피스톤이 왕복운동을 하는 공간. 마찰로 인한 손상이 발생되지 않도록 고강도 합금강으로 만들어지며, 경량 구조와 베어링 특성을 제공하기 위해 표면을 경화 처리한다.

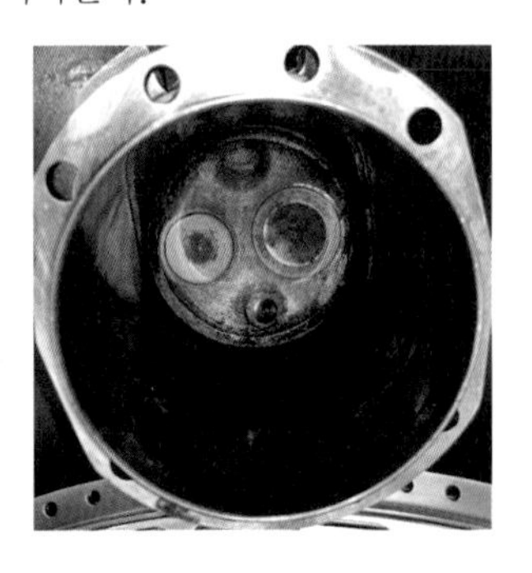

cylinder head 실린더 헤드
헤드는 공기와 연료혼합가스를 실린더로 공급하고 배기가스가 빠져 나갈 수 있는 통로를 위한 공간을 제공하는 부분. 밸브, 점화플러그 및 연료분사장치를 장착하는 장소를 제공하며 냉각을 위한 핀이 장착된다.

cylinder pad 실린더 패드
크랭크 케이스에 실린더를 장착할 수 있도록 가공된 부분. 실린더뿐 아니라 보기 하우징, 오일 섬프를 장착하기 위한 패드가 마련되어 있다.

cylinder skirt 실린더 스커트
실린더 플랜지 하부로 돌출된 부분. 크랭크 케이스 안으로 들어가 지지된다. 윤활유가 실린더로 떨어지는 것을 막아 오일 소모량을 감소시킬 목적으로 도립형 엔진 실린더와 성형 엔진 하부에 위치한 실린더의 경우 다른 실린더보다 긴 스커트로 제작된다.

damage tolerance design 손상허용설계
페일세이프 설계 개념을 발전시킨 것이다. 구조부재나 부품에 발생한 손상이 전 부재나 부품의 내구성에 영향을 주지 않고 점검기간 내에 치명적인 파괴로 발전하지 않도록 다중 하중경로로 설계한다.

damper 댐퍼
크랭크축의 회전에 의해 발생하는 비틀림 진동을 경감시키기 위해 카운터웨이트 내부에 장착된 진자형 추이다.

data link 데이터 링크
한 지역에서 다른 지역으로 데이터를 전송 또는 수신할 목적으로 사용하는 도구. 항공기 내 센서와 이를 처리하는 장비들, 그리고 조종사에게 시현하는 각종 계기를 연결하는 통신 인터페이스. 디지털화된 항공기에서는 주로 ARINK 429, ARINK 664 등의 규격이 사용된다.

datum line 기준선
설계자, 정비사 모두가 정확한 의사전달을 할 수 있도록 항공기 세로축 방향의 거리값을 인치 단위로 표시하기 위한 기준점이다. 무게중심을 구할 때 양의 값이 나오면 계산이 편리하기 때문에 대부분의 항공기들이 nose radome 전방의 일정 거리 떨어진 지점을 기준선으로 정한다. AMM 06 Dimensions and Area 등에서 확인이 가능하다.

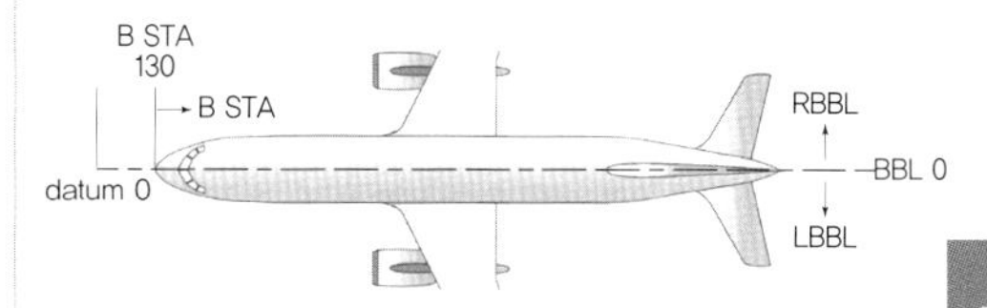

DC generator 직류발전기
시간의 변화에 관계없이 일정한 크기와 방향의 전류가 발생하는 발전기. 도체가 자기장 내부에서 회전운동을 하면 역기전력이 발생하여 전류가 흐르는 원리를 활용한다.

DC motor 직류전동기
직류 전기에너지를 기계에너지로 변형시키는 일종의 전기모터. 모터 케이스 외각에 자기장을 만드는 자석을 두고 회전축에는 코일을 감은 뒤 외부로부터 브러시를 통해 코일에 전류를 공급하면 자기장이 발생하고, 케이스 외각의 자기장과의 상호 작용으로 인해 회전력이 발생한다.

DC selsyn 직류 셀신
작동전원으로 직류를 사용하는 싱크로 계기. 직류 수감부의 각변위를 전기신호로 전송하여 원격 지시하며, 지시계의 코일 3개에 흐르는 전류의 상대적인 비율이 일정한 비율작동형 계기로, 발신부의 전원·전압이 변동해도 지시부는 큰 오차 없이 동일한 측정 각도를 지시하는 특성이 있다.

D

deaerator 공기분리기

엔진 내부를 순환하고 탱크로 돌아온 오일 내부에 포함된 공기를 분리하는 장치. 오일 계통 내부에 공기가 유입되면 부정적인 영향을 미칠 수 있으므로, 탱크로 돌아온 오일을 회전시켜 공기층을 분리해 밴트 라인을 통해 배출시킨다.

deburring tool 디버링 공구

드릴 작업 후 판재 표면에 남는 오돌토돌한 부분을 제거하는 공구. countersink 작업 후 디버링 작업 시 너무 많은 부분을 깎아 내지 않도록 주의가 필요하다.

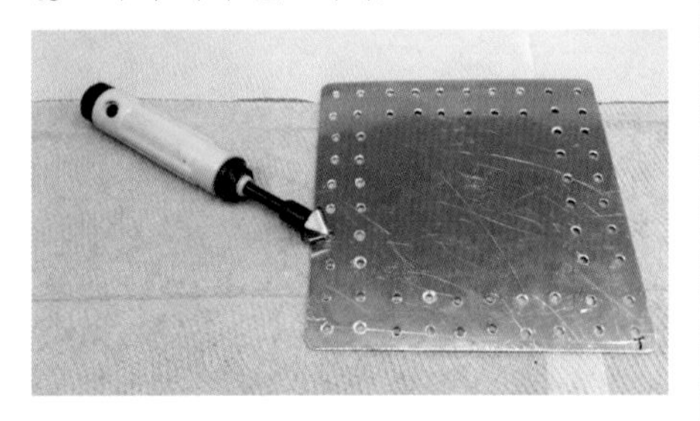

decision height(DH) 결정고도

항공기가 공항의 지상 활주로에 접근하는 도중 주변의 시각 참조물을 육안으로 식별하지 못해서 착륙복행(go around)을 해야 하는 특정한 고도. 정밀접근레이더, 계기착륙 장치와 같은 정밀계기접근에서 사용된다.

deck pressure 데크 압력

연료분사계통을 가지고 있는 엔진의 연료량을 조절하기 위해 측정되는 터보차저 압축기 출구에서부터 스로틀 사이의 압력을 말한다.

defer 정비이월

항공기 감항성에 영향을 미치지 않는 결함들에 대한 수정조치를 차후로 연기하는 것. 항공기 정비사항 중 필수불가결한 부품이 아니거나 심각한 결함이 아니어서 당장은 항공기의 운항이 가능한 상태 또는 MEL 목록에 포함되어 있어 그 해당 장비만 사용을 중지시키고 비행할 수 있는 상태일 때 정식 정비작업을 다음 번으로 연기할 수 있으며, 정비이월기록부에 기록하여 관리해야 한다.

정비 이월 기록부 (DEFER ITEMS RECORD)						
OPEN STATUS				※ Do not attach the INOPERATIVE Tab	CLOSE STATUS	
LOG PAGE No	ITEM	DEFECT DESCRIPTION			LOG PAGE No	ITEM
DATE (UTC/DDMMMYY)	STATION				DATE (UTC/DDMMMYY)	STATION
MEL CDL NEF SRM AMM No.		CAT	REPEAT ☐	SIGNATURE & KAL AUTH No	SIGNATURE & KAL AUTH No	
LOG PAGE No	ITEM	DEFECT DESCRIPTION			LOG PAGE No	ITEM
DATE (UTC/DDMMMYY)	STATION				DATE (UTC/DDMMMYY)	STATION
MEL CDL NEF SRM AMM No.		CAT	REPEAT ☐	SIGNATURE & KAL AUTH No	SIGNATURE & KAL AUTH No	
LOG PAGE No	ITEM	DEFECT DESCRIPTION			LOG PAGE No	ITEM
DATE (UTC/DDMMMYY)	STATION				DATE (UTC/DDMMMYY)	STATION
MEL CDL NEF SRM AMM No.		CAT	REPEAT ☐	SIGNATURE & KAL AUTH No	SIGNATURE & KAL AUTH No	

deflecting beam torque wrench 디플렉팅 빔 토크렌치

2개의 바가 토크렌치 헤드에 장착되어 있어 토크 적용 시 위에 있는 바에 연결된 지침의 움직임값을 읽는 타입의 토크렌치

defueling 배유

항공기 연료탱크에 공급된 연료를 외부로 배출시키는 행위. 항공기의 스케줄 변경이나 정비 등의 상황 발생으로 연료를 빼내는 것으로, 매뉴얼에서 제시한 방법으로 수행해야 한다.

de-ice boot system 제빙부트계통
에어포일 표면의 앞쪽 가장자리에 장착되는 공압으로, 팽창이 가능한 고무튜브를 이용한 제빙시스템. 낮은 압력의 공기를 이용하여 검정색 튜브를 부풀게 하여 발생된 얼음을 떼어내는 장치이다.

deicing fluid (anti-icing fluid) 제빙액
항공기에 발생하는 결빙을 예방하기 위해 뿌리는 결빙 방지 용액. 에틸렌 또는 프로필렌 글리콜을 베이스로 한 약품으로, 제빙절차와 관련된 정보전달의 오해 가능성이 없도록 코드 형식으로 구분하며, type Ⅰ fluid, type Ⅱ fluid, type Ⅲ fluid or type Ⅳ fluid로 분류한다.

delamination 딜래미네이션
복합재료의 일부가 여러 층으로 분리되는 결함의 일종. 수직으로 작용하는 고강도 하중과 전단하중으로 인해 폴리머 매트릭스가 파손되거나 섬유 보강재가 폴리머로부터 분리되는 현상을 말한다.

demagnetizing 탈자
자분검사 과정에서 베어링과 같은 검사 대상물에 자성이 남아 있으면 장착 후 철분에 의한 오염으로 인해 결함 발생 가능성이 높아지기 때문에 검사의 마무리 단계에서 자력을 제거하는 절차. 검사 후 가우스미터로 측정하여 확인한다.

demonstration and inspection phase 현장검사
신청서에 명시된 운항을 안전하게 수행할 수 있는 안전운항체계를 운항증명 신청자가 지속적으로 유지할 수 있는지의 여부를 확인하기 위해 운항증명 신청자의 직원 배치 상태, 훈련과정, 지상장비 및 운항정비시설 등에 관하여 적합성 여부를 검증하는 검사이다.

density altitude 밀도고도
표준대기를 기준으로 대기밀도와 고도의 관

계를 이용하여 현재의 대기밀도를 표준대기 상태의 기압고도와 비교하여 환산한 고도. 기압고도를 표준대기의 온도차를 반영하여 수정한 고도를 말한다.

dent 움푹 들어감

외부 물체에 부딪혀 금속 표면이 움푹 들어간 부분. 손상된 부분의 가장자리는 매끄러우며 길이는 한쪽 끝에서 다른 쪽 끝까지 가장 긴 거리로 측정하고, 폭은 너비의 길이 방향 90도에서 측정된 움푹 들어간 부분 중 두 번째로 긴 거리로 측정한다.

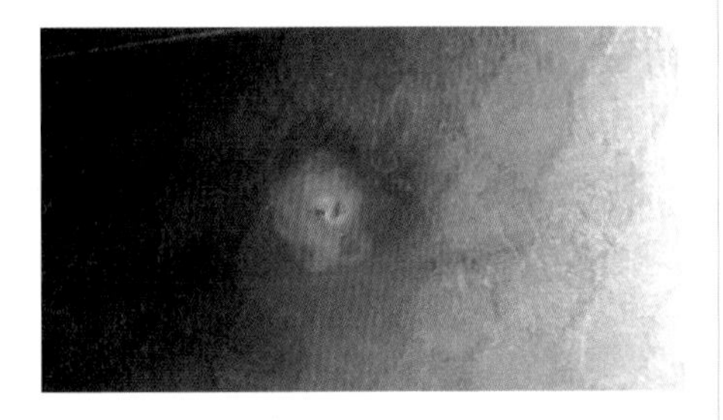

deoiler 오일분리기

오일분리기 하우징 내부에서 회전하는 임펠러의 작동에 의해 유입된 브리더 공기와 오일을 분리하는 장치. 임펠러를 지난 브리더 공기가 원심력에 의해 무거운 오일은 하우징 외벽으로 보내지고, 상대적으로 가벼운 공기는 임펠러 중앙 부분을 지나 외부로 배출되도록 한다.

desiccant 방습제

엔진을 장기간 저장할 경우 내부 구성품의 부식 발생을 방지하고 습기를 제거하기 위해 사용하는 화학물질. 종이백 형태의 방습제를 사용하며, 인디케이터 카드를 함께 탑재하여 수분 흡수 여부를 모니터한다.

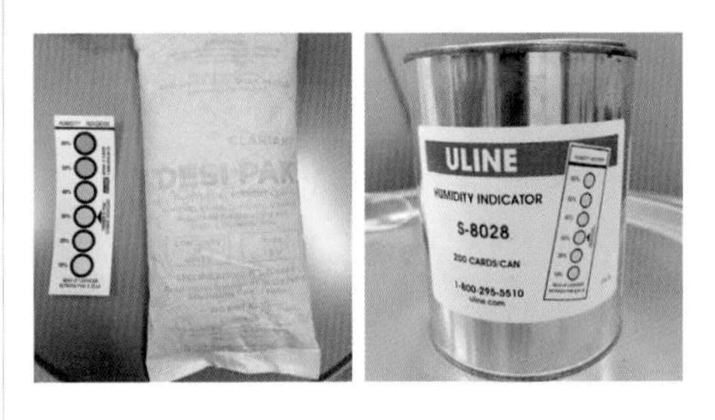

design unit mass 설계단위중량

항공기 구조설계 시 사용되는 단위질량. 연료 0.72 kg/L(6 lb/gal), 윤활유 0.9 kg/L(7.5 lb/gal), 승무원 및 승객 77 kg/인(170 lb/인)

designation, etc. of approved training organization(ATO) 항공종사자 전문교육기관 지정

「항공안전법」에 의거하여 국토교통부장관은 항공종사자를 육성하기 위하여 국토교통부령으로 정하는 바에 따라 항공종사자 전문교육기관을 지정할 수 있다. 전문교육기관은 자가용 조종사과정, 사업용 조종사과정, 부조종사과정, 조종사 형식 한정 추가과정, 계기비행증명과정, 조종교육증명과정, 항공교통관제사과정, 항공정비사과정, 경량항공기 조종사과정 등 10개 과정으로 구분한다.

detonation 디토네이션

실린더 안에서 점화가 시작되어 연소·폭발하는 과정에서 화염 전파속도에 따라 연소가 진행 중일 때 아직 연소되지 않은 혼합가스가 자연 발화온도에 도달하여 순간적으로 자연 폭발하는 현상. 디토네이션이 발생하면 실린더 내부의 압력과 온도가 비정상적으로 급상승하여 피스톤, 밸브, 커넥팅 로드 등의 손상 위험이 있다.

dial indicator 다이얼 지시계
엔진 제작 등 정밀측정을 위한 장치. 직접측정, 간접측정을 통해 진원도, 직진도, 두 표면 사이의 거리 등 다양한 측정이 가능하다.

diaphragm 다이어프램
하나의 공함을 두 개의 영역으로 나눌 때, 탄성을 가진 막으로 중간을 막아 한쪽 공간은 정해진 압력이 충전된 상태로 밀폐시키고 다른 공간은 작은 홀로 열린 통로를 만들어 두 공간 사이의 압력차를 탄성을 가진 막의 움직임으로 감지하도록 만든 센서의 일종. 내부와 외부에 비교하고 싶은 압력을 연결하여 내부와 외부에 가해지는 압력차에 의해 수축과 팽창이 발생하게 되는 차압을 이용하며, 속도계 등에 사용한다.

die casting 압력 주조
강철로 된 주형(틀)에 아연, 알루미늄, 주석, 구리 등의 주물용 합금을 압력을 가하면서 주입하여 만드는 정밀 주조법의 일종. 정밀한 양질의 제품을 만들 수 있으며, 대량 생산에 적합하다.

die stock 다이 스톡
스크루, 볼트, 파이프에 수나사를 내는 데 사용하는 도구. 균일한 나사산을 만들기 위해 모재의 단면과 수평을 유지하면서 작업해야 한다.

differential flight control system
차동조종계통
에일러론(aileron)을 작동시킬 경우 위로 올라가는 쪽과 아래로 내려가는 쪽 작동면의 양력 불균형으로 인해 조종효과가 나빠지는 것을 바로잡기 위해, 오르고 내려가는 각도를 달리 조정해 주는 시스템. 올라가는 쪽 에일러론은 양력이 감소하고, 내려가는 쪽 에일러론은 양력이 증가하기 때문에 보상이 없을 경우 수직축을 중심으로 항공기가 요잉(yawing)하려는 항력이 증가하므로 불합리한 요(yaw)를 감소시키기 위해 올라가는 에일러론의 각도를 더 크게 한다.

diffuser 디퓨저
가스터빈엔진의 구성요소로, 통과하는 공기의 속도를 줄이고 압력을 높여주는 장치. 압축기 출구와 연소실 입구 사이에 장착되어 연소실에서 화염이 지속적으로 유지될 수 있도록 속도를 낮춘다.

digital multimeter 디지털 멀티미터
바늘의 움직임을 읽어내는 멀티미터를 알아보기 쉽게 디지털값으로 표현해 주는 측정기기. 전압·전류·저항 등 각종 아날로그양

을 직류전압으로 변환하고, 이 직류전압을 A−D변환기(analog to digital converter)에 의해 부호화하여 펄스신호로 바꾼 다음 한 번 더 10진수로 변환하여 디지털로 표시한다.

dihedral angle 상반각

항공기에 장착된 주 날개가 동체와 결합된 날개 뿌리 부분보다 날개 끝쪽 부분이 높게 위치하는 경우, 수평선과 날개의 면을 대표하는 선이 이루는 각도 성분. 상반각을 줄 경우 항공기의 좌우 안정성이 높아지는 효과가 있다.

dimensional inspection 치수검사

가공된 부품 및 제품의 기하학적 특성을 평가하여 설계 사양을 준수하고 있는지 확인하는 검사. 마이크로미터, 다이얼 게이지 등을 활용하여 크기를 측정한다.

dimpling 딤플링

접시머리 리벳이나 스크루 장착을 위해 판재를 접시머리의 각도에 맞게 움푹 들어가도록 변형 가공하는 작업. 카운터 싱킹 작업을 하기 어려운 얇은 판재에 적용하며, 암수 형틀을 이용해서 가공작업을 한다.

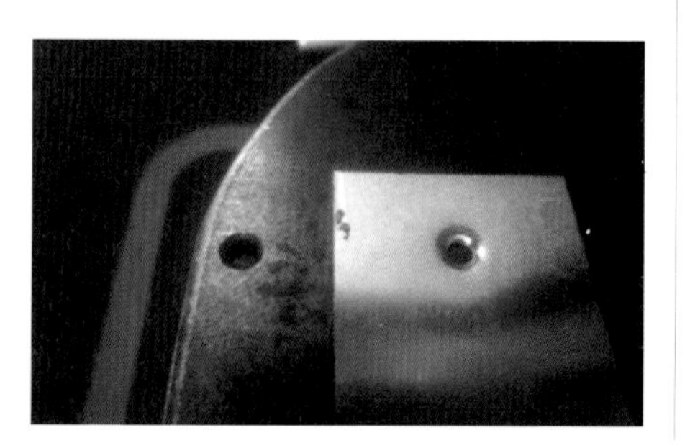

diode 다이오드

한쪽 방향으로 전류가 흐르도록 제어하는 반도체 소자의 하나. P형 반도체와 N형 반도체를 접합시켜 만들며, P형 반도체 쪽에서 나오는 전극단자가 양극(+)단자인 애노드(anode), N형 반도체 쪽에서 나오는 전극단자를 음극(−)단자인 캐소드(cathode)라고 하며, 애노드에는 (+)전압을, 캐소드에는 (−)전압을 연결해 주어야 순방향 바이어스(forward bias)를 이루어 양극에서 음극으로 전류가 흐르게 된다. 단자 연결 방향을 확인할 수 있도록 다이오드 소자 외부에 은색이나 검정색 띠로 캐소드 단자임을 표시한다.

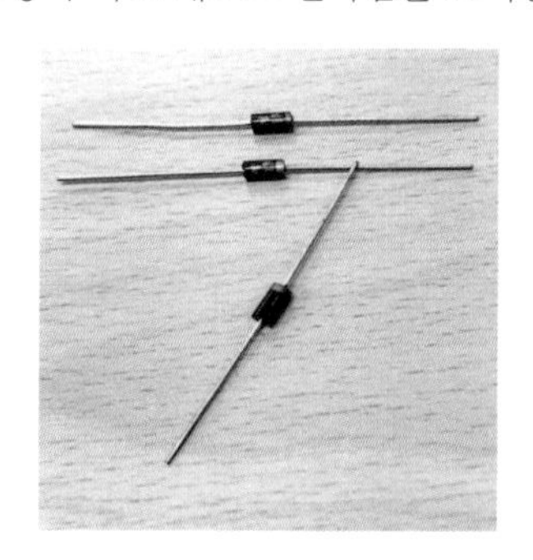

directional gyro indicator 방향자이로 지시계

기수 방위각을 표시하여 기수방위를 나타내는 계기. 방향자이로(directional gyro)가 사용되며 기수 방위각을 지시한다.

dirty dozen 12가지 인적 요인

사고 또는 사고에 대한 가장 일반적인 인적 오류를 만들어 내는 12가지 주요 요인.

① 의사소통 부족(lack of communication), ② 주의 산만(distraction), ③ 자원 부족(lack of resources), ④ 스트레스(stress), ⑤ 자만(complacency), ⑥ 팀워크 부족(lack of teamwork), ⑦ 압박(pressure), ⑧ 인식의 결여(lack of awareness), ⑨ 지식의 부족(lack of knowledge), ⑩ 피로(fatigue), ⑪ 자기주장의 부족(lack of assertiveness), ⑫ 관행(norms)

discharge nozzle 분사노즐

공기가 기화기를 통해 엔진 실린더로 통과할 때까지 가장 낮은 압력이 발생하는 지점인 벤투리 목부분에 장착되어 연료를 분무시키는 장치. 분사노즐 부분의 저압과 기화기 내부 플로트 체임버의 상대적으로 높은 압력인 대기압, 이 두 곳의 압력차를 이용한다.

display of nationality of aircraft
국적 및 등록기호 표시

국적 등의 표시란 비행기 주 날개, 꼬리날개, 동체에 부여받은 국적기호 HL과 등록기호의 순으로 지워지지 않게 항공기에 표시하는 것이다. 「항공안전법」(항공기 국적 등의 표시)에 따라 항공기를 운항하고자 하는 자는 항공기에 국적, 등록기호 및 소유자 등의 성명 또는 명칭을 표시하여야 한다.

dissimilar metal corrosion
이종금속부식

이종금속부식은 두 개의 다른 금속이 서로 접촉할 때 전해질이 존재하면 발생하는 부식으로, 눈에 잘 띄지 않고 오랜 시간 동안 지속될 수 있는 위험한 유형의 부식이다. 부식이 진행되고 있는지는 대부분의 경우 부품을 분해한 후에야 확인이 가능하다.

distance measuring equipment (DME) 거리측정장치

극초단파대의 주파수를 이용한 전파의 왕복시간을 활용하여 항공기에서 지상 무선국까지의 거리를 측정하여 표시하는 항법장비. 항공기에 장착된 DME 트랜스폰더에서 질문신호를 받은 지상 DME 무선국의 트랜스폰더가 자동으로 응답신호를 송신하고, 그 신호를 항공기의 DME 트랜스폰더가 수신

하여 항공기와 무선국 간의 전파 도달 왕복 시간을 측정하여 거리를 구한다.

diversion 회항

비행 중인 항공기가 어떤 원인에 의해 목적지를 변경하는 것. 원래 목적지였던 비행장에 악천후 등이 발생하여 착륙이 불가능해진 경우, 다른 비행장에 착륙하는 것을 말하며, 출발한 비행장으로 되돌아가는 경우에는 diversion이라고 하지 않는다. 비행계획을 세울 때부터 diversion 가능성을 고려하여 대체 공항으로 비행할 때 필요한 연료를 포함하여 비행계획을 수립한다.

document compliance phase 서류검사

항공기의 안전운항을 위해 운항증명 신청자가 제출한 규정과 서류에 대한 미비점과 위배사항 유무를 확인하는 검사. 운항일반교범, 항공기운영교범, 최소장비목록(MEL) 및 외형변경목록(CDL), 훈련교범, 항공기성능교범, 노선지침서, 비상탈출절차교범, 위험물교범, 사고절차교범, 보안업무교범, 항공기 탑재 및 처리교범, 객실승무원업무교범, 비행교범, 지속감항정비프로그램, 지상조업협정 및 절차 등이 포함된다.

dollies 받침판

판재의 굽힘 가공을 위한 받침. 대형 장비의 사용이 불편한 작은 크기의 굽힘 작업을 수작업으로 수행하기 위한 공구로, 평평한 받침부터 돔형의 받침까지 다양한 모양으로 제작되어 있으며, 목재 해머 등과 세트로 사용된다.

dolly 돌리

엔진을 항공기에서 장탈하여 엔진 공장으로 이동시키기 위한 지지대 겸 이동장치. 하부에 캐스터(caster)라고 하는 바퀴가 장착되며, 분리한 후 엔진에 고정시킬 수 있는 크래들(cradle)이 돌리 상부에 장착되는데, 돌리와 크래들 사이에 진동을 방지하는 패드가 삽입되며, 패드의 수명도 관리해야 한다.

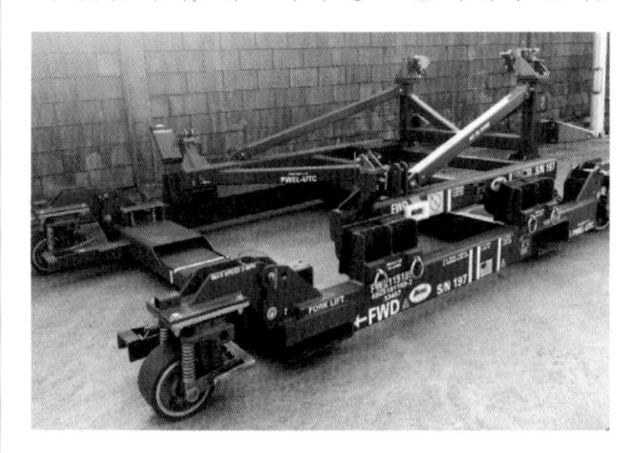

doping 도핑

불순물 반도체를 만들기 위해 진성 반도체에 불순물을 섞는 과정. 진성 반도체에 불순물을 혼합하면 전자(electron)나 정공(hole, 正孔)의 수가 많아져서 반도체 결정 내에서 이동이 쉬워져 전기가 잘 흐르게 하기 때문에 진성 반도체보다 전도성이 높아진다. 불순물 반도체의 종류는 불순물 원소의 최외각 전자 수에 따라 결정되며, 최외각 전자 수가 4보다 클 경우는 N형 반도체, 4보다 작을 경우는 P형 반도체가 된다.

dorsal fin 도살핀

수직 안정판 전방 아랫부분에 장착한 작은 필릿. 수직 표면의 실속각을 증가시켜

rudder lock, rudder reversal 현상을 방지한다.

downwash 내리흐름

비행 중인 항공기 날개 뒤쪽에 생기는 하향 기류. 회전익 항공기의 메인 로터는 로터 블레이드의 회전에 의해 양력을 발생시킨다. 이때 아래 방향으로 강력한 공기 흐름을 밀어내는데 이러한 흐름도 내리흐름이라 하며, 세류라고도 한다.

drag 항력

물체가 유체 내를 움직일 때 발생하는 움직임을 방해하는 힘. 유체 내에서 움직이는 고체의 항력은 '유체의 유동과 동일한 방향으로 작용하는 모든 유체역학적 힘의 합'으로 정의된다.

drift angle 편류각

예정된 비행 코스에서 실제 비행 코스가 벗어난 각도. 비행 중인 항공기가 바람에 의해 항로에서 한쪽으로 벗어나는 현상으로 나타난다.

drill bushing holder 드릴 부싱 홀더

드릴 작업 시 부품에 홀 가공을 하기 위해 수직으로 사용하는 가이드

dripstick 드립스틱, 연료계측봉

연료탱크에 보급된 연료의 양을 측정하기 위한 fuel quantity indicating system(FQIS)이 정상 작동하지 않는 탱크의 연료량을 매뉴얼로 산정하기 위한 장치. 각각의 탱크 하부에 장착된 스틱을 뽑아 그 스틱에 표시된 눈금을 실측하고, 매뉴얼에 의한 테이블에 적용하여 탑재된 연료의 양을 확인할 수 있다.

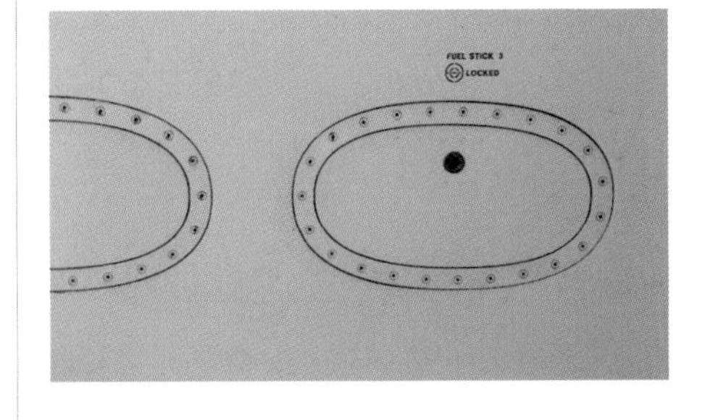

dry powder extinguisher 분말소화기

A급, B급, C급 화재에 사용할 수 있는 다목적 건식 분말소화제. 실리콘화 인산모노암모늄과 황산암모늄의 화합물인 분말로 화재를 질식시켜 소화하는 방법으로 사용되며, 소화 후 남게 되는 분말의 오염이 문제가 되어 한정적인 부분에 사용된다.

dry sump 건식 섬프

엔진 외부에 오일 저장 탱크와 펌프를 가지고 있는 엔진의 오일 저장방식

ductility 연성

재료가 탄성 한계 이상의 힘을 받아도 부서지지 않고 계속 늘어나는 성질

duplex fuel nozzle 2중 연료 노즐

1차, 2차 노즐로 구성된 연료 노즐. 시동 특성의 향상을 목적으로 넓은 각도로 분사되는 1차 노즐과 정상 연소를 위해 연소실 벽면과 간섭이 일어나지 않도록 좁은 각도로 분사되는 2차 노즐로 구성된다.

durability 내구성

제품이 원래의 상태에서 변질되거나 변형됨이 없이 오래 견디는 성질. 즉 제품이 설계수명 동안 정비나 수리를 크게 필요로 하지 않고 그 기능을 유지할 수 있는 능력을 말한다.

dutch roll 더치롤

비행 중인 항공기가 돌풍을 만나 빗놀이가 일어날 경우 가로안정이 이를 막기 위해 옆놀이를 만들어내고, 과도한 옆놀이를 방지하기 위한 빗놀이가 또다시 일어나 빗놀이운동과 옆놀이운동이 반복되는 진동현상으로, 대형 항공기에서는 이를 방지하기 위해 요댐퍼(yaw damper)가 장착된다.

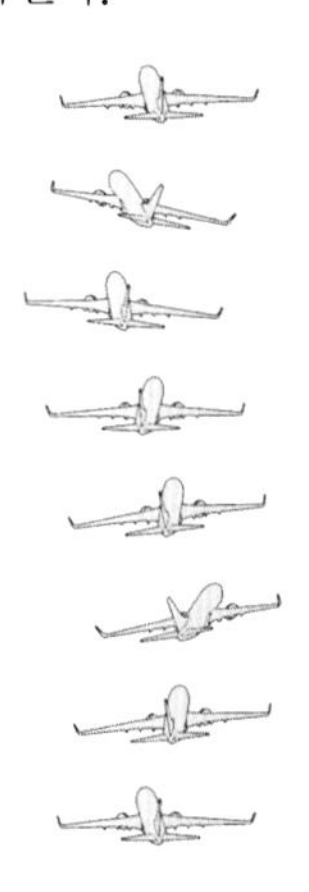

duty cycle 듀티 사이클

전력에 의해 작동하는 시동기(starter)의 경우 start power unit, start converter unit의 과열로 인한 시동 불가능한 상태를 예방하기 위해, 시동 절차에 start 실패가 발생할 경우 cooling time을 지정하여 부분품의 고장을 예방하고자 정한 시동기 작동방법

dye penetrant inspection
염색침투탐상검사

표면에 침투액과 현상액을 사용하여 잔류 침투액이 남아 있는 흔적을 통해 결함을 찾아내는 검사방법. 금속, 플라스틱, 세라믹 등 비다공성 재료의 미세균열, 표면 다공성, 피로균열 결함을 탐지하기 위해 사용된다.

dynamic balance 동적 균형

회전하는 물체가 회전의 영향력으로 인한 원심력을 발생시키지 않아, 진동 없이 회전 상태를 유지하는 것. 엔진에서 발생하는 진동이 치명적인 고장을 유발할 수 있기 때문에 불균형을 최소 수준까지 감소시키거나 제거하도록 설계해야 하며, 이를 위해 다이내믹 댐퍼(dynamic damper)를 장착하는 것이 대표적인 사례이다.

dynamic stability 동안정성

항공기가 평형상태를 유지하고 있다가 어떤 교란을 받아 평형상태에서 약간 벗어난 경우에 얼마나 빨리 원래의 평형비행상태로 되돌아갈 수 있는지 시간개념이 포함된 성질을 말한다.

dynamometer 다이나모미터

엔진에서 생성되는 토크의 양을 측정하는 데 사용되는 장치. 엔진의 구동축에 발전기 또는 유압펌프가 장착되고, 발전기나 펌프의 출력을 측정하여 토크 단위로 변환이 가능하다.

- 항속거리: 7,370 nmi(13,649 km)
- 동체길이: 73.9 m(242 ft 4 in)
- 날개길이: 64.8 m(212 ft 7 in)
- 높이: 18.5 m(60 ft 8 in)
- 장착 엔진: GE90-115BL

3차원 컴퓨터 그래픽을 이용하여 디지털 방식으로 설계된 항공기로, B747 항공기의 취항이 어려운 지역에 운항하면서 그 진가를 발휘하였다. 운항효율을 높이기 위해 주 랜딩기어의 숫자를 2개로 줄이는 대신, 랜딩기어 하나에 장착된 축을 3개 늘리는 방법으로 하중을 분산하는 아이디어를 적용하였다.

COVID-19의 상황 속에서 하부 전방과 후방 화물칸 2곳에 대형 팰릿의 탑재가 가능한 장점을 살려서 항공사의 적자운영을 면하게 하는 데 큰 역할을 하였으며, 일부 항공기 객실의 좌석을 장탈한 상태에서 화물을 탑재할 수 있도록 개조작업을 하여 주목을 받았다.

성능이 좋은 엔진을 2개 장착하여 정비사들의 업무로드를 경감시켜 주고, B747 항공기에 버금가는 수송능력으로 인기가 높아서 대한항공에서는 B777 항공기 42대를 운영 중에 있다.

economizer system 이코노마이저 장치

스로틀 설정치가 정격출력의 약 60~70% 이하일 때 밸브를 닫아서 장시간 비행하는 순항 모드 중 연료공기 혼합비를 희박한 상태로 유지하여 연료소비율을 줄여주는 장치. 통상적으로 정격출력의 60~70% 미만의 스로틀 설정에서 밸브가 닫히지만, 가속 등 최대출력이 요구되는 높은 스로틀 설정과 같은 상황에서 이상폭발 방지, 엔진 냉각 등을 위해 필요한 추가 연료 공급기능을 한다.

eddy current inspection 와전류검사

전도성 재료의 표면 및 표면 아래의 결함을 감지하는 전자기 테스트 방법 중 하나. 교류전류를 공급한 코일을 전도성 재료에 가까이 가져가 발생하는 와전류를 이용해 표면 및 표면 아래의 결함을 검사한다.

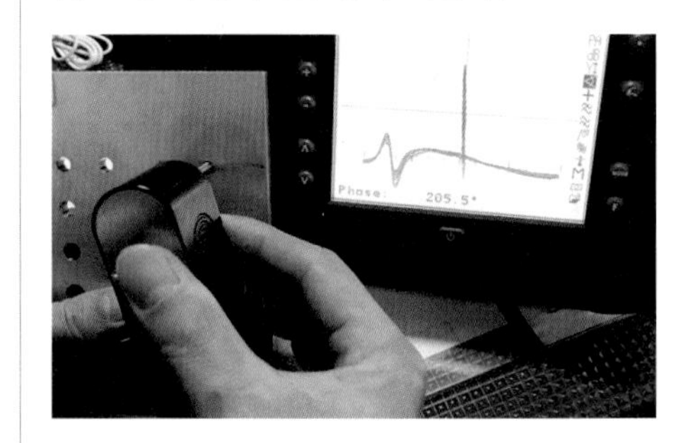

edge distance 연거리

리벳 홀 끝선으로부터 판재의 가장자리 끝까지의 거리. 너무 가깝거나 먼 거리에 장착할 경우 하중이 집중되어 균열이 발생하거나 들뜸 현상이 발생할 수 있어서 최소 간격과 정해진 간격의 규칙을 따라야 한다.

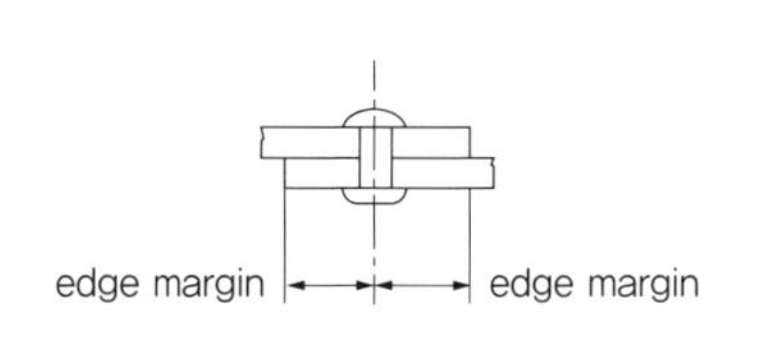

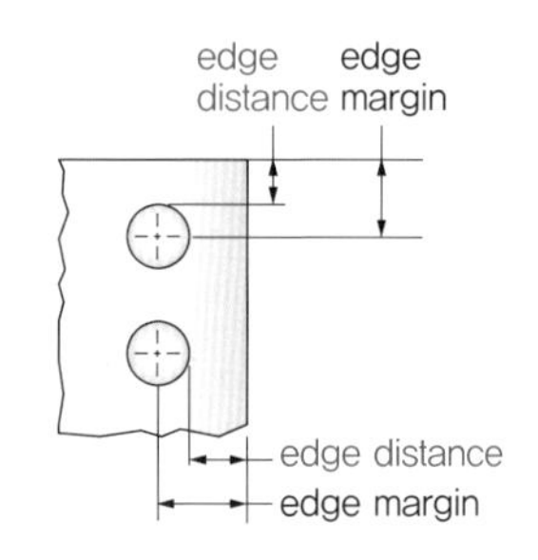

effective pitch 유효 피치

프로펠러가 1회전하여 공기 중을 실제로 이동한 거리. 공기 중에서 발생하는 슬립을 고려한 값이다.

E-gap 이갭

왕복엔진 마그네토 내부 2차코일에서 유도된 에너지 파동이 최대가 되어 가장 높은 에너지를 가지는 스파크를 생성할 수 있는 지점이 필요하며, 이를 구현하기 위해 회전자가 중립위치를 지나 1차권선을 단락시키는 브레이커 포인트가 열리기까지 설정한 사이의 각도. E-갭은 물리적 갭이 아니라 전기적인 갭이다.

ejector pump 이젝터 펌프, 배출펌프

연료에 의해 냉각되는 부스트 펌프(boost pump)가 항상 연료에 잠겨 있을 수 있도록 다른 탱크에 남아 있는 연료를 부스트 펌프 쪽으로 보내주기 위해 초기 압력을 만들어 주는 벤투리 튜브. 부스트 펌프에서 엔진으로 흘러가는 연료 중 일부를 벤투리 튜브로 보내고, 벤투리 튜브의 목부분에 다른 탱크로부터 연료를 빨아들이기 위한 튜브를 연결하여 부스트 펌프가 작동할 동안은 지속적으로 suction pressure가 만들어져 부스트 펌프 쪽으로 연료를 보내준다.

electric motor driven pump(EMDP) 전기구동펌프

전기모터의 힘으로 작동되는 서브 유압펌프(sub hydraulic pump). 지상에서 엔진을 구동하지 않고 유압을 공급할 수 있도록 전력으로 구동시킬 수 있는데, 비행 중 전력에 의해 필요시 사용할 수 있는 펌프로 메인 펌프에 문제가 있거나, 유압유의 수요가 많을 때 추가적인 유압을 제공하기 위해 사용된다.

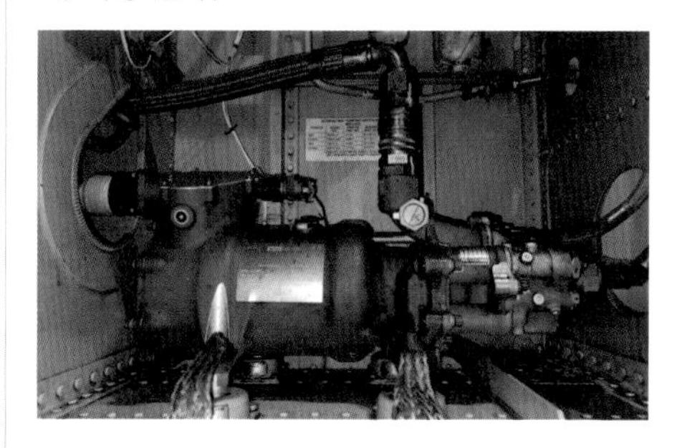

electric starter 전기 시동기

엔진 시동을 위해 전력을 사용하는 시동기. 과거에는 APU 시동기에 전기 시동기가 주로 사용되었으나, 최근 개발된 B787 항공기의 경우에는 엔진에도 전기 시동기를 채택하고 있다. 지금까지 대부분의 대형 항공기들은 공압 시동기(pneumatic starter)를 사용하였다.

electrical bonding strap 전기 본딩 띠

항공기에 사용된 도체 간의 전위를 동일하게

유지하기 위해서 페인트, 실런트 등으로 분리된 금속 간 연결을 위해 사용하는 케이블 또는 리본 띠 형태의 전도체. 연료탱크, 날개 등에 장착되며 단선 등 정상적으로 장착되어 있는지 주기적인 점검을 필요로 한다.

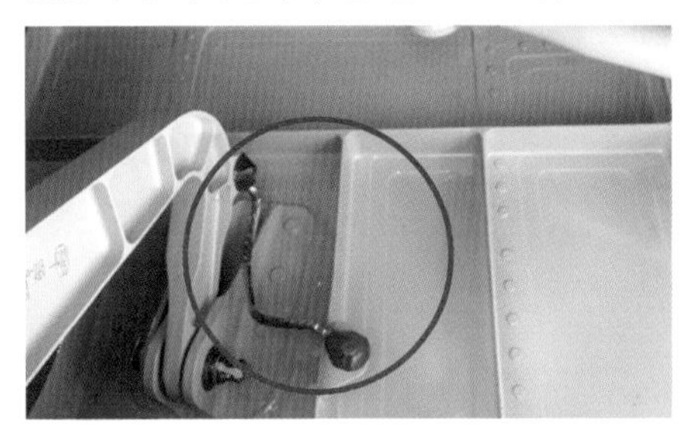

electrical conductivity 전기전도율

재료의 전류전달능력의 척도. 전기저항은 전류에 저항하거나 전도하는 정도를 정량화하는 재료의 기본 속성으로, 저항 속성이 낮은 물질은 전류를 쉽게 허용한다.

electrical wiring interconnection system(EWIS) 전기배선 내부연결시스템

전선, 전선기구, 또는 이들의 조합된 형태. 2개 이상의 단자 사이에 전기적 에너지, 데이터 및 신호를 전달할 목적으로 비행기에 설치되는 단자기구, 전선 및 케이블 등의 구성품을 포함한다.

electro magnetic interference(EMI) 전자기 간섭

전자기 유도, 정전 커플링 또는 전기나 열의 전도 등 전기회로에 영향을 미칠 수 있는 외부 요소에 의해 발생하는 방해 현상. 이러한 방해로 회로의 성능이 저하되거나 작동을 중지시킬 수 있다.

electro static discharge sensitive (ESDS) 정전기 취약 전자부품

정전기에 민감하거나 취약한 항공기 부품. 높은 전압에 약한 반도체 소자들이 포함된 전자장치가 해당되며, 순간적으로 발생하는 높은 전압의 정전기에 노출 시 눈에 보이지 않는 큰 손상이 발생할 수 있기 때문에 정비 작업 시 특별한 관리가 요구된다. ESDS 품목을 장탈하거나 장착할 때에는 사진에 보이는 것처럼 대상 장비들 가까이에 준비될 정도로 중요하게 여기는 wrist strap, floor mat, table mat, ionized blower, conductive bag 등을 포함한 예방장치와 보호장치를 사용해야 한다.

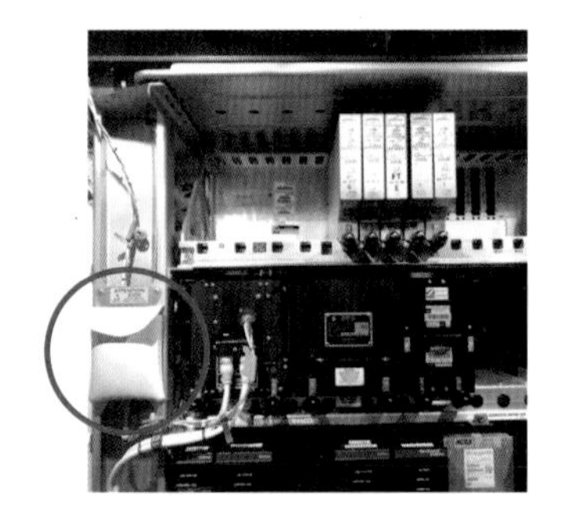

electromagnetism 전자기학

전하를 띤 입자 사이에서 발생하는 물리적 상호 작용의 한 유형인 전자기력의 연구를 포함하는 물리학의 한 분야. 전자기력은 전기장과 자기장으로 구성된 전자기장에 의해 전달된다.

electromotive force 기전력

전자기학 및 전자공학에서 기전력은 전기가 아닌 소스에 의해 생성되는 전기적 작용을 말한다. 전기에너지인 전류를 발생시키고 지속적으로 흐르게 하는 원동력으로서 전압과 같은 의미로 사용되며, 기전력은 전위차가 다른 두 점 사이에서 전위가 높은 쪽에서 낮은 쪽으로 전하를 이동시킨다.

electronic circuit breaker 전자회로차단장치

서키트브레이커(CB) 기능이나 역할을 전자적인 방법으로 수행할 수 있도록 설치된 장치. B787 항공기 등에 장착되어 조종석이나 전자장비실에 설치되었던 CB의 숫자를 줄이고, 대용량의 전류를 담당하는 소수의 CB 외의 것들은 control panel에서 조절 가능한 전자회로차단장치 형태로 변경되었다.

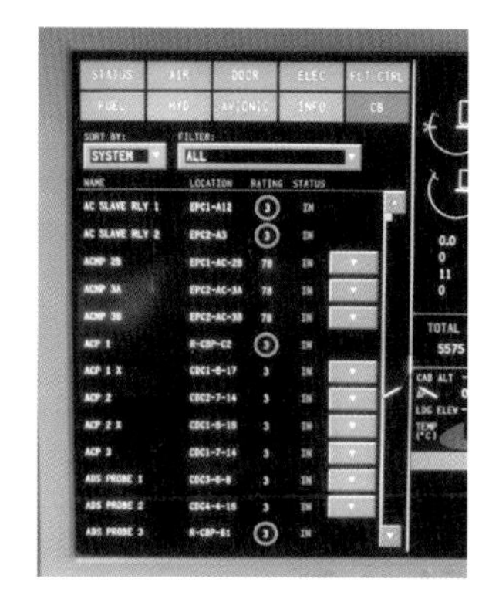

electronic engine control(EEC) 전자식 엔진제어장치

항공기 엔진 성능의 모든 측면을 제어하는 컴퓨터 시스템. PLA(power lever angle), 엔진 RPM, 블리드 밸브 위치, VSV(variable stator vane) 위치, 다양한 엔진 압력 및 온도를 감지하여 터빈의 과속 및 과열을 방지하기 위해 모든 비행조건에 대해 엔진의 성능을 모니터하고 조절한다.

electronic flight instruments system (EFIS) 전자비행계기시스템

한 화면에 항공기 운항에 필요한 항법, 각종 시스템의 작동상태 등의 정보를 빠르고 정확하게 확인할 수 있도록 디스플레이장치들에 통합된 형태의 계기시스템. 항공기 개발 당시에는 하나의 역할을 위해 하나의 계기가 사용되었으며, 다수의 엔진을 장착한 항공기의 경우 필요한 계기의 수량이 많아서 조종실 내의 패널들이 각종 계기들로 가득 차서 한눈에 확인하기가 쉽지 않아 엔진 계기를 모니터하는 기관사가 탑승하기도 했다. 수많은 계기들이 통합되어 한 화면에 필요한 정보들을 함께 표시하는 형태로 진화를 거듭한 끝에, 간단한 구조와 컬러풀한 화면 구현이 가능한 액정표시장치가 장착된 EFIS로 정착되었다. EFIS를 채택한 조종실을 glass cockpit이라 부르며 보통

primary flight display(PFD), multi-function display(MFD), engine indicating and crew alerting system(EICAS) display 등으로 구성된다.

electrostatic field 정전기장

서로 인접해 있는 두 물체의 전하가 서로 다를 때 그 둘 사이에 존재하는 전기장. 환경과 관련된 영향으로 전기적으로 충전되는 단일 물체 주변에 형성된다.

elevator 승강타

가로축을 중심으로 한 키놀이 운동을 만들어 주기 위한 조종면. 수평안정판 뒷전에 장착되며 조종간의 전후 움직임에 연동한다. 조종사의 피로 감소와 항공기의 안정성 확보를 위해 적용한 stabilizer trim 기능에 의해 잦은 elevator의 움직임을 줄일 수 있다.

elevon 엘러본

항공기 비행특성을 고려하여 두 개의 조종면 역할을 하도록 만들어진 구성품의 하나. 승강타(elevator)와 에일러론(aileron)의 기능을 수행한다.

emergency evacuation system
비상탈출장치

항공기가 불시착하거나 바다나 강 수면에 불시착한 경우 또는 지상에서 고장으로 인해 비상 상황 발생 시 승객과 승무원을 비행기 밖으로 탈출시키기 위한 장비품. 비상구, 슬라이드, 승강기, 로프 등이 있다.

emergency exit door 비상구 도어

긴급상황 발생 시 기내에서 탈출하기 위해 출구에 장착된 도어. 날개 위에 특별하게 장착된 비상구, 주 출입문이 비상구 도어 역할을 하는 기종 등 다양한 형태로 제작되며, 도어의 유형에 따라 탈출 인원수가 제한되는 등 법적 기준을 따르도록 운용하고 있다.

emergency locator transmitter (ELT)
비상위치지시용 무선표지설비

충돌이나 불시착 및 추락 등으로 인해 항공기가 물에 잠기거나 충격에 의해 높은 G-force를 받거나 하는 경우 자동으로 활성화시켜 비상신호를 발신하여 항공기의 조난위치를 알려주는 장치. 초단파(VHF) 주파수 대역 중 민간 항공기는 121.5 MHz, 406 MHz를 사용하며, 항공기기술기준 Part 1 부록 A에 정의되어 있다.

emergency power 비상전원

정상 전원의 공급이 중단되었을 때 안전한 비행을 유지하는 데 필요한 시스템을 대상으로 최소 30분 동안 AC 및 DC power를 공급하기 위한 전원. 보통 복수의 엔진을 장착하여 백업기능을 수행하고, 모든 엔진의 파워를 잃었을 경우를 대비하여 배터리와 ram air turbine(RAT) 등을 장착한다.

engine 엔진

항공기의 추진에 사용하거나 사용하고자 하는 장치. 여기에는 엔진의 작동과 제어에 필요한 구성품(component) 및 장비(equipment)를 포함하지만, 프로펠러 및 로터는 제외한다.

engine control unit (ECU)
엔진 전자제어장치

작동 조건에 비례하여 센서 입력을 기반으로 엔진속도, 매니폴드 압력, 매니폴드 온도 및 연료 압력의 변화를 지속적으로 모니터링하여 실린더의 흡기 포트에 주입할 연료량을 결정하는 전자제어 구성품

engine driven pump (EDP) 엔진구동펌프

엔진의 회전력에 의해 작동되는 main hydraulic pump. 엔진이 작동하면 언제든지 유압을 만들어 낼 수 있도록 기어박스에 장착되어 있다.

engine fuel system 엔진연료계통

shutoff valve인 spar valve로부터 연소실 내부의 fuel nozzle까지의 연료계통. 연료의 흐름량을 조절·분배하고 모니터링하는 기능이 포함된다.

engine gas temperature (EGT) indicator 배기가스온도계

가스터빈엔진의 배기가스온도를 측정하여 지시하는 계기. 가스터빈엔진 성능 및 상태를 모니터링하기 위한 필수계기로, 배기가

스의 온도는 고온이므로 크로멜-알루멜 서모커플을 사용한다.

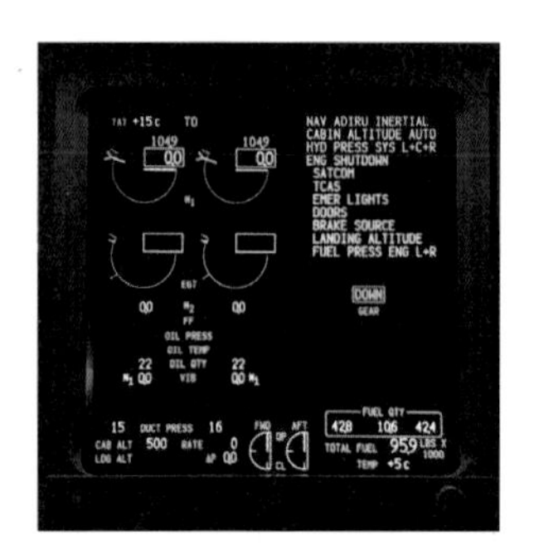

engine indicating and crew alerting system(EICAS) 엔진지시 및 조종사경고계통

엔진과 항공기 각 계통의 이상 유무를 감시하고 작동 상태 및 운용 정보를 제공하는 통합계기. EPR, N1, EGT, 연료흐름량, 연료량, 오일압력 등 엔진의 주요 파라미터와 유압, 공기압, 방빙, 기내환경조절시스템 등을 지속적으로 감시하여 그 작동상태를 보여주고 위급사항을 경고하며, electronic centralized airplane monitoring(ECAM)이라는 용어로 표현하는 항공기도 있다.

engine in-flight shutdown rate 비행중 엔진정지율

비행 중에 어떤 결함에 의해 엔진의 운전정지가 발생하는 비율. 지상에서 발생하는 엔진정지와 연료 부족에 의한 정지 건수는 포함하지 않고, 엔진의 운용 신뢰성을 나타내는 기준의 하나로 사용된다. 엔진의 작동시간 1,000시간당 발생 건수로 산정되며, 줄여서 IFSD로 표시한다.

engine mount 엔진 마운트

엔진을 항공기의 동체 또는 프레임과 연결하는 구조부재. 엔진의 진동을 억제하고, 원활한 비행을 위해 항공기 구조 전체에 안전하게 스러스트를 분산시키는 등 다양한 기능을 수행한다.

engine parameters 엔진성능지표

항공기 정비비용을 줄이고 항공기의 안전을 확보하며 연료 소비를 줄이기 위해 모니터하는 파라미터. N1(engine fan speed), vibration, oil pressure, oil temperature, EGT(exhaust gas temperature), fuel flow를 주로 모니터한다.

engine pressure ratio(EPR) 엔진압력비

제트엔진의 추력의 양을 측정하기 위해 터빈출구 압력을 압축기입구 압력으로 나눈 값. 항공기 제작사에 따라 추력을 판단하는 기준으로 EPR을 사용하거나 팬과 저압압축기의 회전속도를 기준으로 하는 N1을 사용한다.

engine pressure ratio(EPR) indicator 엔진압력비계기

가스터빈엔진 출구의 전압(total pressure) Pt7

과 압축기 입구 전압 Pt2의 압력비를 지시하는 계기. 압력비는 터빈엔진을 장착한 항공기의 추력을 결정짓는 중요한 요소로서, 엔진의 추력값을 지시하고 해당 엔진의 정상 작동상태를 확인하는 용도로 사용된다. 벨로즈를 사용하고, 조종석까지 원격으로 지시하기 위해 오토신을 활용한다.

engine rating 엔진 정격

이륙, 최대 연속 상승, 순항과 같은 특정 엔진 작동 조건하에서 제작사가 설정한 추력 성능. 엔진의 성능과 신뢰성을 담보로 설정하기 때문에 엔진 오버홀 후 엔진시험실에서 정격에 맞추는 작업을 수행한 후 출고한다.

engine storage 엔진 저장

정비 대기 중인 엔진이나 장기간 비행을 하지 않고 지상에 정박하는 항공기의 경우, 엔진 내부의 부식을 예방하기 위해 엔진의 오일과 연료를 배출한 후 저장오일을 보급하고, 방습제를 투입하는 관리 절차. 가스터빈엔진은 저장기간을 1~45일 이내인 단기저장, 45~180일 이내인 일시저장, 180일 이상인 장기저장으로 구분하고 있다.

engine trimming 엔진 트리밍

엔진이 지정된 rpm에서 필요한 EGT 또는 EPR을 생성하도록 가스터빈엔진의 연료 제어를 세팅하는 절차

engine vibration 엔진 진동

균형이 맞지 않는 부품의 장착 등으로 인해 발생하는 진동. 진동은 터빈, 팬, 압축기 부품에 균열을 만들고 금속의 피로를 유발함으로써 치명적인 결함으로 발전할 수 있다.

envelope method 봉투방식

우포 항공기 제작 시 미리 잘라서 바느질한 천을 구조물에 입히듯 접착하는 방법. 동체, 날개 등의 부분작업에 적합하다.

environmental control system(ECS) 환경조절계통

항공기 내부의 안전과 안락함을 유지하고 사망사고를 방지하기 위해 온도, 상대습도 및 산소의 농도를 제어하기 위한 시스템. pressurization system이 항공기 구조부의 안전과 직접적인 관계로 설명된다면, ECS는 기내에 탑승한 승객 및 동식물의 생존을 위한 관계로 설명할 수 있으며, 기내의 온도와 환기를 조절하는 기능을 포함한다.

epoxy 에폭시

열경화성 합성수지의 한 종류. 액체에서 고체에 이르기까지 다양한 점성(viscosity) 형태의 에폭시를 선택적으로 사용할 수 있다. 경화제를 첨가할 때 열경화성이 발현되며, 경화제와 충전제를 조합하여 다양한 특성을 가진 경화수지를 만들 수 있다. 고강도, 저휘발성과 수축에 대한 안정성, 우수한 부착력, 화학적 저항성, 가공성이 좋은 장점이 있는 반면에, 충격에 약하고 습기 침투 시 구조적 안정성이 취약한 단점이 있다. 항공분야의 프리프레그(prepreg) 재료와 구조접착제로 널리 사용된다.

equipment necessary for accident prevention 사고예방장치
「항공안전법」에 따라 사고예방 및 사고조사를 위하여 장착해야 하는 장비. 공중충돌경고장치(Airborne Collision Avoidance System, ACAS), 지상접근경고장치(Ground Proximity Warning System, GPWS), 비행자료기록장치(Flight Data Recorder, FDR) 등이 해당된다.

equivalent air speed(EAS) 등가대기속도
교정대기속도(CAS)에서 압축성 효과를 수정한 속도. 항공기가 200 kts 이상의 속도로 비행하거나 비행고도 20,000 ft 이상이 되면, 압축성 효과로 인해 공기의 성질에 변화가 오기 때문에 압축성 효과만큼을 반영해 주어야 한다.

erosion 침식
고운 모래나 작은 돌 같은 외부 물질에 의한 지속적인 접촉으로 금속 표면이 손실된 결함. 엔진 노스카울, 날개 앞전 등에 발생하며, 침식되면 표면이 거칠어진다.

etching 식각
베어링 엘리먼트의 표면 처리된 부분에 물이 침투하여 발생한 부식. 물결모양의 변색이 두드러진다.

ETOPS 쌍발항공기 장거리운항
2개 이상의 엔진을 장착한 항공기가 운항 도중 엔진 하나가 고장 난 경우 나머지 엔진 하나로 운항할 수 있는 시간을 제한한 것으로, 각 항공기별로 비상착륙 대상 공항으로부터 1시간, 3시간 또는 특정 시간 이상 거리가 떨어져 있어도 운항할 수 있다고 인증한 제도. 인증 받은 시간 내에 비상착륙이 가능한 비행루트로 운항해야 한다는 제한조건으로, 조종사와 정비사가 해당 교육을 이수해야 하고, 항공기 장비품도 인증 받은 상태로 유지되어야 회항시간 연장

운항이 가능하다는 내용을 포함하고 있다. Extended-range Twin-engine Operational Performance Standards 개념이 진화하여 현재 「항공안전법」 제74조에 의거 Extended Diversion Time Operation(EDTO)으로 정착되어 운용되고 있다.

evaporator 증발기

vaper cycle machine 구성품 중 expansion valve에서 분무된 냉매가 객실 내의 뜨거운 공기로부터 열을 흡수하면서 기체로 변하는 장치. 기화하면서 열을 빼앗아 이동하는 역할을 한다.

excitation 여자

전류를 계자권선(코일)에 흘려 외각 자기장을 생성하는 것. 코일에 전류를 흘려 전자석이 된 것을 여자되었다고 표현한다.

exhaust cone 배기콘

터빈 휠 중앙에 고정된 원추형 페어링. 배기가스의 흐름을 곧게 펴고 뜨거운 가스가 터빈 휠의 후면을 순환하는 것을 방지한다.

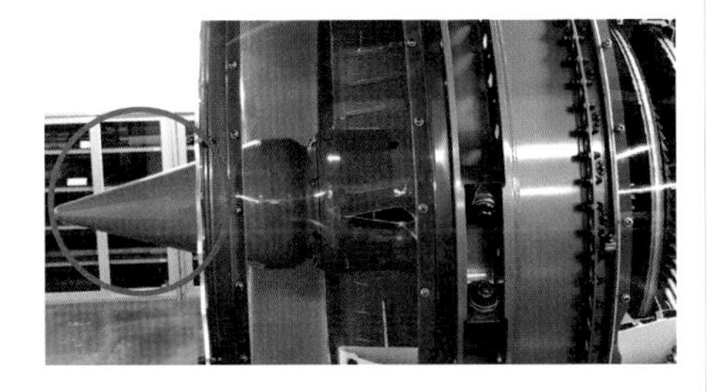

exhaust gas temperature(EGT) 배기가스온도

터빈엔진의 상태 모니터링의 큰 요소 중 하나로, 터빈출구온도(turbine outlet temperature)라고도 한다. 터빈을 지난 가스의 온도가 매우 높아 보통의 온도계로 측정하기에 어려움이 있어 보통 열전대라고 하는 EGT prob를 활용한다. 엔진의 시동절차 진행 시 시동절차 중단을 결정하는 주요 요소이다.

exhaust nozzle 배기노즐

배기 파이프 후면의 배기가스가 분사되는 끝부분. 제트엔진의 속도에너지를 극대화하기 위해 엔진 출구의 끝부분을 수축형으로 만들어 주기 위해 중심부에 배기콘을 장착하고, 배기콘과 케이스가 만드는 형상이 수축형태를 이루어 빠져나가는 배기가스의 속도가 증가하여, 작용과 반작용력에 의해 앞으로 나아가는 추력을 크게 하는 역할을 한다.

exhaust stack 배기 스택

일반적으로 소음 수준이 너무 크지 않은 비슈퍼차저 엔진 및 저출력 엔진에 사용되는 배기계통의 형태를 말한다.

exhaust stroke 배기행정

배기행정은 4행정 사이클 엔진의 마지막 단계. 피스톤은 위쪽으로 이동하면서 연소행

정 중에 생성된 열에너지가 있는 가스를 압축하며, 이 가스는 실린더 상단의 배기밸브를 통해 실린더에서 배출된다.

extended diversion time operation (EDTO) 회항시간 연장운항

쌍발 이상의 터빈엔진 항공기 운항 시 항로상 교체공항까지의 회항시간이 운영국가가 수립한 기준시간(threshold time)보다 긴 경우에 적용하는 비행기 운항을 말한다. 회항시간 연장운항을 하기 위해서는 「항공안전법」 제74조에 의거, 국토교통부장관의 승인을 받아야 한다. 2개의 발동기를 가진 비행기는 1시간, 3개 이상의 발동기를 가진 비행기는 3시간을 초과하는 지점을 운항하려고 할 때가 대상이 되며, 승인받을 수 있는 최대회항시간은 75분 장거리 운항, 120분 장거리 운항, 180분 장거리 운항, 207분 장거리 운항으로 운용경험 요건에 따라 차등 적용한다. 과거의 ETOPS(쌍발항공기 장거리운항) 제도가 항공기의 성능 개량에 발맞추어 진화한 형태의 운항기법이다.

external power 외부전원

항공기가 지상에 정박해 있는 동안 항공기에 전력을 공급하는 장치. AC 115 V, 3상, 400 Hz의 전력을 공급하고, 화재의 위험성 때문에 항공기와 연결된 리드선이 3 m 이상 동체와 거리를 둘 수 있어야 한다는 조건이 적용된다.

F

fail safe construction 페일 세이프 구조

주요 구조 요소의 고장 또는 부분적 고장이 발생한 상태로 수리하지 않은 사용 기간 동안 필요한 잔존 강도를 유지할 수 있는 항공기 구조물의 속성. 항공기를 설계할 때 구성품 하나에 결함이 발생하더라도 완전한 파괴로 이어지지 않고 그 기능을 유지할 수 있도록 대안을 고려한 구조로서 redundant, double, back-up, load dropping 형태로 적용된다.

factor of safety 안전계수(항공기기술기준)

상용 운용상태에서 예상되는 하중보다 큰 하중이 발생할 가능성과 재료 및 설계상의 불확실성을 고려하여 사용하는 설계계수. 별도로 규정하지 않는 한 제한하중(구조의 외부하중)에 대하여 1.5의 안전율을 적용한다.

fairing 페어링

항공기 구조물에 부드러운 윤곽을 제공함으로써 항력을 줄일 목적으로 장착한 성형용 판재. 항공기 부품 사이의 간격이나 공간을 커버하여 항력과 간섭항력을 줄이고 외관을 개선하는 역할을 하는 구조부로서, 플랩 작동을 위해 필요한 각진 구성품들을 감싸는 flap track fairing이 가장 대표적인 예이다.

fatigue 피로

금속 재료에 가해진 응력으로 인해 금속이 약해져 작은 균열이 발생하고, 그 발생한 균열이 누적되는 현상. 피로현상이 집중되거나 누적되면 피로파괴로 이어진다.

fatigue failure 피로파괴

금속 등의 재료가 항복강도보다 작은 응력을 반복적으로 받는 것을 피로라고 하며, 재료가 피로로 인해 파괴되는 것을 피로파괴라고 한다. 응력 변동폭이 클수록 반복횟수

가 적어도 파괴가 일어난다.

fatigue risk management system 피로위험관리시스템

운항승무원과 객실승무원이 충분한 주의력이 있는 상태에서 해당 업무를 할 수 있도록 피로와 관련한 위험요소를 경험과 과학적 원리 및 지식에 기초하여 지속적으로 감독하고 관리하는 시스템

feather position 페더 포지션

왕복엔진을 장착한 항공기가 비행 중 engine shut down이 발생한 경우, 상대풍을 받은 프로펠러가 회전하면서 맞물린 엔진을 강제로 회전시켜 발생할 수 있는 고장을 방지하기 위해 블레이드의 회전을 정지시키거나 느린 속도로 회전할 수 있도록 프로펠러 블레이드의 피치가 거의 90°인 상태로 선택하는 포지션. 통상적으로 블레이드 edge 부분이 진행 방향에 위치한다.

feathering 페더링

제어 가능한 피치 프로펠러의 블레이드를 약 90º의 높은 피치 각도로 변경하여 고장난 엔진의 프로펠러를 페더링시키면 풍차

효과가 발생하지 않고 항력이 크게 감소하여 더 큰 손상을 예방할 수 있다.

feathering hinge 페더링 힌지

회전하는 로터가 전방을 향해 회전하는 위치를 지나거나, 후방을 향해 회전하는 위치를 지날 때 발생하는 속도 차이로 인한 양력의 비대칭을 극복하고 효과적인 공기력을 유지하기 위해 로터의 피치각을 변경해 주는 힌지를 말한다.

feedback 피드백

출력의 일부분이 입력에 영향을 미치는 것. 증폭기 출력신호 중 일부가 증폭기 입력신호로 다시 들어가는 현상을 예로 들 수 있으며, 출력을 입력 방향으로 더 많이 이동시키는 포지티브 피드백(positive feedback), 입력에서 출력의 일부를 빼는 네거티브 피드백(negative feedback)으로 나뉜다.

fenestron 페네스트론

헬리콥터 로터 회전에 의한 anti-torque 제공을 위해 수직 파일론에 장착된 테일로터의 종류 중 하나. 일반적으로 외부에 장착된 로터의 손상을 방지하고 회전 시 발생하는

소음을 줄여 주기 위해 수직안정판 내부에 덕트 형태로 보호 받을 수 있도록 제작된다.

fiberglass 유리섬유

유리섬유를 사용한 섬유강화플라스틱. 탄소 섬유보다 저렴하고 유연하며, 비자성·비전도성이 있으며 복잡한 모양으로 성형할 수 있다.

field magnet 계자

해당 장치에서 자기장을 생성하는 데 사용되는 자석. 직류발전기 외각 자계를 만들기 위한 영구자석 또는 철심에 코일을 감아 만든 전자석을 말한다.

flight information zone 비행정보구역

항공기, 경량항공기 또는 초경량비행장치의 안전하고 효율적인 비행과 수색 또는 구조에 필요한 정보를 제공하기 위한 공역으로서 「국제민간항공협약」 및 같은 협약 부속서에 따라 국토교통부장관이 그 명칭, 수직 및 수평 범위를 지정 공고한 공역이다.

flight log 항공일지

조종사와 정비사가 항공기의 운항과 관련된 내용을 기록하고 보관하는 비행일지. 조종사는 비행을 수행한 내용과 비행 중 발생한 결함 내용을 기록하고, 정비사는 비행 지원을 위해 수행한 지원 내용과 항공기 등의 정비작업 수행 내용과 작업을 기다리고 있는 정비이월(defer) 내용을 기록해야 한다. 항공일지는 「국제법」에 따라 기내 비치가 의무화되어 있다.

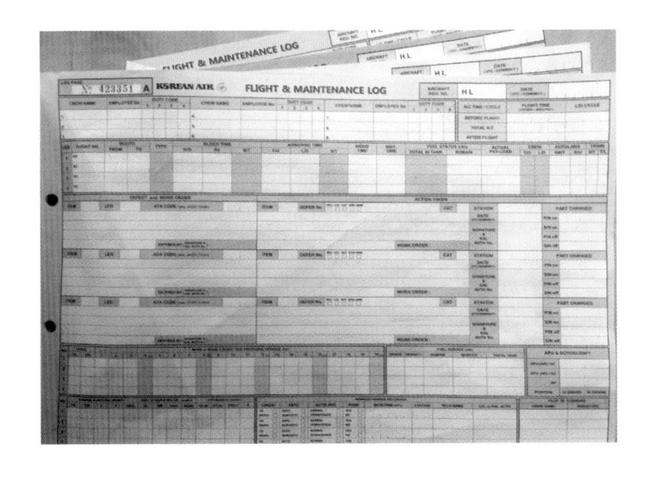

№ 423351 A KOREAN AIR FLIGHT & MAINTENANCE LOG

flight manual 비행교범

항공기 감항성 유지를 위한 제한사항 및 비행성능과 항공기 안전운항을 위해 운항승무원들에게 필요한 정보와 지침을 포함한 국토교통부가 승인한 교범

flight simulator 모의비행장치

항공기의 조종실을 모방한 장치로서 기계전기전자장치 등에 대한 통제기능과 비행의 성능 및 특성 등이 실제의 항공기와 동일하게 재현될 수 있게 고안된 장치

flight technology standards for safe flight of aircraft 운항기술기준

「항공안전법」(항공기 안전운항을 위한 운항기술기준)에 근거하여 국토교통부장관이 국제민간항공조약 및 같은 협약 부속서에서 정한 범위 내에서 정하여 고시한 것. 운항기술기준은 자격증명, 항공훈련기관, 항공기 등록 및 등록부호 표시, 항공기 감항성, 정비조직 인증기준, 항공기 계기 및 장비, 항공기 운항, 항공운송사업의 운항증명 및 관리 등을 포함하고 있으며, 항공운송사업자는 운항기술기준을 준수해야 한다.

flight time 비행시간

승무원이 비행임무 수행을 위하여 항공기에 탑승하여 이륙을 목적으로 항공기가 최초로 움직이기 시작한 시각부터 비행이 종료되어 최종적으로 항공기가 정지한 시각까지 경과한 총시간이다.

filiform corrosion 사상 부식

페인트 표면 위에 작은 벌레들이 모여 있는 듯한 형태의 부식. 페인트 작업 전 부적절한 화학적 처리가 실모양 부식의 원인이다.

filler plug 필러 플러그

항공기 외피에 발생한 nick, dent, crack 등 결함의 크기에 따라 손상된 부분을 도려내고 동일한 종류의 판재를 가공하여 만든 삽입재. 플러시 패치방법으로 결함 부위에 따른 기준은 SRM 53-00-00을 참조한다.

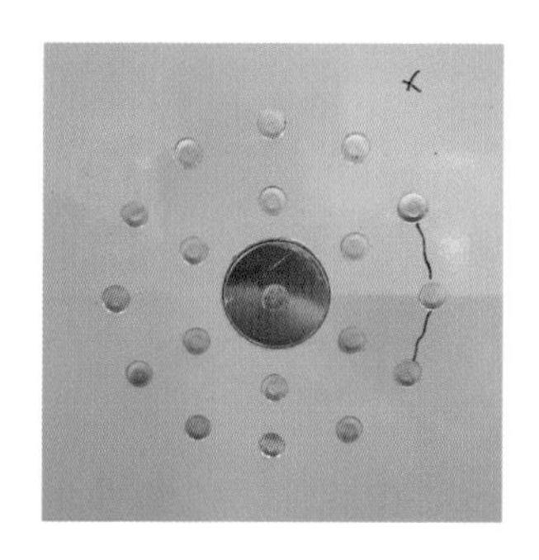

fillet 필릿

주 날개와 동체 결합부에 장착된 성형 목적의 판재. 동체와 날개 등과 같은 두 개의 구성요소 사이의 접합부에서 공기흐름을 부드럽게 하는 역할을 한다.

fillet weld 필릿용접

두 개의 금속조각이 수직이거나 비스듬하게 맞닿은 상태로 접합하는 용접. 용접면이 삼각형 모양으로 만들어지며, 플랜지를 파이프에 연결할 때 사용한다.

filter bypass valve 필터 바이패스밸브

계통 내부로 불순물의 유입을 막아주는 역할을 하는 필터에 막힘 현상이 발생하더라도 비행 중 유압유를 공급해 주기 위해 장착된 밸브. 필터 본연의 기능도 중요하지만 비행 중 작동유체의 공급 중단은 더 큰 문제를 발생시킬 수 있으므로 막힘으로 인한 압력차가 발생하였을 경우 우회 경로를 통해 작동유를 공급해 주고, 막힘 상태를 표시하는 pop out 기능이 있다.

filter differential pressure indicator 필터차압지시기

필터를 지나는 유압유가 막혀 압력차가 발생한 경우 막혔음을 알려주는 지시기. 필터 헤드 어셈블리에 장착되어 압력차에 의해 포핏이 튀어나오도록 만들어져 있으며, walk around inspection 시 외부에서 육안검사로 확인할 수 있다.

filtering 필터링

신호상의 특정 주파수대역은 통과시키고 그 이외의 신호는 통과하지 않게 하는 것을 말한다.

finger brake 핑거 절곡기

판금작업 시 상자형태의 구조물을 가공하는데 사용하는 장비. 폭이 다양한 핑거(finger)를 L렌치로 풀고 조일 수 있어 상자 가공 등 원하는 모양에 맞게 세팅하여 가공할 수 있다.

fire detection 화재 감지

화재발생 가능 구역의 특징에 맞는 다양한 방법으로 화재 발생을 감지하고, 경고등과 음성 알람으로 조종석에 그 사실을 알리기 위한 시스템. 서멀 스위치(thermal switche),

서모커플(thermocouple), 광학적 화재감지(optical fire detection), 연속루프식 감지기(continuous-loop detector) 등이 사용된다.

fire point 발화점

공기 중에 놓여 있는 연료의 온도가 상승하여 불씨를 제거해도 계속해서 연소할 수 있는 최저 온도. 보통 인화점(flash point)보다 높다.

fire protection 화재 진화

화재감지계통의 경고가 사실로 판단되면 조종석에서 해당 지역에 장착된 소화기를 작동시켜 화재를 진화할 수 있는 시스템. 한 번의 기회로 완전하게 진화되면 좋지만, 다시 살아난 화재를 소화시키기 위해 백업기능을 갖도록 구성하고 있어, 조종석에 위치한 fire handle의 작동이 2단계로 사용할 수 있도록 만들어진다.

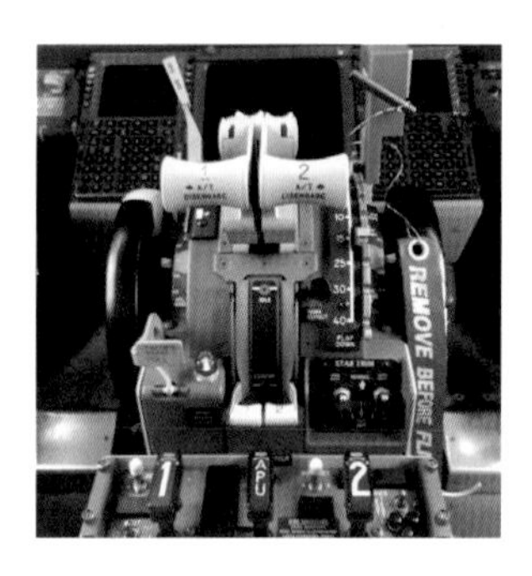

fire resistant 내화성

강판 또는 구조부재의 경우에 있어서 사용목적에 따라 특정 시간 동안 화재 및 열에 노출이 되어도 파괴되거나 구조적인 손상을 받지 않는 성질을 말한다.

fire switch 화재 스위치

화재 위험지역으로부터 신호를 받아 경고등이 작동하고, 핸들이나 버튼 조작으로 소화액을 분사할 수 있도록 만들어진 스위치. 조작의 1단계로 연료와 유압유의 차단, 2단계로 소화액의 분사순으로 작동하며, 소화액 분사는 두 번에 걸쳐서 사용할 수 있도록 설계된다.

fireproof 불연성

불에 노출되어도 타지 않는 성질. 객실 내부의 sets 등과 같은 구성품 등은 난연재로 만들어 화재로 인해 쉽게 손상되지 않도록 제작한다.

fixed pitch propeller 고정식 피치 프로펠러

가장 단순한 설계방식의 프로펠러로 깎아 만들거나 주물로 만들어진 하나의 피치를 갖는 프로펠러. 항공기의 성능특성에 맞는 최상의 효율과 전진속도를 내도록 선택하여 장착할 수 있으며, clime과 cruise 두 가지 모드로 선택이 가능하다.

fixed wing aircraft 고정익 항공기

동체에 날개가 고정된 항공기. Accident Data Reporting System(ADREP; ICAO에서

지정된 기본 특성에 따른 항공기 분류에 사용되는 용어집)의 분류체계에 따라 비행기, 헬리콥터, 글라이더, 자유기구에 의한 항공기의 종류 중 공기보다 무거운 항공기 가운데 비행 중 날개가 고정되어 있는 항공기를 말한다. 항공기기술기준에서는 "엔진으로 구동되는 공기보다 무거운 고정익 항공기로서 날개에 대한 공기의 반작용에 의하여 비행 중 양력을 얻는다."라고 정의하고 있다.

flaking 박편

금속의 도금이나 페인트 처리된 표면이 큰 하중이나 부식에 의해 떨어져 나가는 것을 이른다.

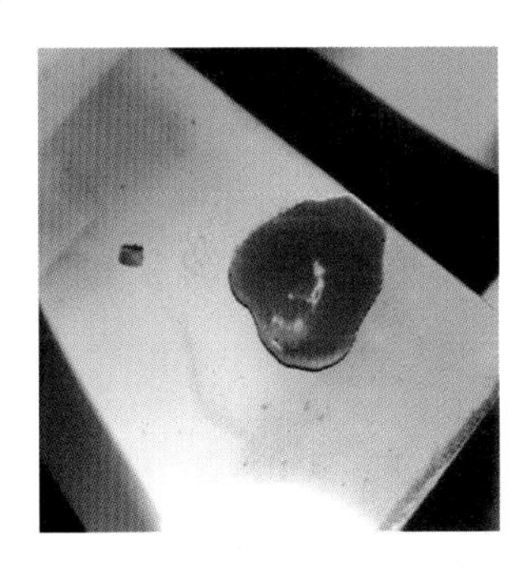

flame detector 화염감지기

점화 순간 방출되는 자외선 등을 통해 화염 또는 화재를 감지하고 작동하는 화재감지기. 화염감지기는 연기 또는 열감지기보다 빠르고 정확하게 반응할 수 있다.

flame out 연소정지

운전 중인 터빈엔진의 연소실 내부 화염이 꺼진 현상. 주로 연료의 공급에 문제가 생긴 경우에 발생하며 추력이 급격하게 떨어지기 때문에 신속한 재점화 절차를 수행하지 않으면 항공기가 위험한 상황으로 치닫게 된다.

flap 플랩

항공기 주 날개에서 발생하는 양력을 증가시키기 위한 고양력장치 중 하나. 주로 주 날개의 뒷부분(후연)에 장착되는 trailing edge(TE) flap, 앞부분에 장착되는 leading edge(LE) flap으로 구분되며, 이륙과 착륙 시 펼쳐지는 각도가 다르게 설정된다. 순항비행 중에는 플랩이 모두 접혀 들어가고 이륙 시에는 구조적인 손상 방지를 위하여 착륙 시 펼쳐지는 양보다 작게 펼쳐진다.

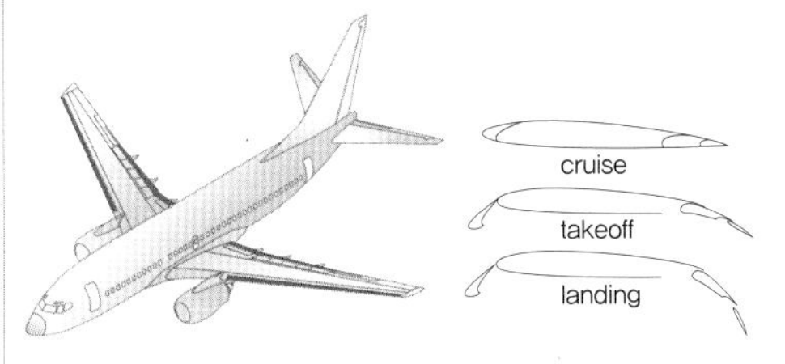

flap lever 플랩 레버

항공기가 저속에서 보다 많은 양력을 발생시키기 위해 날개 면적과 캠버를 증가시킬 목적으로 장착된 플랩을 작동시키기 위한 레버. 많이 펼칠수록 양력의 증가폭은 커

F

지지만, 빠른 속도에 노출된 펼쳐진 플랩의 경우 떨어져 나가는 등 손상 위험이 크기 때문에 이륙할 때는 10~20°, 착륙할 때는 25~30° 정도 펼치며 조종사의 정확한 작동을 위해 detent라고 하는 정해진 위치별 홈을 만들어 쉽게 작동할 수 있도록 제작된다.

flapping hinge 플래핑 힌지

회전하는 로터가 전방을 향해 회전하는 위치를 지나거나 후방을 향해 회전하는 위치를 지날 때 발생하는 속도 차이로 인한 양력의 비대칭을 극복하고 효과적인 공기력을 유지하기 위해 rotor tip을 들어주거나 내려주는 힌지

flare 플레어

항공기 기수를 들어올리는 조작. 통상적으로 착륙 절차 수행 중 접지를 앞두거나 접지 바로 전에 기수를 들어 속도를 줄이면서 메인 랜딩기어가 먼저 착지되도록 조종조작을 하는 것을 말한다.

flaring 플레어링

튜브 플레어링은 단조작업의 한 유형으로, 튜브 끝부분을 테이퍼 형태로 늘림 가공하는 냉간가공 절차이다. 튜브를 조립할 때 플레어 너트와 플레어가 만들어진 튜브의 끝부분이 맞물려 고정되고, 피팅의 테이퍼진 부분의 만남으로 내압성, 누출 방지 seal 역할을 하게 된다.

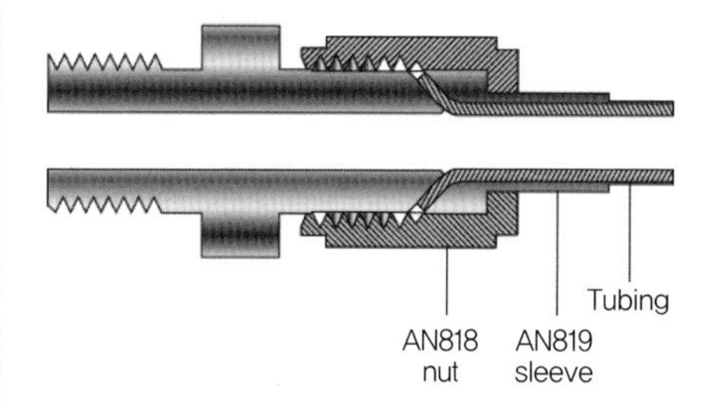

flash point 인화점

주로 상온에서 액체상태로 존재하는 인화성 물질이 가연성 증기를 발생시켜 불씨를 접촉시킬 경우 불이 붙는 최저 온도를 말한다.

flashover 플래시오버

마그네토 분배기의 고전압이 잘못된 터미널로 점프하는 점화 시스템의 오작동. 엔진출력을 감소시키고 진동과 과도한 열을 발생시킨다.

flat pitch 플랫 피치

프로펠러 블레이드의 피치가 0°인 상태로,

지상에서 엔진을 작동할 때 최소의 토크가 발생하도록 선택하는 피치

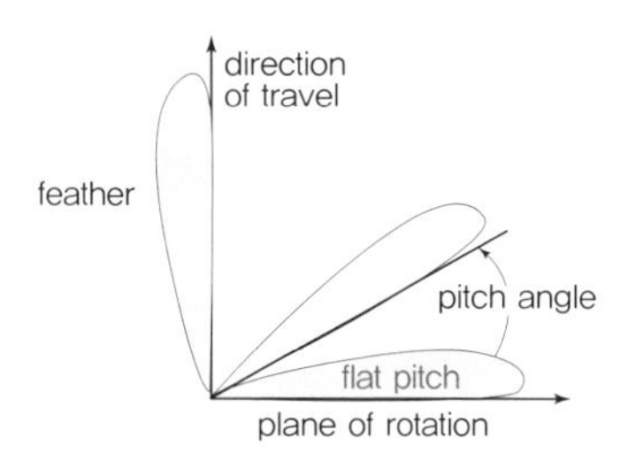

flat spot 플랫 스폿

타이어가 회전하지 않고 활주로에 끌려서 발생하는 결함. 강화 플라이가 노출될 정도로 손상된 타이어는 교체해야 한다.

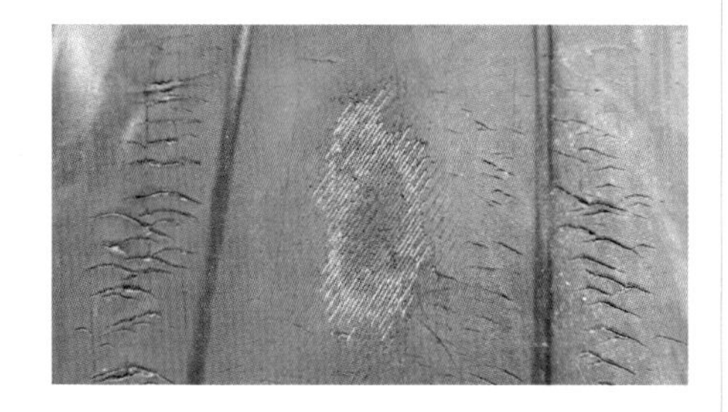

Fleming's right hand rule
플레밍의 오른손 법칙

전자기 유도법칙. 발전기에서 만들어지는 유도전류의 방향을 결정하는 데 사용하는 법칙. 자기장 내에 위치한 도체를 움직이면 도체에 유도기전력이 발생하여 전류가 흐르게 되고, 이때 유도전류의 방향과 크기를 알아낼 수 있다.

flight data recorder(FDR) 비행자료기록장치

항공기사고 조사를 위해 비행경로, 엔진을 비롯한 주요 구성품 등의 작동상태를 기록•저장하는 장치. 속도, 고도, 기수방향, 수직가속도, 시간 등을 기록하던 수준의 1세대 FDR이 사고조사의 한계를 극복하기 위해 더 많은 데이터 저장능력의 필요성으로 인하여 2세대인 DFDR을 거쳐 반도체기억소자(solid state)를 저장 모체로 사용한 3세대 SSFDR로 발전하였다.

flight management system(FMS)
비행관리시스템

항공기 운항항로를 설정하고, 비행 중 항공기 운항을 종합 관리하는 시스템. 운항항로에 맞게 최적의 운항조건을 유지하여 연료절감 등 안전하고 효율적인 비행을 가능하게 하며, 운항항로를 비행 전에 미리 설정하여 항공기의 성능기반 자료를 산출하여 적용함으로써 조종사의 업무부담을 경감시킨다.

F

flight plan 비행계획
항공기의 이륙에서 착륙까지의 정해진 비행계획. 항공교통관제기관에 제출하는 비행계획서를 ATC flight plan이라고 하며, 운항관리사가 작성하여 기장이 동의한 후 제출한다. 항공기 국적기호, 등록기호, call sign, 항공기 형식, 기장의 성명, 계기비행방식이나 시계비행방식의 구분, 출발지와 출발시간, 순항비행 시 진대기속도, 사용하는 무선설비, 대체공항, 탑재연료량에 따른 비행가능시간, 탑승객의 인원수 등을 기록한다.

flight profile 비행 개요
항공기가 1회 운항하는 데 포함되는 비행 모드. 여객기의 경우 이륙 → 상승 → 순항 → 강하 → 착륙으로 구성된다.

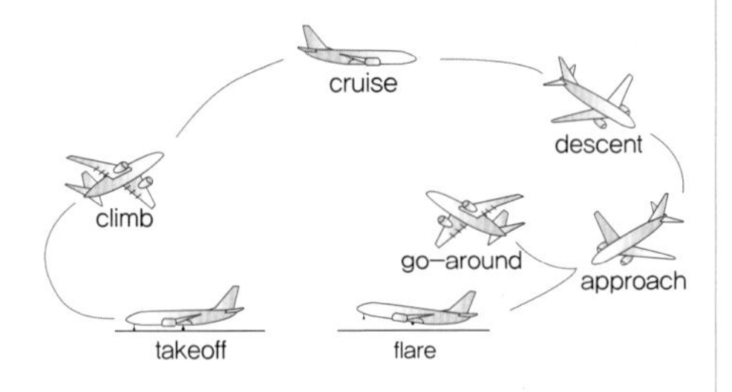

flight test 시험비행
항공기의 비행성능, 조종성, 안정성, 운동성 등 실제 항공기의 비행을 통해 검사·확인하는 시험. 항공기 인증을 위한 시험과 중정비 후 성능확인을 위한 시험 등이 해당된다.

float type carburetor 부자식 기화기
공급되는 연료량 조절을 위한 힘이 분사노즐 출구보다 아래에 둔 부자식 니들밸브에 의해 발생하는 왕복엔진에 사용되는 카뷰레터의 일종. 기본적으로 엔진 실린더로 공급되는 공기의 흐름과 관련하여 방출되는 연료의 양을 제어하는 float chamber mechanism system, main metering system, idling system, mixture control system, accelerating system, economizer system 등 6개의 서브시스템으로 구성된다.

flow divider 연료흐름 분할기(왕복엔진)
계량된 연료를 압력 상태로 유지하고, 모든 엔진속도에서 적당량의 연료를 각각의 실린더로 분배하며, 제어장치가 idle cutoff 상태에 있을 때 개별 노즐 라인을 차단한다.

flow divider 연료흐름 분할기(가스터빈엔진)
엔진을 시동할 때 또는 rpm이 낮을 때 모든 연료를 1차 노즐로 보내는 터빈엔진 연료시스템의 구성 요소. 엔진 속도가 증가하면 유로를 열어 대부분의 연료를 2차 노즐로 보낸다.

flush patch 플러시 패치
외피에 발생한 균열이나 작은 홀을 수리하기 위한 방법 중 하나로, 공기역학적인 매끄러움이 중요하게 여겨지는 부분에 적용하는 수리방법. 도려낸 부분에 필러가 삽입되고 내부에 보강재가 삽입되어 리벳으로 체결한다.

flushing 플러싱
엔진이나 항공기 계통 내부에 공급된 각종 유체가 오염될 경우 오염된 물질을 제거하기

위해 새로운 유체를 공급해 주어 계통을 순환시킨 후 배출시키는 작업을 반복하는 것. 통상 불순물이 나오지 않을 때까지 반복작업을 수행하며, 장착된 패킹도 교환해 준다.

flutter 플러터

항공기가 공기 중을 비행할 때 조종면에 발생하는 진동. 플러터가 제어되지 않으면 조종면에 손상이 발생될 수 있어서 위험하며, 플러터를 방지하기 위해 힌지 전방으로 돌출된 무게추를 달아 발생하는 진동을 제어한다.

fluttering 플러터링

몸체의 편향과 유체 흐름에 의해 가해지는 힘 사이의 양(positive)적인 피드백으로 인해 발생하는 탄성구조의 동적 불안정성. 프로펠러의 경우 회전 중 심한 떨림으로 나타난다.

flux gate 자력선탐지기

지구자기장을 감지하여 전기신호로 변환하는 장치. 지구자기장의 수평 구성요소의 방향을 직접 감지하기 위해 높은 투과성 자성물질의 코어 주위에 2개 이상의 작은 와이어 코일을 사용한 전자기 장치로, 판독값이 전자형식으로 되어 있어 쉽게 디지털로 전송할 수 있고 원격 지시가 가능하다.

fly by wire 플라이 바이 와이어

조종사의 조종조작에 따라 각 타면의 움직임을 위한 명령을 전기신호를 사용해서 전달하는 조종장치. 기존의 기계장치의 연결에 의한 조종면의 통제가 비행조종 컴퓨터에 의해 정밀하게 조종이 가능해졌으며, 물리적인 구성품의 숫자를 줄일 수 있어서 항공기의 무게 감소 및 연료소모율 감소 효과가 있다.

foreign objective damage(FOD) 외부 물질에 의한 손상

지상에서 주행 중이거나 이착륙 활주 중에 외부 물질에 의해 발생한 기체의 손상. 주로 엔진에 유입된 이물질에 의한 손상을 가리키지만, 정비작업 시 실수로 떨어트린 부품이나 공구도 FOD의 원인이 될 수 있으므로 작업을 전후하여 공구 수량 점검(tools inventory) 등 예방절차에 힘써야 한다.

forging 단조

가열한 금속을 틀에 고정시키고 망치로 때리거나 압력을 가하는 등의 고압을 이용해서 금속을 성형하는 공정

fowler flap 파울러 플랩

운송용 항공기에 적용되는 보편적 형태의 플랩. 비행 모드나 단계에 따라 접혀 있던 플랩이 펼쳐지면서 날개 면적과 캠버가 동시에

F

증가하여 보다 많은 양력을 발생시킨다.

frame 프레임

항공기 동체 부분의 모양을 잡아 주기 위해 장착된 원형의 2차 구조부재. 모노코크 구조와 세미모노코크 구조의 부재로 사용되며, 제작사에 따라서 frame, ring, former라는 이름으로 불린다.

frequency 주파수

1초 동안 교류파형 1개가 반복되는 횟수. 기호는 f로 표기하고, 단위는 [cps] 또는 [Hz]를 사용한다.

fretting 프레팅

베어링과 같은 진동과 반복된 하중에 노출된 표면운동에 의해 접촉 표면에 발생하는 울퉁불퉁한 마모와 부식에 의한 변색을 말한다.

fretting corrosion 미동마멸부식

마찰에 의해 산화물층이 벗겨지고, 노출된 부분에 산화가 반복되는 화학적 부식

friction horsepower 마찰마력

엔진이 작동하면서 프로펠러를 회전시키기 위해 일을 하는 동력이 아니라 크랭크축, 피스톤, 기어 및 부속품을 회전시키고 실린더 내부의 공기를 압축하는 데 소모되는 동력의 양. 지시마력에서 제동마력을 뺀 값으로 산출한다.

fuel control unit(FCU) 연료조절장치

가스터빈엔진의 연소실에 공급되는 연료의 양을 제어하는 장치. 조종석의 조절레버(control lever)와 연료 밸브 사이의 중개자 역할을 하기 위해 필요한 장치이며, 레버와 밸브의 작동시간 불일치로 연소정지가 일어나거나 과열이 발생하는 등 정확한 시기에 연료가 공급되도록 조절하는 어려움을 해결하기 위해 조종사가 선택한 레버의 위치에 맞는 연료량을 결정하는 컴퓨터 역할을 한다.

fuel discharge nozzle 연료방출노즐

왕복엔진의 실린더 헤드에 장착된 연료의 출구. 연료방출노즐은 실린더 헤드에 위치하며 출구는 흡기 포트로 향한다. 노즐 본체에는 양쪽 끝에 카운터 보어가 있는 드릴로 뚫린 통로가 있다.

fuel dump 연료투하

비행 중 주 날개 끝부분에 장착된 dump mast를 통해 연료탱크 내부의 연료를 항공기 외부로 배출시키는 것. 긴급착륙이 필요한 경우 탑재된 일정량의 연료를 항공기 밖으로 배출시켜 최대착륙중량 이하로 만들기 위한 기능으로, 항공기 설계 시 구조강도를 고려해서 dump 시스템의 장착 여부를 결정한다. 대부분의 대형 항공기에 장착되어 있지만, A320, B737 단거리 비행에 특화된 항공기의 경우 dump 시스템을 갖추고 있지 않다. 항공기에 따라 fuel jettison도 같은 의미로 사용된다.

fuel evaporation ice 연료증발결빙

연료가 흡입공기의 흐름에 유입된 후 연료의 증발로 인해 공기 온도가 내려가면서 공기흐름 주변의 온도가 낮아져 유입공기 중의 수분에 의해 형성된 얼음. 연료-공기 혼합기의 조절에 영향을 주어 엔진출력을 조절하는 데 어려움이 발생한다.

fuel feed system 연료공급계통

항공기 연료탱크에 탑재된 연료를 엔진에 공급하는 것을 제어하는 시스템. 항공기의 무게중심을 고려해 연료의 소모 스케줄을 포함하여 공급할 수 있는 순서제어기능과 각 탱크의 잔류 연료의 무게를 맞춰 주기 위한 이송기능을 포함하고 있다.

fuel flow indicator 연료 흐름량 지시계

엔진에 공급되는 연료의 유량률(flow rate)을 측정하여 지시하는 계기. 연료탱크에서 엔진으로 흐르는 연료의 유량을 시간당 부피 단위인 GPH(Gallon Per Hour) 또는 무게 단위인 PPH(Pound Per Hour)로 지시하고, 수감부인 엔진에서부터 계기판까지의 거리상의 문제를 해결하기 위해 오토신 또는 마그네신을 이용하여 조종석에 설치된 유량계기에 신호를 전송한다.

fuel injection pump 연료분사펌프

엔진의 액세서리 구동 시스템에 스플라인 샤프트로 연결되어 장착된 정용량식 로터리 베인 타입(rotary vane type) 펌프

fuel injection system 연료분사장치

기존의 카뷰레터 시스템과 달리, 흡입행정 중에 공기와 혼합되도록 연료를 실린더로 직접 분사하여 공급하는 시스템. 연료 기화에 의한 온도 하락이 실린더 내부 또는 근처에서 발생하기 때문에 매니폴드 등 공급

경로상의 구성품에 발생할 수 있는 결빙의 위험이 낮아 대형 엔진 대부분이 연료분사시스템을 갖추고 있다.

fuel leaks classification 연료 누출량 분류

탱크 외부로 흘러나온 연료로 인해 비행 가능 여부를 결정하기 위해 설정한 기준. 보잉 항공기의 경우 누출되어 스킨에 맺힌 흔적의 크기를 직경으로 측정하여 up to 1.5 in를 stain, 1.5~4 in를 seep, 4~6 in를 heavy seep, 항공기 스킨으로부터 연료방울이 떨어지는 현상을 running leak로 구분한다.

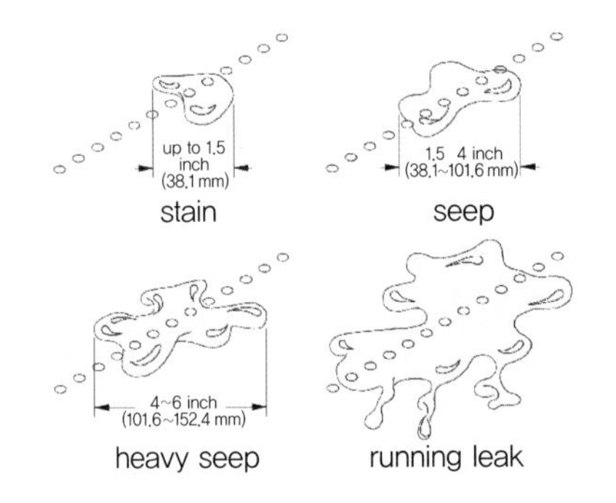

fuel metering section 연료조절부분

유량분배기로 가는 연료 흐름을 계량하고 제어하기 위해 장착된 구성품. 공기조절부분에 부착되며 inlet fuel strainer, manual mixture control valve, idle valve, main metering jet를 포함한다.

fuel-cooled oil cooler 연료오일 냉각기

고공을 비행하는 대형 항공기의 경우 비행 중 연료탱크 온도가 −25℃(−13℉) 부근까지 내려가고 연료에 포함된 수분 입자가 얼 수 있기 때문에 이를 방지하기 위해 연료의 온도를 높여 주는 장치. 연료공급 라인이 엔진오일 라인과 만나서 서로의 열에너지 교환을 통해 연료는 데워주고 오일온도는 내려 준다.

full authority digital engine control (FADEC) 디지털엔진제어장치

디지털 전자식 연료제어장치로, 모든 엔진 작동 중에 완전한 권한을 갖고 연료의 공급량을 제어하는 장치. EEC 및 flight management computer 기능이 포함되어 급격한 power의 변경과 over temperature 상태 등을 방지하기 위해 노즐로 가는 연료의 양을 제한해서 자동으로 추력을 조절한다.

fully articulated rotor 완전 관절형 회전날개

회전하면서 발생하는 회전속도의 변화에 따른 공기력을 효과적으로 통제하기 위해 마스트 부분에 상하전후로 움직일 수 있는 힌지들을 추가적으로 가지고 있는 로터. 블레이드는 서로 독립적으로 flap, feather, lead/lag 운동을 할 수 있다.

fuse 퓨즈

과전류 상황에서 회로를 보호하기 위한 장치의 하나. 주석이나 비스무트(Bi)로 만든 얇은 금속선이 정격용량의 전류가 초과할 때 녹아 전류 유입을 차단하며, 한 번 끊어지면 재사용이 불가능하여 교환해주어야 한다.

fuselage 동체

항공기의 주요 구조부인 주 날개, 꼬리날개와 랜딩기어 등을 지지하는 부분. 대부분의 항공기 동체는 전방 동체, 중앙 동체, 후방 동체의 세 부분으로 나뉘어 제작된다. 중앙 동체에는 주 날개와 메인 랜딩기어가, 후방 동체에는 꼬리날개가 장착된다.

fusibility 가용성

금속이 가열 또는 약물에 의해 녹는 성질. 엔진 공장의 클리닝 공정에서 사용하는 화학물질은 사용 시 주의가 필요하다.

fuselage station 동체 스테이션

항공기 전후의 위치를 명확하게 지정하기 위해서 항공기 nose부터 tail까지 1인치 단위로 구분하는 위치 표시. 제작사에서 무게중심을 쉽게 측정할 수 있도록 정한 기준선(datum line)인 가상의 수직면을 0점으로 삼고 후방으로 이어진다. 수리·개조 등 정비작업 시 정확한 위치 확인을 위해 구조부 중간중간에 사진처럼 STA No.를 표시해 놓는다.

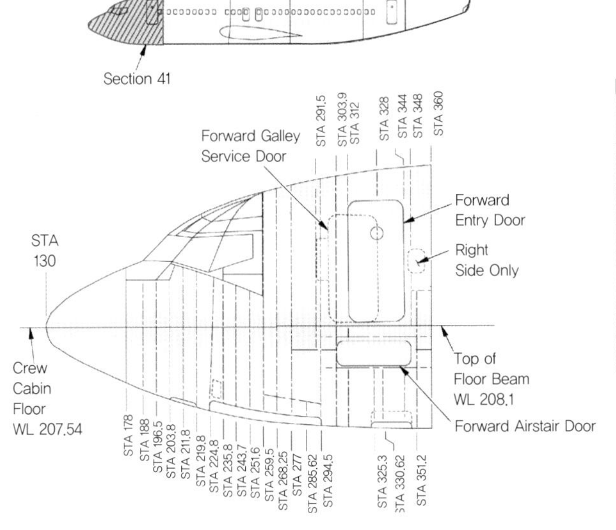

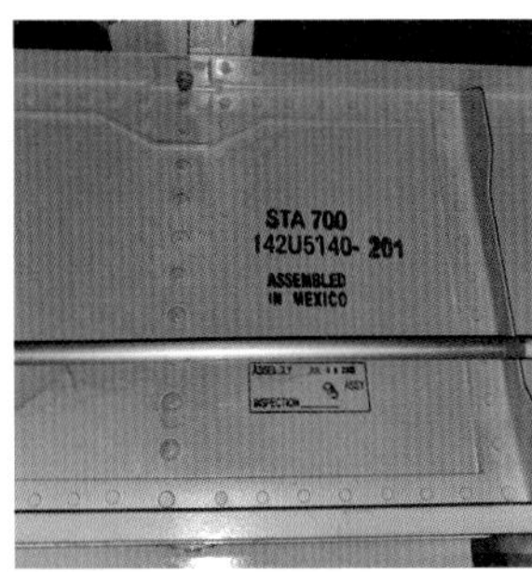

fusible plug 퓨저블 플러그

휠과 타이어가 과열되어 팽창해도 파열되지 않도록 요구되는 법적 안전장치. 브레이크가 과도하게 사용되어 온도가 급상승할 경우 휠 내벽에 장착된 플러그 중심부분이 녹아서 내부 공기가 빠져나갈 수 있는 통로를 형성하여 타이어가 파열되지 않게 한다.

- 항속거리 : 7,530 nmi(13,950 km)
- 동체길이 : 63m(206 ft)
- 날개길이 : 60.17 m(197 ft 4 in)
- 높이 : 17 m(56 ft)
- 장착 엔진 : GEnx-1B

최신 도입 기종으로 훌륭한 항공기라는 평가를 받고 있다. 항공기 skin은 물론 주요 뼈대를 포함하여 구조부의 50%를 복합소재로 만들어 친환경을 구현한 항공기로서, 동일 등급의 타 항공기에 비해 20% 이상의 연료소모량과 이미션(emission) 감소 효과를 자랑한다. 성능이 좋아진 만큼 엔진 장착 숫자가 줄었음에도 불구하고 큰 항속거리를 자랑하고, 정비비의 절감에도 큰 기여를 하였다.

엔진에서 압축공기 추출을 하던 공압계통을 대폭 축소하고 엔진 본연의 추력 생산에 중점을 두어 추력 효율을 극대화하였으며, 외부 공기를 압축하여 객실 여압을 위한 소스로 활용하여 보다 쾌적한 객실환경을 제공하게 되었다. 또한 성능이 좋은 제너레이터를 넉넉하게 장착하여 브레이크 작동, 날개 방빙장치 등 전력을 동력으로 사용하는 시스템의 변화를 가져왔다. ARINK 664 bus를 활용한 디지털 신호의 입출력으로 보다 빠르고 정확하게 작동할 수 있게 되어 편리하지만, 항공기의 파워 공급 시 컴퓨터가 부팅되듯 초기화 시간을 기다려야 하는 디지털 항공기의 특징을 갖고 있다.

G

gage pressure 게이지압력

압력은 절대압력과 게이지압력으로 분류되며, 게이지압력은 외부 대기압을 기준으로 측정하는 압력을 말한다. 게이지압력이 대기압보다 높으면 정압(正壓, positive pressure), 낮으면 부압(負壓, negative pressure)이라고 한다.

galling 골링, 마모

볼트와 너트처럼 슬라이딩 표면 사이의 접촉에 의해 일어나는 마모의 한 형태. 슬라이딩이 일어나는 부분에 표면을 압축하는 많은 양의 힘이 가해질 경우, 마찰과 접착의 조합으로 인해 표면 아래의 결정구조가 미끄러지고 찢어져 용접한 것처럼 달라붙은 형상으로 나타난다.

galvanic corrosion 갈바니 부식

금속 판재에 재질이 다른 패스너(fastener)를 사용하는 것처럼, 서로 다른 금속이 갖고 있는 전위의 차로 인해 이종금속 간의 접촉이 있을 때 발생하는 부식

gap seal 갭실

조종면과 날개 구조부 사이를 지나는 공기흐름이 발생하지 않도록 틈새를 막아 주기 위해 장착된 실(seal). 장착되는 부위에 따라서 모양과 재질이 달라진다.

gas generator 가스발생기

터보샤프트, 터보프롭 또는 터보팬 엔진의 가스발생기 부분. 열엔진의 연소작용을 위해 필요한 공기를 충분하게 공급하는 데 사용되는 압축기 부분, 압력을 높여주고 정상적인 연소를 위해 연소실로 공급되는 속도를 줄여주는 디퓨저, 열에너지 생성을 위해 지속적이고 충분한 연소가 진행될 수 있도록 기능하는 연소실 및 열에너지가 위치에너지로 변경되어 압축기 구동 등 동력을 생성하기 위해 사용되는 터빈으로 구성되며 코어 엔진(core engine)이라고 한다.

gascolator 개스콜레이터

주 연료 라인에 장착되어 연료 중에 포함된 물이나 침전물을 걸러주는 필터와 보관 체임버 역할을 하는 구성품. 투명하게 만들어진 bowl로 내부를 확인할 수 있게 만들어지기도 하며, 배출구를 갖추고 있다.

gaseous oxygen 기체산소

고공비행을 하는 항공기 객실 압력에 이상이 생길 경우 생명유지를 위해 공급하는 산소의 종류 중 하나. 산소탱크에 압축된 기체형태로 충전되어 일정 시간 탑승객에게 공급할 수 있도록 만들어진 산소계통으로, 조

G

종사와 승객을 위한 용도로 사용되며 비행기 출항 전 산소탱크의 산소량을 확인해야 한다.

gasket 개스킷

유압, 공압, 오일, 연료 계통의 부품 연결 부분에서 누출(leak)을 방지하기 위해 장착되는 seal. 개스킷은 서로 상대적인 움직임이 없는 평면 사이에 사용되며, 고무재질은 물론 알루미늄 등 다양한 재료로 만들어진다.

general aviation 제너럴 애비에이션

민간항공 중 항공운송사업 이외의 용도로 항공기를 사용하는 영역. 항공기사용사업, 스포츠 항공기, 자가용 항공기 등이 포함된다.

general sales agency 항공운송총대리점업

항공운송사업자를 위하여 유상으로 항공기를 이용한 여객 또는 화물의 국제운송계약 체결을 대리하는 사업. 사증(査證)을 받는 절차의 대행은 제외된다.

generator brushes 발전기 브러시

회전하는 샤프트에서 고정 와이어와 움직이는 부품 사이에 전류를 전도하는 탄소 소재로 만들어진 전기 접점. 정류자와 접촉하여 전기자 회전 시 전기자 권선에 외부에서 공급된 전기를 흘려주는 기능을 한다. 회전하는 정류자와 동일한 힘에 의해 접촉할 수 있도록 스프링 장력으로 밀착시키며, 밀착부분의 지속적인 마찰로 인한 마모가 발생하기 때문에 주기적으로 검사해야 한다.

geometric pitch 기하학적 피치

프로펠러가 고체 안을 회전한다고 가정할 경우 한 바퀴 회전할 때의 이동거리. 이론상으로 한 바퀴 회전할 때 전진한 거리를 말한다.

global position system(GPS) 위성항법장치

지구 대기권 밖 궤도상의 24개 인공위성을 활용하여 전세계 어디서든지 24시간 전천후로 항법서비스를 제공할 수 있는 항법시스템. 중궤도를 순환하는 24개의 인공위성에서 발신하는 마이크로파를 GPS 수신기에서 수신하여 수신기의 위치 벡터를 결정한다.

go around 착륙복행

착륙하기 위해 접근하다가 활주로에 착륙하는 것을 포기하고 재상승하는 것. 어떤 이유로 활주로에 내릴 수 없는 상황이 발생한 경우 수행 중이던 착륙절차를 포기하고 재상승하는 것을 말한다. 상황에 따라서 착륙절차를 재수행하거나, 다른 비행장으로 착륙을 변경하기도 한다. 착륙복행은 타이어가 지상에 접지하지 않고 재상승하는 것을 말하며, 접지 후 재상승하는 경우 touch and go라고 표현한다.

gouge 가우지

강한 압력에 의해 외부 물체와 접촉되어 금속 표면에 깊은 홈이 패이거나 표면의 일부가 벗겨져 나가는 것을 말한다.

gravity fuel feed 중력식 연료공급

항공기 연료탱크의 연료를 엔진으로 공급해 주는 방법 중 하나. 다른 도움 장치 없이 엔진보다 높은 위치에 장착된 연료탱크에서 중력에 의해 연료가 엔진까지 흘러들어 가도록 만들어진 공급방법으로, 소형 항공기에 적용된다.

grit blast 그릿 블라스트

구조부에 발생한 부식을 제거하기 위해 작은 알갱이를 압력으로 분사해서 알갱이와의 마찰에 의해 부식물을 제거하는 방법. 사용된 연마제가 항공기 내부에 남아 있지 않도록 제거작업에 신경써야 한다.

grommets 그로밋

천 외피의 가공된 구멍을 보강하기 위해 장착된 금속 링

grooving 그루빙

회전하는 구성품에 칩이나 금속조각 등이 유입되어 발생하는 연속적인 띠 모양의 홈이나 패이는 것을 말한다.

ground boosted engine 지상승압엔진

엔진의 정격마력을 달성하기 위해 해수면 압력보다 훨씬 높은 매니폴드 압력을 만들어 공급하기 위해 수퍼차저 또는 터보차저가 장착된 항공기 왕복엔진

ground effect 지면효과

헬리콥터가 지면에서 약간 떨어진 높이에서 호버링할 경우, 공기의 하향 흐름이 지면에 부딪히면서 발생하는 공기의 압축효과로 나타나는 쿠션 효과

ground handling wheel 지상이동바퀴

스키드 타입 렌딩기어가 적용된 헬리콥터의 지상이동을 위해 스키드에 장탈착이 가능하도록 만들어진 장치. 원터치 형태로 제작되어 장착·장탈이 용이하다.

ground loop 지상전복

비행기가 지상 이동 중 지면에서 빠르게 회전하는 현상. 공기역학적인 힘에 의해 전진하는 쪽 날개가 상승하여 다른 날개 끝이 지면에 닿을 수 있어 심각한 손상이 발생할 수 있다.

ground proximity warning system (GPWS) 지상접근경고장치

비행기가 지표 및 산악 등의 지형에 접근할 경우 점멸등과 인공 음성으로 조종사에게 이상접근을 경고하는 장치. 지표에의 접근율이 비정상적으로 커진 경우, 절대고도

G

2,500 ft 이하에서 강하율이 지나치게 커진 경우, 이륙 후 안전한 절대고도 약 700 ft에 이르기 전에 강하를 시작한 경우, 플랩(flap)과 랜딩기어(landing gear)가 착륙자세가 아닌 상태에서 절대고도가 비정상적으로 낮아진 경우, 계기착륙 수행 중 글라이드 슬로프(glide slope) 아래로 일정 각도 이상 벗어난 경우 등 조종사에게 예방조치를 할 수 있도록 경고한다.

ground service station 지상보급구

유압계통의 레저보어는 각 시스템에 한 개 이상 갖고 있으며, 각각의 레저보어에 유압유를 한 곳에서 보급할 수 있도록 만들어진 service point. 각각의 레저보어 장착 위치는 각 엔진 주변의 가까운 장소에 있어서 정비사가 직접 접근하기에는 어렵기 때문에 지상에서 쉽게 접근할 수 있는 랜딩기어 휠 웰 내부 등의 특정장소에 만들어진다. 장착된 각각의 레저보어에 접근하는 것이 어렵고 불편하기 때문에 한 장소에서 쉽게 보급할 수 있도록 해당 레저보어를 선택할 수 있도록 one point servicing 기능이 적용되기도 한다.

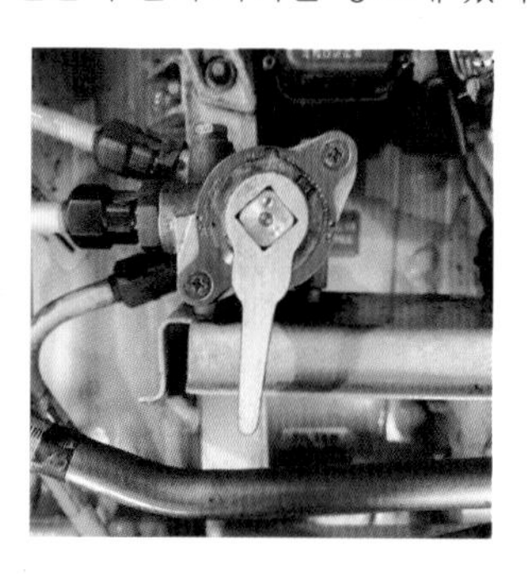

ground speed(GS) 대지속도

비행 중인 항공기와 지면의 상대적인 수평속도. 수평비행의 경우 진대기속도에 바람의 속도성분을 추가한 속도로 표현할 수 있다.

growth 늘어남

과열에 노출된 블레이드가 회전에 의한 원심력으로 인해 길이가 늘어난 현상

gusset 덧붙임판

부재가 결합되는 지점에서 한 부재에서 다른 부재로 응력을 전달하기 위해 사용되는 추가 판재. 교차하는 구조부재를 결합하고 보강한다.

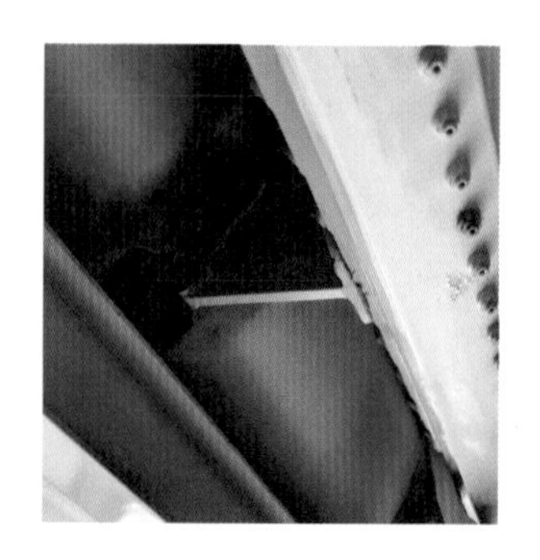

gust 돌풍

급격한 공기 흐름의 변화, 즉 갑자기 세게 부는 바람. 지상에 가까운 고도에서 발생하는 빈도가 높지만, 성층권의 경우 맑은 하늘에서도 난기류가 발생한다.

gust load 돌풍하중

항공기가 비행 중에 돌풍을 만났을 때 기체에 가해지는 하중. 이러한 하중이 항공기 중량의 몇 배에 해당하는지를 산출한 값을 말하며, 항공기의 강도가 견딜 수 있는 최대 돌풍이 정해진다.

gyro horizon indicator 자이로 수평 지시계

항공기의 롤각, 피치각 등의 자세각을 나타내는 계기. 수직 자이로(vertical gyro)가 사용되며 자이로의 강직성을 이용하여 항공기의 롤각(roll angle) 및 피치 자세각(pitch angle)을 지시한다.

gyrodyne 자이로다인

수직축으로 회전하는 1개 이상의 엔진으로 구동하는 회전익에서 양력을 얻고, 추진력은 프로펠러에서 얻는 공기보다 무거운 항공기

gyroplane 자이로플레인

고정익과 회전익의 조합형이라고 할 수 있는 자이로다인의 진화한 형태로, 시동 시는 엔진 구동으로, 비행 시에는 공기력의 작용으로 회전하는 1개 이상의 회전익에서 양력을 얻고, 추진력은 프로펠러에서 얻는 회전익 항공기를 말한다.

G

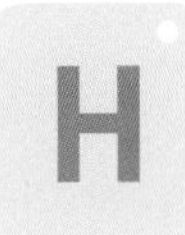

halogenated hydrocarbon
할로겐화 탄화수소(할론)
다양한 종류의 화재에 효과적이며, 가벼워서 운송용 항공기에 사용되는 대표적인 소화기. 유독성과 분진 등으로 항공기 기내 오염 등의 문제가 발생하기 때문에 다른 화학물질 소화기는 사용할 수 없다. 물소화기와 할론 소화기가 기내에 비치된다.

hangar 격납고
항공기를 보관하기 위한 폐쇄형 공간. 나쁜

기상이나 직사광선 등으로부터 항공기를 보호하고, 항공기 정비작업이 안전하게 이루어질 수 있도록 냉난방이 갖추어져 있다. 전기·공압 등의 동력원이 제공되는 것은 물론, 작업자와 엔지니어가 함께 상주할 수 있는 시설이 포함된다.

hard landing 하드랜딩
항공기 착륙 시 과도한 강하율로 인해 활주로에 심한 충격을 주면서 착륙하는 것. 하드랜딩을 하면 대부분의 경우 기체에 피해를 주고, 구조부 파괴로 이어지기도 한다. 하드랜딩이 발생한 경우 특별점검을 수행하는 절차가 AMM Chapter 05에 수록되어 있다.

hardenability 경화성
금속의 물리적 특성 중 하나로, 금속재료의 열처리 공정을 거쳐 경화되는 정도. 열처리한 철금속을 담금질하는 등 열처리 절차에 따라 금속 내부의 경화 정도가 달라진다.

hardness 경도
금속의 무르고 딱딱한 정도. 고체에 힘이 가해졌을 때 영구적인 변형에 저항하는 정도를 경도계를 사용하여 측정한다.

hard-time(HT) 강제교체품목
부분품 정비방식 중의 하나. 특정 부품에 대해 일정 주기로 항공기에서 강제로 장탈하여 정비하거나 폐기한다.

head up display(HUD) 허드

전투기용으로 개발된 계기 디스플레이 장치 중 하나. 조종석 계기판에 장착된 디스플레이와는 별도로 전방을 주시하면서 기본 비행정보 등을 눈높이에서 확인할 수 있도록 윈드실드 앞부분에 장착한다. HUD를 통해 디스플레이 화면과 외부의 지형지물을 함께 감시함으로써 저시정과 같은 상황에서 안전운항을 확보하는 데 도움을 주는 등, 전방 주시를 통해 주의력 분산을 막는 효과가 있어 운송용 항공기에도 적용하는 사례가 늘고 있다.

heat barrier coating 열차단 코팅

배기 열관리의 한 형태로, 가스터빈 또는 항공기 엔진 부품과 같은 고온에서 작동하는 금속 표면에 적용되는 100 μm ~ 2 mm 두께의 단열재 코팅방법. 높은 열에 오랜 시간 노출되는 열 부하로부터 부품을 단열하는 역할을 통해, 더 높은 작동 온도를 허용하는 동시에 구성 요소의 열 노출을 제한하고 산화 및 열 피로를 줄여 부품의 수명을 연장시킨다.

heat exchanger 열교환기

둘 이상의 유체 사이에 열을 전달하는 데 사용되는 장치. 냉각이나 가열을 필요로 하는 유체 상호 간의 열교환을 통해 서로 원원하는 효과를 얻기 위해 항공기에 장착된 여러 시스템에서 활용하고 있다. 에어컨디션계통, 오일계통, 유압계통, 연료계통 등에 사용된다.

H

holdover time(HOT) 방빙지속시간

방빙액을 뿌리기 시작한 시점부터 항공기가 방빙성능을 유효하게 유지할 수 있는 시간. 각 항공기는 제빙액을 뿌린 시점부터 그날의 대기온도를 포함한 날씨, fluid type, 혼합비율 등을 고려하여 기장이 확인한 방빙지속시간 내에 이륙하여야 한다.

FAA Holdover Time Guidelines — Winter 2020-2021

TABLE 1: ACTIVE FROST HOLDOVER TIMES FOR SAE TYPE I, TYPE II, TYPE III, AND TYPE IV FLUIDS

Outside Air Temperature[1,2,3]	Type I
-1 °C and above (30 °F and above)	0:45 (0:35)[5]
below -1 to -3 °C (below 30 to 27 °F)	
below -3 to -10 °C (below 27 to 14 °F)	
below -10 to -14 °C (below 14 to 7 °F)	
below -14 to -21 °C (below 7 to -6 °F)	
below -21 to -25 °C (below -6 to -13 °F)	
below -25 °C to LOUT (below -13 °F to LOUT)	

Outside Air Temperature[2,3]	Concentration Fluid/Water By % Volume	Type II	Type III[4]	Type IV
-1 °C and above (30 °F and above)	100/0	8:00	2:00	12:00
	75/25	5:00	1:00	5:00
	50/50	2:00	0:30	3:00
below -1 to -3 °C (below 30 to 27 °F)	100/0	8:00	2:00	12:00
	75/25	5:00	1:00	5:00
	50/50	1:30	0:30	3:00
below -3 to -10 °C (below 27 to 14 °F)	100/0	8:00	2:00	10:00
	75/25	4:00	1:00	5:00
below -10 to -14 °C (below 14 to 7 °F)	100/0	6:00	2:00	6:00
	75/25	1:00	1:00	1:00
below -14 to -21 °C (below 7 to -6 °F)	100/0	3:00	2:00	6:00
below -21 to -25 °C (below -6 to -13 °F)	100/0	2:00	2:00	4:00
below -25 °C (below -13 °F)	100/0	No Holdover Time Guidelines Exist		

NOTES
1 Type I Fluid / Water Mixture must be selected so that the freezing point of the mixture is at least 10 °C (18 °F) below outside air temperature.
2 Ensure that the lowest operational use temperature (LOUT) is respected.
3 Changes in outside air temperature (OAT) over the course of longer frost events can be significant; the appropriate holdover time to use is the one provided for the coldest OAT that has occurred in the time between the de/anti-icing fluid application and takeoff.
4 To use the Type III fluid frost holdover times, the fluid brand being used must be known. AllClear AeroClear MAX must be applied unheated.
5 Value in parentheses is for aircraft with critical surfaces that are predominantly or entirely constructed of composite materials.

CAUTIONS
- The responsibility for the application of these data remains with the user.
- Fluids used during ground de/anti-icing do not provide in-flight icing protection.
- This table is for departure planning only and should be used in conjunction with pretakeoff check procedures.

Original Issue — Page 7 of 62 — August 7, 2020

hole duplicator 홀 복제기

구조물에 있는 기존 홀의 위치를 새로운 판재에 잡아주고 맞추기 위한 공구. 가공하려는 새로운 판재를 복제기에 넣은 상태에서 기존 홀에 복제기의 돌기를 맞추면 홀을 쉽게 맞출 수 있다.

hollow 중공

무게 경감, 윤활유의 흐름 통로 역할을 할 수 있는 공간 확보를 목적으로 피스톤 핀과 같은 기둥형태의 구조물을 만들 때, 내부가 빈 상태로 가공하는 것 또는 비어 있는 공간을 말한다.

hopper tank 호퍼 탱크

추운 날씨에 엔진 시동을 돕기 위한 윤활유 가열장치. 엔진 오일탱크 내부에 있는 오일과 순환하고 있는 오일을 분리시켜 보다 적은 양의 오일이 순환하여 엔진 시동 시 오일을 빨리 데운다.

horizontal situation indicator(HSI) 수평자세 지시계

하나의 계기 안에 VOR(VOR indicator), ILS 및 기수방위지시계(heading indicator) 관련 정보를 통합하여 제공할 수 있는 항법전자계기. 지상 VOR 무선국에 대한 항로편차, 기수방위각 정보, 글라이드 슬로프 및 로컬라이저의 수평/수직 편차를 시각적으로 보여준다. 아날로그 방식의 독립 HSI 계기가 electronic HSI로 발전하였으며 대형 운송용 항공기의 경우 통합전자계기인 ND에서 제공된다.

horsepower 마력

중력단위계에서 일률의 단위. 짐마차를 부리는 말이 단위 시간에 하는 일을 실측해 3,300 ft·lb/min을 1마력으로 정의한다.

hot battery bus 핫 배터리 버스

항공기 전기계통의 회로상에서 배터리에 직접 연결되어 있는 버스. 배터리 스위치의 작동과 상관없이 조종석의 시계와 화재소화계통에 지속적으로 전력을 공급하기 위해 연결된다.

hot section inspection 고온부 점검

항공기 엔진의 연소로 발생하는 고열을 받는 부분에 대한 점검. 엔진에서 압축기 이후의 후방 모듈을 통칭하는 용어로, 연소실·고압터빈·저압터빈 등을 포함하며 BSI 점검방법을 통해 주로 열변형에 대한 결함 유무를 확인한다.

hot start 과열시동

엔진 시동 시 연소실 주변에 충분한 공기가 흐르기 전에 연료가 점화되면서 배기가스온도가 급격히 상승하는 현상. 연소실과 터빈 블레이드의 설계 한계치를 초과하는 고장을 유발한다.

hot-spot 열점

윤활유나 연료 입자에 의해 발생한 국부적인 탄소 침전물을 발견할 수 있는 연소실의 특정 위치. 연소실 내의 탄소입자는 더 많은 열을 보유하므로 계획된 점화시기와 별개로 자동 발화해 가솔린엔진의 노킹을 유발하는 등 엔진효율을 큰 폭으로 감소시킨다.

hub and spoke network 허브-지선 공항 네트워크

허브공항과 지선공항의 노선을 혼합해서 운항하는 방식. 허브공항과 허브공항의 운항은 대형항공기를 이용한 대량 운송을 하고, 허브공항을 중심으로 다수의 지선공항 네트워크를 이용해 소형항공기로 운송하는 구조로 작동한다.

human factor 인적요소

작업자의 육체적·정신적인 능력의 한계에 영향을 주는 요인. 작업 현장의 불완전한 물리적·문화적 환경 내에 상존하는 에러 발생 가능성과 작업자에게 영향을 주는 주변 요소들의 총칭. 인적 에러(human error)를 줄이기 위해 인간에 대한 연구와 환경개선이 필요하다.

human performance 인적수행능력

항공항행 운영의 안전 및 효율성에 영향을 주는 사람의 능력 및 한계를 말한다.

human powered aircraft (HPA) 인간동력항공기

항공기에 탑승한 사람의 근육에서 나오는 에너지만을 이용하여 정지상태에서 이륙하여 비행을 하고 착륙하는 경항공기. 인간의 힘에만 의존하여 비행 가능한 항공기 무게를 확보하기 위해 주요 구조부를 복합소재로 제작하고, 자전거 체인을 이용해 프로펠러를 회전시켜 추력을 발생시킨다. 국제적인 규모의 경진대회가 개최되고 있으나, 국내에서는 2012년 한국항공우주연구원이 주최한 시범경진대회가 시발점이 되었다.

hung start 결핍시동

제트엔진 시동 시 회전속도가 자력회전속도보다 아래에 머물면서 EGT가 증가하기 시작하는 현상. 압축기의 오염 또는 starter에서 공급되는 동력의 부족으로 필요한 만큼의 공기를 엔진에 공급해 주지 못할 때 발생한다.

hunting 난조

엔진속도가 원하는 속도보다 높거나 낮게 주기적으로 변하는 현상. 난조 현상을 제거하기 위해 거버너(governor) 또는 연료조절장치를 확인해야 한다.

hydraulic flushing 유압세정

유압계통 내부에 오염이 발생한 경우, 오염물들이 계통 내부를 순환하다가 오리피스와 같은 미세한 통로를 막아 계통의 비정상작동을 유발할 수 있기 때문에 계통 내에 들어있는 모든 유압유를 새 유압유로 교환해 주는 작업. flushing 수행 시 filter element도 교환해 주며 필터 내부 검사를 통해 오염물이 발견되지 않을 때까지 drain과 refill을 반복하며 내부를 세척한다.

hydraulic fuse 유압 퓨즈

유압 튜브 중간 부분에 장착되어 튜브 파열 시 전체 유압유의 유실을 막아 주기 위한 부품. 유압 라인 중 브레이크 작동과 같이 큰 압력이 작용하는 부분에서 발생하는 튜브의 파열과 같은 손상으로 인해 계통 내 유압유가 빠져나가는 것을 막기 위해 일정 흐름량 이상이 지나가면 퓨즈 하우징 내부의 플런저가 따라 움직여 유로를 막아주어 파열된 부분으로 유출되는 것을 막아준다.

hydraulic lock 유압 막힘

성형엔진의 실린더 중 하부에 장착된 실린더의 흡입구 쪽 튜브로 유입된 오일이 시동과 함께 실린더 내부로 진입해 압축행정 상사점 부근에서 흡입밸브와 배기밸브가 모두 닫힌 후 실린더 내부에 갇힌 오일이 피스톤의 움직임을 멈추게 하거나 심각한 손상을 초래하는 현상. 왕복엔진 시동 전 프로펠러를 회전시키면서 확인이 가능하며, 필요시 스파크 플러그를 장탈한 후 내부의 유체를 배출해야 한다.

hydraulic motor 유압모터

유압 에너지를 기계적인 움직임으로 바꾸어 주는 장치. 유압펌프와 같은 형태로 제작되며 입력과 출력이 반대로 적용되도록 기능을 하는데, 큰 힘이 필요한 플랩의 작동 등에 사용된다.

hydraulic system 유압계통

항공기의 작동부분을 조작할 때 사람의 힘보다 큰 힘이 필요한 경우 리저버에 보급된 유체에 압력을 가해 액추에이터와 유압 모터를 작동시켜 보다 쉽게 움직임을 만들어 내는 시스템. 항공기에서는 조종면의 작동과 랜딩기어의 업다운 등에 활용한다. 대부분의 항공기가 3,000 psi 작동압력을 사용하는데, 최근 개발된 A380, B787 항공기 등의 경우 더욱 강한 힘을 제공하기 위해 5,000 psi 작동압력을 적용한다. 압력을 만드는 펌프의 구동방법에 따라 EDP(Engine Driven Pump), EMDP(Electric Motor Driven Pump), ADP(Air Driven Pump)로 구분되는 펌프를 사용한다.

hydrophobic coating 발수코팅

비행 중 와이퍼의 필요성을 줄이고 폭풍우 속에서 비행 시 운항승무원에게 더 나은 시야를 제공하기 위해 윈드실드 표면에 적용한 코팅. 발수성을 이용하기 때문에 윈드실드에 부딪힌 물방울이 방울져서 굴러떨어지게 만들어 깨끗한 시야를 확보할 수 있으며, 이를 위해 정비사는 주기적으로 세척-건조-코팅-세척의 절차를 밟는 코팅작업을 수행한다.

hydroplaning 수막현상

젖은 활주로에서 브레이크를 작동시킬 경우 활주로상의 수분이 막을 형성하여 타이어와 활주로 사이의 마찰력이 발생하지 않고 타이어가 물 위를 미끄러지는 현상. 수막현상으로 활주로를 벗어나거나 타이어의 burn

손상 등이 발생할 수 있으며, 수막현상을 예방하기 위해 타이어의 최소 groove를 확보해야 한다.

hydrostatic test 수압시험
산소탱크 등 고압탱크의 강도와 누출 여부를 테스트하는 방법. 고압가스를 이용한 검사 시 팽창하여 폭발의 위험성이 있기 때문에 비압축성인 물을 주로 활용하며, 필요한 경우 유압유 및 오일을 충전하여 검사할 수 있다. 새로 제작된 부품도 수압 테스트를 활용하여 내구성을 검증하고 정기적으로 재인증 절차를 밟아 지속적인 사용 여부를 결정한다.

hypoxia 저산소증
신체 조직의 산소 부족 상태. 공기 중의 산소 부족으로 발생하는 생리학적 문제로, 어지러움·시야상실 등이 동반되며, 비행 중인 항공기 여압계통에 이상이 발생하여 일정 시간 이상 고공에서 산소공급장치 없이 노출될 경우 발생할 수 있다.

- 항속거리 : 4,000 nmi(7,400 km)
- 동체길이 : 44.51 m(146 ft)
- 날개길이 : 35.80 m(117 ft 5 in)
- 높이 : 11.76 m(38 ft 7 in)
- 장착 엔진 : V2500

B737만큼 많이 판매된 A320 계열의 A321 항공기는 아시아나항공이 40대를 운영 중인 주력 항공기로서, B737에 비해 동체 무게가 가벼워 연료의 효율성 면에서 양호한 평가를 받고 있다.

V2500 엔진을 탑재하고 있으며, 주요 component를 fan case에 장착하고 있어 정비사의 접근이 용이하다. Airbus사의 특징이라고 볼 수 있는데, CMM(Component Maintenance Manual)을 활용해서 part를 찾을 때, P/N 입력만으로 관련 데이터 확인, 링크에 의한 참고 매뉴얼 추가 확인 기능 등 매뉴얼 활용면에서 편리성을 갖고 있다.

I

IATA operational safety audit (IOSA) 항공안전평가

국제항공운송협회가 항공사의 항공안전과 관련하여 국제적으로 인증된 평가시스템을 적용하여 개별 항공사에 대하여 종합적인 운영관리와 통제체제를 심사하는 평가

icebox rivet 아이스박스 리벳

시간이 지나면서 경도가 강해지는 시효경화 특성이 있어서 사용하기 전까지 냉장보관해야 하는 리벳. 아이스박스 리벳의 경우 shop head 가공 시 가공부분이 단단해서 깨지거나 구부러지는 등 머리 성형의 어려움이 있기 때문에, 2024 알루미늄합금으로 만든 리벳은 열처리 후 담금질을 한 상태에서 아이스박스에 보관하여 작업 전 발생할 수 있는 시효경화를 방지해야 한다. 리벳머리에 있는 표식으로 재질을 확인할 수 있다.

Raised double dash	2024 T	DD

icing condition 결빙조건

항공기에 얼음이 형성될 수 있는 대기조건. 일반적으로 0℃에서 얼음이 얼지만 장시간 비행하고 착륙하는 비행기의 경우 −20℃ 정도의 차가운 연료와 순항고도에서 장시간 노출된 기체의 온도로 인해 대기 중의 수분이 달라붙어 얼음이 발생할 수 있어, 통상 10℃의 외기온도와 강수, 습도가 높은 날씨, 젖은 활주로 등이 있을 때를 결빙조건으로 본다.

idle cutoff system 완속차단장치

기화기에 장착되어 엔진을 멈추기 위해 연료를 차단할 수 있도록 마련된 시스템. 수동 혼합기조절장치에 통합된 이 시스템은 조절 레버를 'idling cutoff' 위치로 설정할 때 기화기로부터의 연료 방출을 완전히 정지시킨다.

idle needle valve 아이들 니들 밸브

엔진이 추가적인 부하가 요구되지 않는 작동상태에서 정해진 출력을 낼 수 있도록 연료 흐름을 제한하는 밸브. 링케이지에 의해 스로틀 샤프트에 연결되어 있으며, 원하는 저출력값을 설정할 수 있다.

idling 공회전운전

항공기가 정지해 있는 상태에서 엔진 액세서리를 제외한 추가적인 부하 없이 작동하고 있을 때의 엔진의 상태. 엔진이 작동하고 있는 상태의 가장 낮은 파워 상태로 제작 시 제공된 기준값들과의 비교를 통해 엔진의 이상 유무를 모니터링할 수 있다.

idling system 공회전장치(왕복엔진)

엔진 회전속도가 약 800 rpm 또는 20 mph 미만에서 엔진이 정지하지 않고 작동할 수 있도록 공기 연료혼합기를 제공하기 위한 시스템. 엔진이 공회전 중일 때 스로틀은 거의 닫히며, 벤투리를 통과하는 공기 흐름

이 제한되어 진공에 가까운 상태가 발생하기 때문에 주 분사 노즐 튜브에서 연료를 흡입할 수 없어 이를 해결하기 위해 스로틀 밸브와 벽 사이에 저속 제트(idling jet)라고 하는 흡기 통로를 만들어 연료혼합기를 지속적으로 공급할 수 있도록 한다.

igniter plug 점화플러그

연소실 내부로 장착된 전극을 통해 연료-공기 혼합기에 불을 붙이기 위한 장치. 익사이터로부터 lead를 통해 전달된 고전압이 강한 불꽃을 일으키는 역할을 하며, lead에 발생한 고열을 냉각시키기 위한 cooling air가 공급된다.

Illustrated Parts Catalog(IPC) 부품도해목록

항공기 정비작업 시 정비매뉴얼 사용자가 정확한 부품의 사용과 장착 순서를 확인하기 위해 참고하는 그림과 부품 목록으로 구성된 문서. 항공기 형식별 해당 기번의 효용성(effectivity)을 확인해야 한다.

impact ice 충돌 결빙

대기 중의 눈, 진눈깨비, 수분 등이 32°F 미만 온도의 표면에 충돌하면서 형성된 얼음. 기화기의 elbow, screen과 metering element 등 관성 효과로 인해 공기 흐름의 방향을 바꾸는 부분에 형성될 수 있다.

impedance 임피던스

교류회로에서 전류의 흐름을 방해하는 정도를 나타내는 값. 직류회로에서의 저항과 같은 개념으로 임피던스의 대표문자로 Z를 사용하고, 저항의 개념이기 때문에 단위는 옴(Ohm, [Ω])을 사용한다.

impuls coupling 임펄스 커플링

엔진과 마그네토 축 사이에 장착되는 시동 보조장치. 내부 스프링과 플라이웨이트(flyweight)가 작동하여 양호한 스파크를 만들어 내기에 충분한 빠르기로 마그네토를 회전시키고 시동하는 동안에 점화시기를 지연시키는 역할을 한다.

impulse turbine blade 충동형 터빈 블레이드

공기 흐름이 버킷 형태로 만들어진 블레이드 중앙을 가격하면서 에너지의 방향을 변화시켜 그 힘에 의해 터빈이 회전하는 형태의 블레이드

inclusion 개재물

부품을 구성하는 금속의 내부에 포함된 이물질. 몸체를 이루는 금속 전체가 비슷한 탄성 등의 성질을 갖고 있지만, 노출된 열에 의한 변형률이 달라 국부적으로 강도가 약한 부분이 나타날 수 있다.

indicated air speed(IAS) 지시대기속도

속도계기가 지시하는 속도. 공기역학적으로 항공기의 성능을 결정하기 위한 기본속도이며, 피토 튜브나 정압 포트가 장착된 위치에 따라 발생하는 위치오차 등이 수정되지 않은 그대로의 속도이다.

indicated horsepower 지시마력
엔진 내부의 마찰 손실을 고려하지 않은 엔진이 생산하는 이론적인 동력

induced drag 유도항력
양력이 발생하는 과정에서 날개 끝 쪽에서 발생하는 날개 끝 와류에 의한 내리흐름(down wash)에 의해 유도되는 항력을 말하며, 유도항력을 줄여주기 위해 wingtip device를 장착한다.

inductance 인덕턴스
전류의 변화에 따라 유도전압을 발생시키는 코일의 성질 정도를 정량화시킨 개념. 도선을 많이 감을수록 코일의 성질이 커지므로 이를 인덕턴스로 나타내며, 단위는 헨리(Henry, [H])를 사용한다.

induction system icing 흡입계통 결빙
항공기가 구름, 안개, 비, 진눈깨비, 눈 또는 심지어 수분 함량이 높은 맑은 공기에서 비행하는 동안, 연료-공기 혼합기 공급 경로상에 얼음이 형성되는 현상. 연료와 공기 혼합기 공급의 흐름을 차단하거나 혼합기 비율을 변화시킬 수 있어 매우 위험하다.

inductive reactance 유도성 리액턴스
교류 인덕터 회로에서 인덕터로 흐르는 전류를 방해하는 역할을 하여 90°의 위상차를 발생시키며, 교류회로 전체 저항인 임피던스를 이루는 한 요소이다.

industrial engineering 산업공학
주로 산업 및 인간과 관련된 시스템과 인터페이스에 대하여 연구하는 학문. 시스템과 인터페이스의 최적화와 효율성 극대화에 초점을 맞추어 다양한 시스템을 조화롭게 관리하는 역할을 담당한다.

inert cold gas 비활성 냉각가스(CO_2)
엔진이나 APU zone 등 항공기 외부의 화재를 진화하기 위해 사용되는 소화기. 가스 상태로 충전된 이산화탄소가 대기로 방출되면서 기체와 드라이아이스 입자로 분사되어 연소면 위로 내려앉아 막을 형성하여 화재를 소화하는데, 장시간 노출될 경우 질식의 위험이 있다.

inertial navigation system (INS) 관성항법장치
외부로부터 전파 등의 항법에 대한 지원 없이 항공기에 탑재된 자체 장치에 의해 필요한 정보를 얻을 수 있는 항법장치. 항공기의 움직임 3축에 대한 각각의 가속도계와 자이로가 항공기의 움직임에서 추출한 가속도를 적분하여 대지속도를 구하고 한 번 더 적분하여 출발점으로부터의 이동거리를 계산하여 현재 위치를 확인할 수 있다. 관성항법장

I

치를 통해 얻을 수 있는 정보는 현재 위치, 진로 및 편류각, 항적 및 대지속도, 풍향 및 풍속, 예정 항로로부터의 변위, 다음 통과지점까지의 거리와 소요시간 등이 있다.

inertial reference system (IRS)
관성기준장치

관성항법장치의 자세검출부와 위치산정부를 독립시킨 것. INS가 기계식 자이로에 의존한 안정 플랫폼을 사용하는 반면에, IRS는 레이저 자이로를 사용하여 자세를 감지한다. 기계식 자이로의 단점과 높은 정밀도로 인해 INS를 대체하게 되었고, GPS와 결합하여 정밀한 항법계통으로 자리잡았다.

in-flight 운항 중

「항공보안법」에서 정의하는 '운항 중'은 승객이 탑승한 후 항공기의 모든 문이 닫힌 때부터 내리기 위하여 문을 열 때까지를 말한다.

in-flight entertainment equipment (IFE) 기내 엔터테인먼트장치

비행 중 승객에게 영화, 방송, 음악, 게임 등 다양한 오락 프로그램을 제공하는 장치

in-flight security officer
항공기 내 보안요원

항공기 내의 불법방해 행위를 방지하는 직무를 담당하는 사법경찰관리 또는 그 직무를 위하여 항공운송사업자가 지명하는 사람

inlet guide vane (IGV) 인넷 가이드 베인

가스터빈엔진에서 압축기의 1st stage 앞에 있는 stator vane 세트. 압축기가 최적의 작동을 할 수 있도록 압축기 내부로 유입되는 공기를 가장 적절한 각도로 진입할 수 있게 공기를 편향시키는 베인으로, 고정식과 연료제어장치의 연료 압력을 활용해서 각도가 조절되는 variable type이 있다.

inspection ring 검사링

우포 항공기의 천 외피 내부의 구조물을 검사하기 위해 장착하는 링. 천 외피에서 도려낸 구멍 주위에 안정적인 테두리를 제공하기 위해 끼운다.

installation diagrams 설치도

부품들이 장착되었을 때 최종 위치에 대한 정보를 제공하는 도면. 필요한 부품들의 장착 순서를 확인할 수 있다.

instrument approach procedures
계기접근절차

해당 공항의 관할권을 가진 당국자가 정한 접근절차. 계기비행 조건하에 있는 항공기가 착륙을 위한 접근 초기 또는 육안으로 착륙을 할 수 있는 지점까지 비행할 때 관할권으로부터 사전에 결정된 비행방식에 의해 접근한다.

instrument flight 계기비행

항공기의 자세·고도·위치 및 비행 방향의 측정을 항공기에 장착된 계기에만 의존하여 비행하는 것

instrument flight rule 계기비행방식

계기비행을 하는 사람이 「항공안전법」에 따라 국토교통부장관 또는 항공교통업무증명을 받은 자가 지시하는 이동·이륙·착륙의 순서 및 시기와 비행의 방법에 따라 비행하는 방식

instrument landing system(ILS)
계기착륙장치

착륙하기 위해 공항에 접근(approach) 중인 항공기가 안전하게 활주로에 진입하여 착륙할 수 있도록 지상에서 전파를 통해 유도신호를 보내 진입경로, 각도 및 활주로 시작지점까지의 거리정보를 제공하는 시스템. 야간이나 안개, 구름, 강우 등으로 인한 저(低)시정 기상 상태에서도 항공기가 안전하게 활주로에 진입하고 착륙할 수 있도록 항공기를 유도하며, 로컬라이저(localizer), 글라이드 슬로프(glide slope), 마커 비콘(marker beacon)으로 구성된다.

insulation blanket 단열막

배기 덕트 또는 스러스트 어그멘터 주변의 구조물의 온도를 낮추고, 엔진의 복사열이 항공기 기체 부분에 열손상을 줄 수 있는 가능성을 없애기 위해, 가스터빈엔진의 배기 덕트와 카울 사이에 적용한 단열재

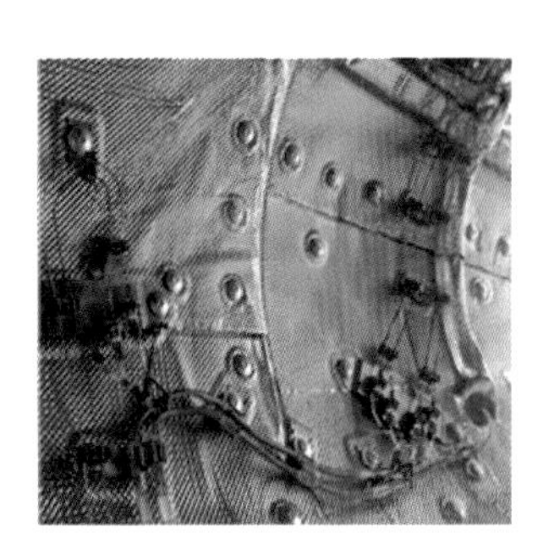

intake stroke 흡입행정

흡입행정은 4행정 사이클 엔진의 첫 번째 단계. 피스톤의 하향 움직임이 진행되면서 실린더 상단의 흡입밸브를 통해 연료와 공기 혼합물을 연소실로 끌어들이고 이 과정에서 부분 진공을 생성한다.

integral fuel tank 일체형 연료탱크

대형 항공기에 사용되는 연료탱크의 종류 중 하나. 날개 내부의 구조부를 연료탱크로 사용하여 탱크 장착으로 인한 무게 증가를 피할 수 있어 대부분의 항공기가 적용하는 방법으로, 금속 연결부분의 누출을 방지하기 위한 실링작업의 중요성이 강조되는 탱크 형식이다.

integrated drive generator(IDG)
통합구동발전기

비행 중 엔진출력에 따른 회전수(rpm) 변화

에 관계없이 일정한 회전수를 발전기축에 전달하는 CSD와 발전기를 하나로 통합한 장치. AC 115 V, 3상, 400 Hz의 교류전력을 생산한다.

interconnector tube 화염 전파관
여러 개의 캔으로 구성된 연소실에서는 독립적으로 연소작용이 이루어지기 때문에 시동 초기 연소를 전체 연소실 캔으로 전달하기 위한 캔과 캔을 연결해주어 화염이 전체 캔에 전달될 수 있도록 서로를 연결해 주는 관

intergranular corrosion 입자 간 부식
용접처럼 단시간에 고열에 노출된 곳의 부동태 피막이 파괴되면서 합금성분의 분포가 불균일해져서 발생하는 부식

internal timing 내부 타이밍
마그네토가 E-gap 위치에 있을 때 마그네토의 브레이커 포인트가 열리도록 맞추는 것. 외부 타이밍을 맞춘 후 마그네토 안에 있는 배전기 구동기어에 비스듬히 깎아 표시한 부분을 케이스의 표시된 부분에 맞추어 크랭크케이스에 부착한다. 타이

밍 라이트의 도선 중 접지선을 크랭크케이스에 연결하고 나머지 연결선을 각각의 마그네토 브레이커 포인트에 장착한 후 프로펠러를 회전시켜 램프가 동시에 켜질 때까지 조절한 후 마그네토의 고정작업을 수행한다.

International Air Transport Association (IATA) 국제항공운송협회
1945년 4월 세계 각국의 민간정기항공사에 의해 설립된 국제적 기구. 캐나다 몬트리올에 본부를 두고 있으며, 1946년 제네바에 지부가 만들어져 현재 2개의 조직으로 나누어 운영되고 있다. 안전하고 정시적인 항공운송의 제공과 항공운송업의 발전을 도와주는 것을 목적으로 한다. https://www.iata.org/

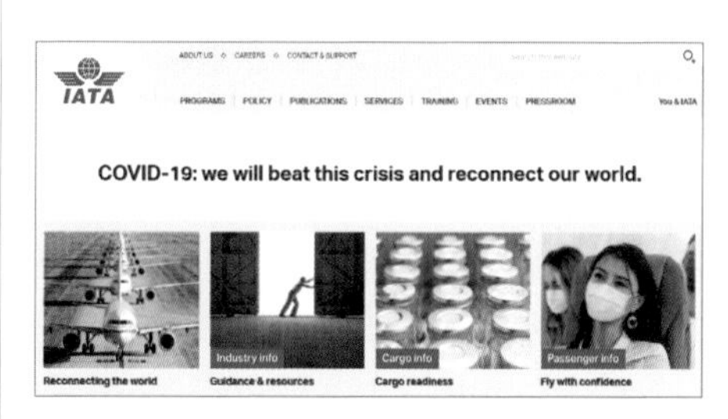

international air transport service 국제정기편 운항
국내공항과 외국공항 간 또는 외국공항과 외국공항 간에 일정한 노선을 정하고 정기적인 운항계획에 따라 운항하는 항공기 운항

International Civil Aviation Organization (ICAO) 국제민간항공기구
시카고 협약에 의거하여 국제민간항공의 안

전, 질서유지와 발전을 위해 항공기술, 시설 등의 합리적인 발전을 보장하고 증진하기 위해 설립된 준입법, 사법, 행정 권한을 가진 UN 전문기구

inverter 인버터

직류를 교류로 바꾸기 위한 전기변환장치. 내부 스위칭 소자와 제어회로를 통해 직류를 단속시킴으로써 원하는 교류전압과 주파수를 얻을 수 있다.

ion 이온

전자를 잃거나 얻어 전하를 띠는 원자 또는 분자의 특정한 상태를 나타내는 용어. 중성의 원자가 한 개 이상의 전자를 잃게 되면 원자는 양전하를 띠게 되고, 한 개 이상의 전자를 얻게 되면 음전하를 띠게 되므로 양전하를 띤 이온을 양이온, 음전하를 띤 이온을 음이온이라고 한다.

- 항속거리 : 8,000 nmi(14,800 km)
- 동체길이 : 72.7 m(238 ft 6 in)
- 날개길이 : 79.8 m(261 ft 10 in)
- 높이 : 24.1 m(97 ft 1 in)
- 장착 엔진 : GP7270

항공기의 3C Check 수행 시 2개월 가까운 ground 시간이 소요되었으며, 엔진이 4개, 타이어가 22개 장착되어 정비비 상승의 원인으로 작용한다. 특히 PR/PO 시 타이어 점검을 하고 나면 "목에 담이 온다"고 하는 농담을 하기도 한단다.

2층으로 구성된 동체에 여러 편의시설이 갖추어져 있고, 복합재료를 사용하여 500명 이상이 탑승한 상태로 가뿐하게 날아오를 수 있는 가벼움을 자랑한다.

이와 함께 무착륙으로 브라질까지 원스톱 비행이 가능하다는 장점이 있어서 고객 입장에서 보면 넓은 객실 면적 제공, 편안한 탑승감 등으로 안락한 항공기라는 이미지를 갖고 있다.

I

jack point 잭포인트

수리 · 개조 · 점검 등의 정비작업을 목적으로 항공기를 들어올리기 위해 사용하는 잭이 연결되는 위치. 하중이 집중되므로 longeron, spar 등 주요 구조부에 만들어지며, 항공기 형식에 맞는 잭 패드(jack pad)의 선택에 신경 써야 한다.

jet fuel 제트연료

터빈엔진에 사용되는 AVGAS보다 낮은 휘발성과 더 높은 비등점을 가진 탄소화합물. 수분 함유량이 많아 미생물 번식의 위험성이 있어서 미생물 살균제가 첨가되어야 한다.

jet route 제트 루트

제트기 전용 고고도에 위치한 항공로. VOR 스테이션을 기반으로 하는 고고도 항로를 제트 루트라고 하며 FL180에서 FL450까지로 확장되어 운영된다.

jet stream 제트기류

북위 30~50°의 중위도 대류권의 상층부와 성층권 하부 사이에 발생하는 구불구불하고 강한 기류. 항공기의 안전운항에 영향을 미치는 제트기류는 한대전선 제트기류와 아열대 제트기류로 구분할 수 있다. 제트기류가 흐르는 장소는 계절에 따라 변하는데, 겨울에는 북위 25° 가까이까지 남하하여 풍속이 강하고, 여름철에는 북위 45° 부근 가까이 흐르며 풍속이 약하다. 이러한 제트기류는 서쪽을 향해 비행하는 항공기에는 역풍이 되고, 동쪽으로 비행하는 항공기에는 순풍으로 작용한다. 따라서 같은 구간이라도 항공기의 비행 방향에 따라 비행시간이 달라지는데, 항공사에서는 비행마다 제트기류의 상태를 조사하여 역풍은 최대로 피하고, 순풍은 최대로 활용하도록 비행계획을 세운다.

jettison system(fuel dumping) 연료 투하 계통

이륙 후 정상비행을 포기하고 착륙하기 위해 최대 착륙중량을 초과하는 무게의 연료를 대기 중에 방출하는 시스템. 착륙 시 발생하는 하중으로부터 기체구조의 안전을 확보하기 위한 조치로, 최대 펌프작동 압력으로 날개 뒷전에 만들어진 노즐을 통해 연료를 방출시키며 지정된 공역에서 수행해야 한다.

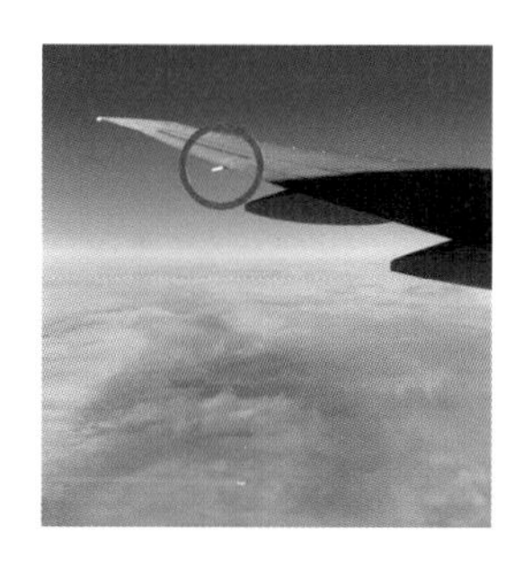

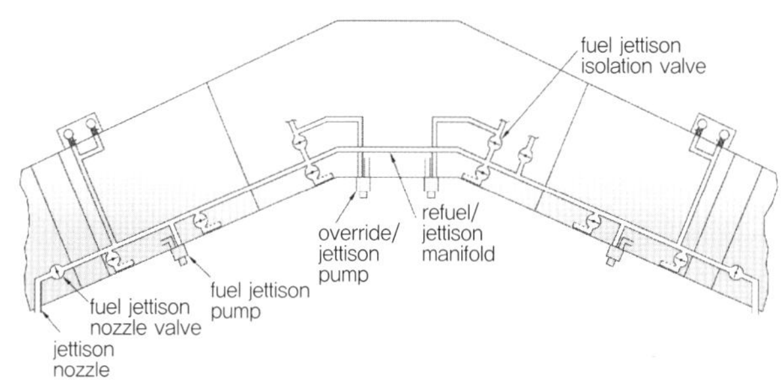

jig 지그

가공 대상물의 위치를 정하여 고정시키고, 공구를 가이드하는 장치. 부품을 가공하는 동안 그 부품 등을 제자리에 유지하고, 공구의 진출입을 가이드하여 공작물의 품질을 높이고 작업능률을 향상시키는 역할을 한다.

joggling 저글링

판재 굽힘 가공 시 두 장의 판재가 교차하면서 발생하는 단차를 부드럽게 지나면서 접합하는 굽힘 가공방법이다.

jump seat 점프 시트

항공기에 장착된 접을 수 있는 유형의 좌석. 객실승무원 등 승객이 아닌 사람이 사용할 수 있도록 설치된 좌석으로, 비상구 앞과 조종석의 옵저버용으로 사용된다.

jury strut 보조 버팀대

메인 지지대에서 원하지 않는 공명과 진동을 제거하기 위해 추가로 설치되는 보조 지지대

J

kerosene cut fuel 케로신 컷 연료

석유에서 추출한 가연성 탄화수소 액체를 주성분으로 한 제트엔진과 로켓엔진의 연료. 가연성과 휘발성이 가솔린보다 낮고, 연료의 어는점은 −47℃(−53℉)로 고공비행을 주로 하는 운송용 항공기에 적합한 연료로, Jet A, Jet A−1이 포함된다.

kevlar 케블라

1965년 듀폰이 개발한 내열성과 강성이 강한 합성섬유. 높은 인장강도 대 중량비를 갖고 있어서 복합재료 구성요소로 사용된다.

kick back 킥백

엔진 시동 시에 피스톤이 압축행정에서 천천히 위쪽으로 이동하는 동안, 점화가 일어나면서 피스톤이 압축행정의 상단 중앙을 통과하기 전에 팽창압력이 피스톤에 전달되어 크랭크축이 역회전하는 현상. 지연점화를 위한 점화 타이밍 조절로 방지할 수 있다.

kinetic energy 운동에너지

운동하고 있는 물체 또는 입자가 갖는 에너지. 주어진 물체의 어떤 속도에서의 운동에너지는 그 물체를 정지 상태에서 그 속도까지 가속시키는 데 필요한 일의 양으로 정의된다.

kink cable 킹크 케이블

케이블에 발생한 결함. 케이블이 구부러지거나 말려서 부풀어 변형된 것을 말한다.

Kirchhoff's current law (KCL)
키르히호프의 전류법칙

회로 내의 어떤 지점에서든지 들어온 전류의 합과 나가는 전류의 합이 같다는 전하량 보존의 법칙. 전원전압이 가해져 전체 회로에 흐르는 전류는 각 저항에 흐르는 전류를 합한 것과 같다.

$$\sum_k i_k = 0$$

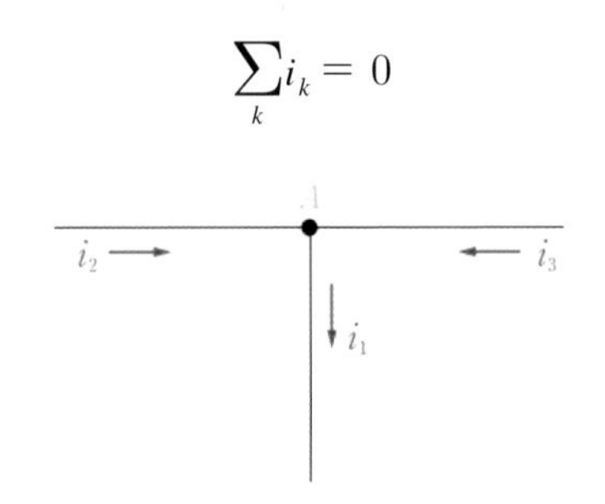

Kirchhoff's voltage law (KVL)
키르히호프의 전압법칙

닫힌 회로 내에서 전원의 기전력의 합은 회로소자의 전압강하의 합과 같다는 에너지 보존법칙. 회로에 가해진 전원전압은 각각의 저항으로 나누어져 소비되며, 각 저항마다 전압강하가 발생하고, 각 저항의 전압강

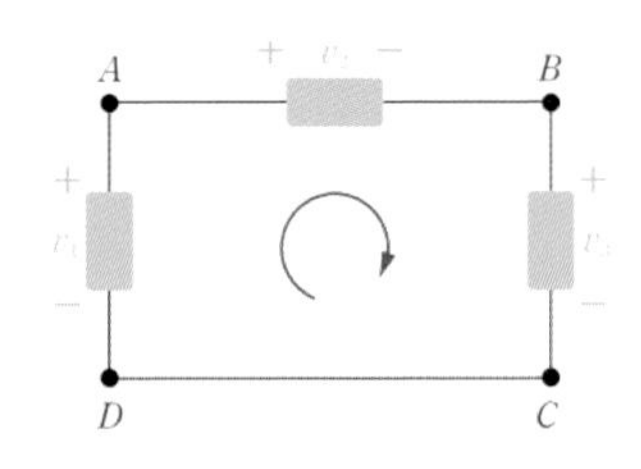

하를 모두 합하면 가해진 전원전압이 된다.

$$\sum_k v_k = 0$$

known consignors 상용화주

검색장비, 항공보안검색요원 등 국토교통부령으로 정하는 기준을 갖춘 화주 또는 항공화물을 포장하여 보관 및 운송하는 자들 중 항공화물 및 우편물에 대하여 보안검색을 실시할 수 있도록 지정된 자. 항공운송사업자는 상용화주가 보안검색을 한 항공화물 및 우편물에 대하여 보안검색을 아니할 수 있다.

knuckle-pin 너클핀

핀 이음에서 한쪽 포크 아이 부분을 연결할 때, 두 구성품이 상대적인 각운동을 할 수 있도록 구멍에 수직으로 장착하는 굵기가 일정한 둥근 핀

Korea Civil Aviation Association 한국항공협회

항공운송사업자, 인천국제공항공사, 한국공항공사 등 항공과 관련된 사업자 및 단체가 항공운송사업의 발전, 항공운송사업자의 권익보호, 공항운영 개선 및 항공안전에 관한 연구와 그 밖에 정부가 위탁한 업무를 효율적으로 수행하기 위해 설립한 법인

Krueger flap 크루거 플랩

날개의 아래 표면에 고정되어 있다가 작동시키면 날개 앞쪽으로 연장된 형태로 펼쳐지는 항공기의 날개 앞전 전체 또는 일부에 장착되는 고양력장치. 작동시키면 메커니즘의 작동에 의해 엑추에이터가 날개 아래 표면에서 플랩을 다운시킨 후 펼쳐서 날개 캠버를 증가시켜 양력을 증가시킨다.

K

L

labyrinth seal 미로형 실

가스터빈엔진의 메인 샤프트 베어링 주위에 사용되는 실(seal). 실을 지나는 오일 흐름을 방지하기 위해 실과 랜드 사이에 소량의 공기가 흐른다.

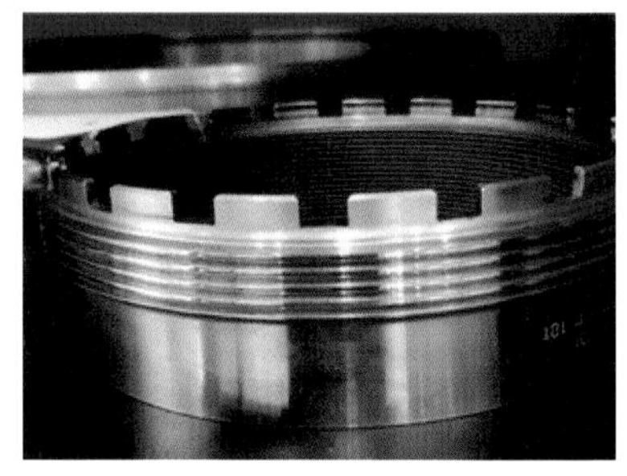

laminar flow 층류 흐름

난류가 없이 표면에 달라붙어 규칙적으로 흐르는 공기 흐름. 동체나 주 날개 등 기체 표면, 엔진 카울링 등 큰 장비품의 공기 흐름을 층류 흐름으로 조절이 가능하면 저항이 작은 비행을 할 수 있다.

laminated structures 층상구조

강도 증가, 안정성, 방음 등의 목적을 달성하기 위해 여러 층으로 재료를 제조한 구조. 복합소재의 개별 특성을 조합하여 여러 층으로 쌓아 올려 향상된 물성을 갖도록 활용된다.

landing field 이착륙장

비행장 외에 경량항공기 또는 초경량비행장치의 이륙 또는 착륙을 위하여 사용되는 육지 또는 수면의 일정한 구역으로서 대통령령으로 정한다.

landing gear emergency extension 랜딩기어 비상 펼침

항공기가 비행 중 착륙 절차를 밟을 때 고정장치를 해제하여 자중에 의해 랜딩기어를 펼치는 기능. 보통은 유압에 의해 랜딩기어를 작동시키지만 여러 가지 이유로 작동이 안 될 경우를 대비해 수동 펼침 기능을 적용하고 있다. 항공기 형식별로 비상 펼침 작동 부분이 상이하다.

landing surface 착륙 표면

특정 방향으로 착륙하는 항공기의 정상적인 지상활주 또는 수상활주가 가능한 것으로 지정된 비행장의 표면 부분

landing zone 착륙대

활주로와 항공기가 활주로를 이탈하는 경우 항공기와 탑승자의 피해를 줄이기 위하여 활주로 주변에 설치하는 안전지대. 국토교통부령으로 정하는 크기의 활주로 중심선에 중심을 두는 직사각형의 지표면 또는 수면

lap joint 단이음

두 개의 부재가 겹쳐지게 하는 접합방법. 판재를 접합할 경우 두 개의 부재가 서로 겹쳐지게 하여 패스너로 체결한다.

last chance filter 라스트 찬스 필터

노즐 바로 앞에 장착된 오염방지용 필터. 고속으로 회전하는 기어박스 내부 기어와 베어링 구성품의 마모로 인한 오염물질을 걸러내어 오일제트가 막히지 않도록 노즐 바로 앞에 설치된 필터로, 마지막 부분에 장착되었다는 의미에서 이름이 붙여졌다.

lavatory smoke detector
화장실 연기감지기

흡연 등으로 화장실 내부에서 빈번하게 발생하는 화재를 감시하고 승무원에게 aural sound와 visual alarm으로 경고하는 장치. ionization type 또는 photoelectric type의 연기감지기는 각각의 화장실 천장에 장착되어 있고, 조종석의 master CAUTION lights와 lavatory SMOKE light를 on시키고, flight data recorder system 기록을 남긴다.

leading edge flap 앞전플랩

항공기가 저속운행 시 양력특성을 증가시키기 위한 고양력장치 중 날개 앞쪽에 장착된 조종면. 항공기 형식에 따라 krueger, leading drop, handler-page slot 등이 있다.

L

lead-lag 리드래그

회전하는 로터가 전방을 향해 회전하는 위치를 지나거나, 후방을 향해 회전하는 위치를 지날 때 발생하는 속도 차이를 극복하고 효과적인 공기력을 유지하기 위해 rotor의 앞전을 전진 방향, 후진 방향으로 앞섬과 뒤처짐을 주는 것을 말한다.

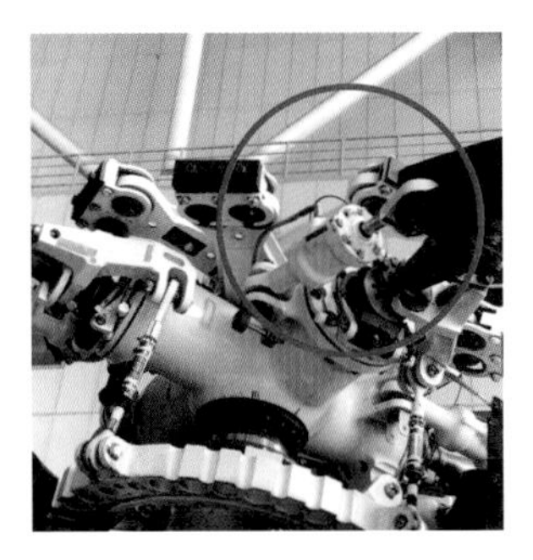

Lentz's law 렌츠의 법칙

유도기전력에 의해 코일에 흐르는 전류의 방향을 알아내는 법칙. 코일에서 발생하는 유도기전력은 그 기전력에 의해 흐르는 유도전류가 만드는 자계가 원래 자계의 변화를 상쇄하는 방향으로 유도전류를 발생시킨다.

life limited parts 수명제한부품

감항성 한계에 교환시간, 검사주기 또는 관련 절차가 설정되어 있는 부품

life raft 구명보트

구명정. 긴급 불시착한 경우 승객과 승무원의 표류를 돕기 위해 장착하는 응급설비. 탈출용으로 장착된 슬라이드가 보트 역할을 하며, 보트에는 비상식량, 약품, 식수제조기, 신호발신기 등을 갖추고 있다.

lift 양력

항공기를 뜨게 하는 힘. 에어포일이라고 하는 특별한 형태의 표면 위를 흐르는 공기의 흐름에 의해 만들어지는 공기역학적인 힘으로 정의되며, 고정익 항공기의 경우 주 날개에서 얻어지고, 회전익 항공기의 경우 로터의 회전면에서 만들어진다. 에어포일 상면은 면을 따라 흐르는 공기가 표면으로부터 떨어져 나가지 않고 공기흐름을 유지하는 형태의 곡면을 이루고 있다. 공기가 표면에 남아 있으려면 속도를 높여야 하고, 통과하는 공기의 속도를 빠르게 하면 압력이 낮아지고 표면 위쪽을 지나가는 공기를 끌어당겨 저압 부분을 채운다. 에어포일 아랫면의 공기는 표면을 공기의 흐름 속에서 상승하게 유지한다. 아랫면은 공기의 속도를 느리게 하고, 공기의 속도가 느려지는 만큼 압력이 높아지면서 주변 공기를 밀어낸다. 저압이 에어포일 쪽으로 공기를 잡아당기는 힘을 만들어내고 고압이 에이포일로부터 밀어내는 힘을 만들어낼 때, 이 힘의 조합은 공기의 아랫방향으로의 편향을 발생시킨다. 에어포일이 공기를 아랫방향으로 밀면, 공기의 무게와 같은 크기의 에어포일을 위로

밀어 올리는 반작용 힘이 발생하는데 이를 양력이라고 한다.

$$L = \frac{1}{2}\rho V^2 SC_L$$

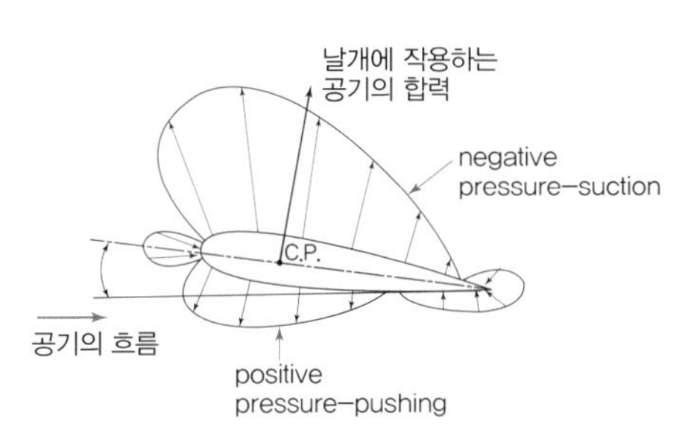

lift to drag ratio 양항비
양력과 항력은 항공기 날개의 형태와 크기, 대기의 조건, 비행속도 등에 의해 결정되는 공기역학적인 힘으로, 양력과 항력의 비율은 항공기의 공기역학적인 효율성의 지표로 사용된다. 큰 양력과 작은 항력이 발생하는 항공기는 양항비가 크다고 정의한다.

light aircraft 경량항공기
항공기 외에 공기의 반작용으로 뜰 수 있는 기기로서 최대이륙중량, 좌석수 등 국토교통부령으로 정하는 기준에 해당하는 비행기, 헬리콥터, 자이로플레인(gyroplane) 및 동력패러슈트(powered parachute) 등을 말한다.

light emitting diode(LED) 발광다이오드
외부에서 전압·전류를 순방향으로 흘려줄 때 빛을 내는 다이오드. 전기에너지를 빛에너지로 변환하는 반도체 소자이며, 소자의 두 단자 중 긴 단자가 양극(+) 극성의 애노드(anode), 짧은 단자가 음극(–) 극성의 캐소드(cathode)이며 순방향 바이어스에서만 작동한다.

lighted pushbutton switch 조명 버튼식 스위치
항공기에 사용되는 스위치의 종류 중 하나. 스위치의 작동 상태를 보여주기 위해 내부에 램프가 장착되어 불이 켜지고 꺼지며, 색상으로 이상 유무를 나타내기도 하고, 스위

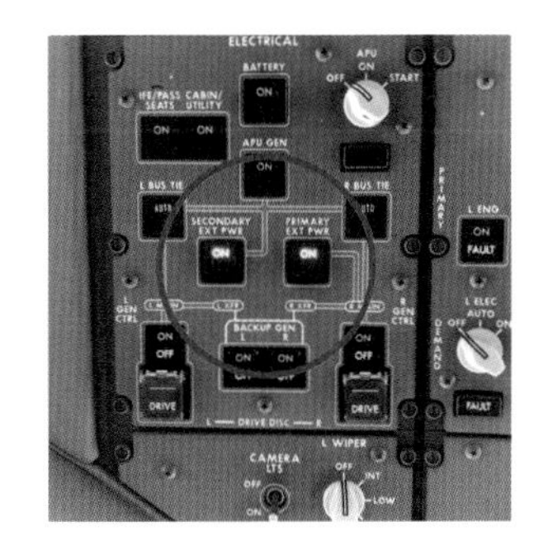

치에 작동상태를 알리는 글자를 표현해서 어두운 조종실에서도 쉽게 인지할 수 있다.

lightening hole 무게경감 홀

항공기 기체 구조 부분에 사용되는 판재의 무게를 줄이기 위해 판재 중간 중간에 뚫어 가공한 구멍. 뚫린 부분으로 인한 강도 저하를 방지하기 위해 플랜지 가공이 이루어지며, 항공기 무게를 줄이기 위해 동체·날개 등 주요 구조부의 많은 부분에 적용된다.

lightning strike inspection
벼락충돌검사

항공기가 비행 중에 만난 번개로 인해 입은 항공기의 손상에 대한 검사. 외부 점검과 더불어 통신·항법시스템의 작동을 점검한다. ATA 05 conditional inspection에 점검 절차가 기술되어 있다.

limit switch 리밋스위치

항공기에 사용되는 스위치의 종류 중 하나. 마이크로 스위치라고도 하며, 가동접점이 눌림에 따라 개폐가 결정되는 소형 스위치로, 주로 렌딩기어 도어의 작동과 같은 기계적인 가동부에 장착된다.

limitation on certification of qualification 자격증명한정

국토교통부장관은 자격증명을 받으려는 사람이 실기시험에 사용하는 항공기의 종류·등급 또는 형식으로 항공종사자의 자격증명에 대한 한정을 할 수 있다.「항공안전법」자격증명의 한정에 의거하여, 항공기의 종류는 비행기·헬리콥터·비행선·활공기 및 항공우주선으로 구분하고, 항공기의 등급은 육상단발 및 육상다발, 수상단발 및 수상다발로 구분한다. 항공정비사의 경우 항공기·경량항공기의 종류 및 정비분야로 한정하며, 항공기·경량항공기의 종류는 비행기·헬리콥터로 구분하고, 정비분야한정은 전자·전기·계기 분야로 한다.
(시행일: 2021. 3. 1.)

linear actuator 직선운동 작동기

유압에 의한 피스톤의 움직임을 직선 그대로 활용하는 작동기

liquid crystal display(LCD)
액정디스플레이

디스플레이 장치의 하나. 스스로 빛을 내지 않기 때문에 전력을 거의 소비하지 않으며, 후면에 백라이트를 두고 전면에 액정을 두어 액정이 전기신호에 따라 빛을 차단하거나 통과시키는 방식으로 빛을 낸다.

liquid oxygen 액체산소

고공비행을 하는 항공기의 객실 압력에 이상이 생길 경우 생명유지를 위해 공급하는

산소의 종류 중 하나. 산소 컨버터라는 저장용기에 액체상태로 농축산소를 보관하고, 기체로 변환하여 공급할 수 있도록 만들어졌으며, 부피에 비해 상대적으로 장시간 사용할 수 있어 전투기에 주로 사용되는 방법이다. 액체산소의 온도가 매우 낮기 때문에 동상을 입을 수 있으므로 액체산소를 다룰 경우에는 반드시 보호장구를 착용한다.

liquid penetrant inspection
액체침투검사

액체침투검사는 금속, 플라스틱 또는 세라믹과 같은 비다공성 재료의 표면 파괴 결함을 확인하는 데 사용되는 저비용 검사방법으로, 미세 균열, 표면 다공성, 사용 중인 부품의 피로 균열과 같은 주조, 단조 및 용접 부분의 표면 결함을 찾아내는 데 사용된다.

load factor 하중계수

항공기의 전체 무게에 대한 특정 하중의 비. 특정 하중은 공기역학적 힘, 관성력, 지상 또는 수상의 반력 등으로 비행 중인 항공기에 부과되는 하중계수는 가속도계로 측정되며 G단위로 표시된다.

logic circuit 논리회로

하나 이상의 논리적 입력값에 대해 논리연산을 수행하여 하나의 논리적 출력값을 얻는 전자회로. 전자회로의 구성요소들을 이용하여 만든 NAND, NOR, NOT 등 논리게이트를 이용해 원하는 동작을 구현한다.

long range navigation(LORAN)
장거리항법

약 370~740 km 떨어져 있는 LORAN 기지국으로부터 펄스전파를 수신해서 전파의 도달시간 차를 측정해서 자기 위치를 계산할 수 있는 장거리항법장치

longeron 세로대

항공기의 동체를 구성하는 척추 역할을 하는 강도가 강한 부재. 날개나 랜딩기어가 장착되는 부분을 보강하기 위해 항공기 기수에서 꼬리날개 방향으로 길게 설치되며, 사진에서 벽면으로 보이는 두껍게 가공된 부재인 세로대에 프레임·포머·링 등 수직부재가 추가로 장착되고, 날개·착륙장치 등의 구성품들이 조립되는 base 역할을 하며 이들로부터 전달되는 하중을 받는다.

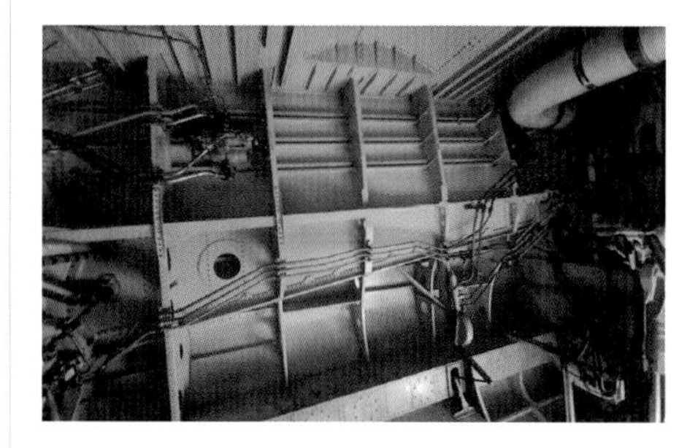

low pass filter 저역필터

선택한 차단 주파수보다 낮은 주파수의 신호는 통과시키고 높은 주파수의 신호는 감쇠시키는 필터

low-tension magneto 저압 마그네토

고압 마그네토와 다르게 낮은 전압은 마그네토에서 만들어지고 점화플러그와 가까운 곳에 위치한 변압코일에서 승압시키는 마그네토. 고전압이 변압기와 점화플러그 사이의 짧은 도선에만 통하기 때문에 플래시 오버가 발생하지 않는 장점이 있다.

- 항속거리 : 3,400 nmi(6,297 km)
- 동체길이 : 38.7 m(127 ft)
- 날개길이 : 35.1 m(115 ft 1 in)
- 높이 : 11.5 m(38 ft 8 in)
- 장착 엔진 : PW1521G

김포발 포항행, 울산행 등 국내선을 주로 커버하는 항공기이며, 제작사인 캐나다 국적의 Bombarder Aerospace가 Airbus에 합병되면서 도입 당시 CS300이었던 항공기 형식명을 A220-300으로 리네이밍하여 운영 중이다.

이 항공기는 B777 항공기와 A330이 결합된 형태로 보이며, ARINC 429 bus가 적용된 fly by wire 항공기로서 장착된 컴퓨터로 정확한 결함 위치를 찾아낼 수 있어 정비가 용이하다. 항공기 내·외부에 장착된 대부분의 램프에 LED를 적용하여 교체 주기를 획기적으로 넓혀 주었으며, 작은 항공기임에도 engine cowl에 Power Door Operating System(PDOS)을 적용하여 정비사들에게 편의성을 제공하고 있다. 과거의 항공기들은 cowl을 열고 닫을 경우 hand pump로 열기 때문에 막내 정비사들이 힘을 많이 사용해야 했다.

Fly by wire 항공기의 특징상 조종석에서 system test 형태로 점검하는 항목들이 많아 클래식 항공기와 비교할 때 정비하기가 쉽지만, 민감하게 반응하는 전자장비의 신호로 인해 비행기를 띄우는 현장에서는 진땀을 흘리는 빈도가 높다.

mach cone 마하콘

초음속으로 비행하는 항공기의 기수부를 정점으로 후방으로 원형을 그리며 확대된 영역. 마하콘을 중심으로 하여 음을 들을 수 있는 영역과 듣지 못하는 영역으로 구분된다.

Mach number indicator 마하계

항공기의 대기속도를 음속에 대한 비율로 표시한 계기. 음속에 대한 항공기 대기속도를 무차원비로 나타낸다.

magnesyn 마그네신

오토신의 회전자인 전자석을 강력한 영구자석으로 바꾼 형태의 계기. 고정자는 고리형 연철코어에 코일을 감은 구조이며, 오토신과 비교할 때 작고 가볍다.

magnetic amplifiers 자기증폭기

변압기의 코어 포화 원리와 코어 비선형 특성을 사용하여 전기신호를 증폭시키는 전자기 장치

magnetic chip detector(MCD) 마그네틱 칩 디텍터

엔진오일 계통 내부의 철금속 부품의 손상 정도를 점검하기 위해 오일탱크 하부에 장착된 마그네틱 플러그. 오일탱크·기어박스·스타터 등 오일이 지나는 흐름이 있는 낮은 부분에 장착되어 베어링이나 기어 등 내부 구성품의 마모, 충격에 의해 깨진 조각 등의 철금속의 유무를 주기적으로 점검하여 엔진 등 해당 구성품의 지속적인 사용 여부를 분석하기 위해 사용된다. 최근 debris monitoring system detectors라는 명칭의 디지털 방식이 적용되어 정비사가 열어보는 수고를 덜어주고 조종석 CDU engine maintenance page에서 실시간으로 확인할 수 있는 기능으로 향상되었다.

magnetic compass 자기 컴퍼스
항공기의 자방위를 알아내기 위해 장착한 영구자석을 이용한 직독식 나침반. 항공기의 기수방위를 자방위로 측정하여 표시하는 계기이며, 항공기기술기준에 고도계·속도계·시계와 함께 필수 장착계기로 지정되어 있다. 동적오차·자차 등의 오차를 줄여주기 위해 마그네신 컴퍼스, 자이로신 컴퍼스 등으로 발전된 원격지시 컴퍼스가 사용되고 있다.

magnetic deviation 자기편차
자북과 나침반 사이의 각도 차. 나침반과 가까운 부분에 장착된 금속구조물과 전기적 작동으로 생성되는 전자기기의 영향 등으로 항공기에 장착된 나침반에서 유도되는 오차

magnetic dip 복각
지자기 방향이 수평면과 이루는 각. 적도 위에서 자기력선이 지구 표면과 수평이 되고 적도에서 북극을 향해 갈수록 바늘이 점점 더 아래로 향하여 복각이 증가한다.

magnetic drain plug
마그네틱 드레인 플러그
시동기의 내부 윤활유에 포함된 금속조각을 검출하기 위한 플러그. 기어로 작동하는 내부 철금속 구성품의 상태 점검을 위하여 오일 하우징 아래 부분에 장착되어 드레인 홀을 막는 플러그 역할을 하며, 중간에 자석이 있어서 오일에 포함된 철금속 가루의 유무를 확인하여 시동기의 고장 여부를 판단하는 기능을 한다.

magnetic particle inspection 자분검사
철, 니켈, 코발트 및 이들 합금과 같은 강자성 재료의 표면 및 표층 밑부분의 불연속성을 찾아내기 위해 자기장을 이용하는 비파괴검사. 검사 후 자성을 제거하는 탈자 절차가 수행되어야 한다.

magnetic variation 편각
수평면에서 지자기 방향이 진북과 이루는 각. 나침반의 자침이 가리키는 방향은 지구 자기장의 자북을 가리키게 되며, 지구의 자전축인 진북과 자북이 일치하지 않아 발생한 각도 차이

magneto 마그네토
영구자석을 사용하여 교류의 주기적인 펄스를 생성하는 발전기. 영구자석이 아닌 필

드 코일을 사용하는 대부분의 다른 교류 발전기와 달리, 마그네토에는 직류를 생성하는 정류자가 없다.

magneto drop 마그네토 드롭
점화계통의 상태를 점검하기 위해 엔진이 가동되고 있는 상황에서 점화스위치의 포지션을 변경하면서 회전계기의 회전수가 떨어지는(drop) 정도를 확인하고 이상 유무를 판단하는 것. 비행 전 마그네토 드롭 점검을 통해서 엔진의 정상 작동 여부를 판단하는 기준으로 삼는다.

main journal 주 저널
크랭크축의 회전 중심으로 주 베어링이 장착되는 곳. 엔진 출력부의 회전 구성품 무게와 작동 하중을 견디기 위해 두 개 이상의 메인 저널로 구성된다. 보통은 크랭크 케이스 전방과 후방에 지지되어 크랭크축이 회전하는 동안 함께 작동하는 구성품들의 기준축 역할을 한다.

main metering system 주 계량장치
아이들링(idling) 작동 이상의 모든 속도에 반응하여 조절된 연료를 엔진에 공급하는 장치. 구성품으로 venturi, main metering jet, main discharge nozzle, idling system으로 이어지는 통로, 스로틀밸브(throttle valve)가 있으며, 이 시스템에 의해 배출되는 연료는 벤투리 목부분의 압력 강하에 의해 결정된다.

main rotor 주 회전날개
양력을 발생시키는 비행기의 날개와 같은 역할을 하는 헬리콥터의 회전날개. mast, hub, rotor로 구성되며, 헬리콥터 무게를 지탱하는 양력과 전진 비행 시 항력에 대응하는 추력을 생성하는 기능을 한다.

main wing 주 날개
항공기가 비행하는 데 필요한 양력을 발생시키기 위한 날개. 양력을 발생시킬 수 있는

에어포일을 가지고 있으며, 직선형 날개, 테이퍼형 날개, 후퇴형 날개, 전진형 날개, 삼각형 날개, 가변형 날개 등으로 구분한다. 보통 동체 좌우에 1개씩의 날개가 장착되지만 2개나 3개씩 장착된 복엽기 또는 다엽기도 있다.

maintainability 정비성

대상 항공기의 정비가 어느 정도 쉬운지, 정비방식이 단순화되어 있는지를 나타내는 정도. 정비성을 판단하기 위해 man-hour(정비인시수) 단위가 사용된다. 정비작업을 수행하는 데 필요한 사람 수와 시간을 표현한 것으로, 몇 명이 몇 시간 일할 분량으로 표현한다. 정비성의 요소 중 하나는 작업을 수행하기 위해 시설·장비가 어느 정도 필요한가를 들 수 있다.

maintenance 정비

항공기의 지속적인 감항성 확보를 위해 수행되는 검사, 분해검사, 수리, 부품의 교환 및 결함의 수정. 조종사가 수행할 수 있는 비행 전 점검 및 예방정비는 포함되지 않는다.

Maintenance Control Manual 정비규정

항공기에 대한 모든 계획 및 비계획 정비가 만족할 만한 방법으로 정시에 수행되고 관리되고 있음을 보증하는 데 필요한 항공기 운영자의 절차를 기재한 규정. 항공기 무게중심 측정 절차, 감항성 유지를 위한 정비프로그램과 검사프로그램, 품질관리 방법 및 절차, 신뢰성 관리 절차, 훈련방법, 정비범위 등을 포함하고 있다.

Maintenance Error Decision Aid (MEDA) 정비에러 판단도구

정비사와 검사원에 의해 발생한 에러를 조사하는 데 사용되는 구조화된 프로세스

Maintenance Manual 정비매뉴얼

항공기 등의 제작사에서 발행하며, 항공기 등의 정비작업을 위한 업무 task 등을 담고 있는 교범. 운용 및 정비를 위하여 계통 및 장비품의 개요, 검사방법, 장탈 및 장착 방법, 고장탐구방법 등이 수록되어 있으며, AMM(Aircraft Maintenance Manual), IPC(Illustrated Parts Catalog), SSM(System Schematic Manual), SRM(Structure Repair Manual), FIM(Fault Isolation Manual) 등이 기본적으로 활용된다.

Maintenance Organization Procedure Manual 정비조직절차교범

정비조직의 구조 및 관리의 책임, 업무의 범위, 정비시설에 대한 설명, 정비절차 및 품질보증 또는 검사시스템에 관하여 상세하게 설명된 정비조직의 장(head of AMO)에 의해 배서된 서류. 정비본부를 운영하기 위한 가이드북 역할을 한다.

Maintenance Planning Document (MPD) 정비계획서

운영자의 초도 계획 정비프로그램의 개발을 위해 항공기 제작사가 제공하는 안내서.

MPD task list는 설계국가의 MRB(Maintenance Review Board) report를 포함하며 제작사에서 권고하는 계획정비요목(Scheduled Maintenance Task, Routine Tasks)으로 이루어진다.

maintenance program 정비프로그램

항공기의 감항성 유지를 위해 예상 가동률을 고려하여 수행되어야 할 계획된 정비요목과 점검주기 등을 서술한 문서. 운영자는 항공 당국의 승인을 받은 정비프로그램을 정비 및 관련 운항 직원들이 사용할 수 있도록 제공하고, 이에 따라 항공기 정비가 수행됨을 보증하여야 한다.

maintenance release 정비확인

정비작업이 인가된 자료와 정비조직절차교범의 절차 또는 이와 동등한 시스템에 따라 만족스럽게 수행되었음을 확인하고 정비문서에 서명하는 행위

maintenance task 개별 정비요목

운영자의 항공기 정비프로그램에 따라 항공기의 안전성과 신뢰성을 유지하기 위하여 수행되는 정비작업의 시기 및 방법 등을 정한 것. 항공기 사용시간, 비행횟수 또는 날수(calendar day)에 따라 주기가 정해진다.

maintennance training programme 정비훈련프로그램

운항증명소지자에게 요구되는 정비요원의 직무와 책임을 적절하게 수행할 수 있도록 항공당국이 승인한 초도 및 보수 교육과정이 포함된 프로그램. 인적수행능력(human performance)에 관한 지식과 기량에 대한 교육, 정비요원과 운항승무원과의 협력에 관한 교육을 포함하고 있다.

major repair 대수리

항공기 등의 고장 또는 결함으로 중량, 평형, 구조강도, 성능, 발동기 작동, 비행특성 및 기타 품질에 상당하게 작용하여 감항성에 영향을 주는 것으로, 간단하고 기초적인 작업으로는 종료할 수 없는 수리

malleability 펴짐성

금속의 물리적 특성 중 하나로, 압축에 의해 변형되어 새로운 형태를 취하는 속성. 망치질이나 압착, 롤링 등으로 깨지지 않고 형태가 변하는 성질이다.

mallet 맬리트

알루미늄 판재 등의 굽힘 가공 시 사용하며, 재료의 손상 없이 가공작업을 할 수 있도록 머리 부분이 연질의 금속·플라스틱·고무 재질로 만들어지며, 이 부분이 거칠면 가공재료에 결함이 생길 수 있기 때문에 손상된 머리 부분을 교환할 수 있도록 제작한다.

mandatory incident reporting system 항공안전장애 의무보고시스템

항공기사고, 항공기준사고, 항공안전장애를 발생시켰거나 발생한 것을 알게 된 항공종사자 등 관계인은 「항공안전법」 제59조에 의거 의무보고를 해야 하며, 이를 위해 마련된 통합항공안전정보시스템(https://www.esky.go.kr)이다.

manifold pressure 매니폴드 압력

흡기계통의 적절한 위치에서 측정되는 절대압력으로, 왕복엔진의 연료-공기 혼합기를 공급해주는 공급경로상에 존재하는 절대압력. 엔진의 실린더로 공기를 밀어넣는 힘을 말한다.

manual mixture control valve 수동혼합기 조정밸브

벤투리 흡입공기를 블리딩하여 항공기의 고도가 높아짐에 따라 정확한 연료와 공기 혼합기의 비율을 유지하는 역할을 하는 밸브. 레버의 포지션은 ① 희박 혼합비, ② 농후 혼합비, ③ 연료 흐름을 완전히 멈춤이며, 이 세 가지 중에서 선택할 수 있다.

marker beacon 마커 비콘

항공기가 활주로에 안전하게 착륙할 수 있도록 계기 착륙 시스템과 함께 사용되는 특정 유형의 VHF 무선 비콘. 조종사에게 활주로까지의 남은 거리를 outer marker(blue), middle marker(amber), inner marker(white)의 3단계 색상으로 구분된 라이트와 신호음으로 제공한다.

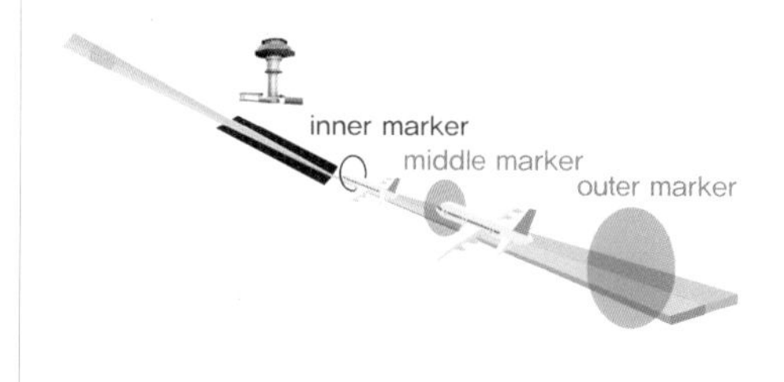

marking of brake in points
파괴위치표시

항공기가 사고 등으로 비상상황이 발생했을 때, 항공기 내부로 진입할 수 있도록 파괴가 가능한 부분을 확인하기 쉽게 표시한 것. 구조적으로 간단하고 방해물이 없는 구역을 설정한다.

martensite 마텐자이트
탄소강을 오스테나이트계 구역까지 가열하였다가 급랭하면서 페라이트는 억제되고 시멘타이트만 과포화 고용체로 석출된 상태

mass balance 매스 밸런스
조종면의 플러터 방지와 조타력을 가감하기 위해 추가로 장착하는 중량물. 조종면을 장착할 때 무게중심이 힌지 축보다 전방에 위치하도록 하거나 러더의 상부 일부분을 힌지 축 전방으로 돌출되게 제작하여 장착한다.

material safety data sheet(MSDS)
물질안전보건자료

화학물질을 안전하게 사용하고 관리하기 위해 필요한 정보를 기재한 문서로, 화학물질을 제조·수입·사용·저장하는 사업주가 해당 물질에 대한 유해성 평가 결과를 근거로 작성한 자료. 화학물질에 노출된 작업자에게 심각한 피해가 발생할 경우 위험요인과 대처방법을 안내하기 위해 해당 성분과 그 성분이 인체에 미치는 영향을 작업자가 신속하게 인지할 수 있도록 제작자, 판매자가 제공하는 안내자료. 항공기 정비현장에서 사용되는 모든 화학물질에 직관적으로 인식할 수 있는 표식이나 그림으로 작업자에게 경고할 수 있는 스티커 부착이 의무화되어 있다.

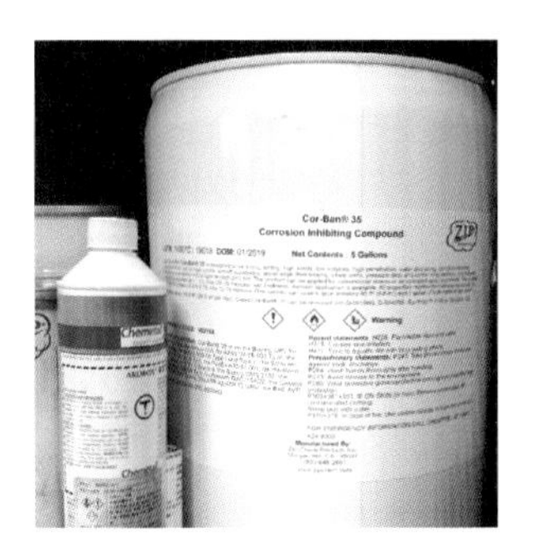

maximum landing weight 최대 착륙 중량
항공기의 강도와 감항성 요구사항에 의해 제한된 착륙 시의 최대 중량

maximum operating limitation speed 최대운용한계속도
항공기의 통상적인 운용 시 초과하면 안 되는 속도. 제트항공기의 경우 저고도에서는 지시대기속도 V_{MO}, 고고도 비행 시에는 마하수 M_{MO}로 표시한다.

maximum speed 최대속도
항공기가 도달할 수 있는 최대속도. 통상 수평비행 시 가능한 속도가 기록되어 있다.

maximum take-off weight(MTOW) 최대이륙중량

기종별 성능을 표현하기 위해 항공기 제원상에 표시된 이륙 활주 시 허용되는 항공기의 최대 중량. 항공기에 요구되는 감항성 요구사항을 충족하는 가장 무거운 무게로, 연료와 여객, 화물 등 유상하중(payload)을 모두 포함한다. 실제로 항공기 최대허용이륙중량은 항공기 자체 중량 한계뿐 아니라 그날 그날의 탑재되는 연료량, 이착륙에 사용되는 공항시설, 날씨 등 다양한 조건을 고려하여 산출한 runway limited take−off weight(RTOW) 개념이 사용된다.

	SOW	BEW	operating Item	
MZFW	ZFW	SOW	payload	
	taxi weight	ZFW	total fuel	
MTOW	TOW	ZFW	take−off fuel	taxi fuel
MLDW	LDW	ZFW	reserve fuel	trip fuel

maximum zero fuel weight 최대영연료중량

표준운항중량(Standard Operating Weight, SOW)에 여객 등 페이로드를 추가한 총중량. 항공기 구조설계 시 연료를 탑재하기 전 상태에서 상한으로 정해진 중량을 말한다.

mean aerodynamic chord(MAC) 평균공력시위

하나의 날개에서 양력 발생으로 이어질 풍압분포는 날개의 폭 방향으로 변화하기 때문에 날개 전체의 풍압분포를 대표할 수 있도록 선정된 시위선. MAC에 양력이 모두 작용한다고 가정하면 주 날개의 특성을 계산하는 데 편리하고, 통상적으로 주 날개의 평면형의 면적 중심을 지나는 지점의 시위선을 사용한다.

mechanical efficiency 기계효율

실린더에서 팽창하는 가스에 의해 발생된 동력이 실제로 출력 샤프트로 전달되는 정도를 나타내는 비율

$$기계효율 = \frac{bhp}{ihp}$$

mechanical energy 기계적 에너지

물체의 운동 상태에 따라서 결정되는 퍼텐셜 에너지와 운동에너지의 합을 말한다. 위치에너지와 운동에너지의 합은 항상 일정하다.

mega ohmmeter 절연저항계

전동기의 절연시험과 같은 큰 저항값을 측정하는 전자계기. 절연은 전기가 흐르지 않아야 되는 전기장치 부분이나 부품의 상태를 의미하고, 절연상태에서는 전기가 흐르지 않으므로 MΩ 단위의 큰 저항을 측정할 수 있어야 한다.

metal fatigue 금속피로

금속재료에 계속하여 변형력을 가하면 부재 또는 구조의 강도가 약해지는 현상. 항공기는 금속재료의 사용비율이 높기 때문에 피로에 대한 중요성이 강조되며, 금속에 발생하는 피로가 증가할 경우 부재의 파단으로 인한 항공기 사고로 이어질 수 있다.

metal finishing 금속 마감 처리

부품제작 금속의 부식·마모 등을 예방하기 위한 마지막 표면처리. Boeing의 경우 수리 및 개조 작업 시 제작도면에 기록된 금속 마감 절차를 온전하게 수행할 수 있도록 SOPM 20-41-01에 finish code decoding table을 제공하고 있다.

metal inert gas welding (MIG welding) 불활성기체 금속용접

불활성가스를 사용하며, 사용하는 소모성 와이어가 전극봉 역할을 하여 전극봉 끝과 모재 사이에 아크를 발생시켜 전극이 녹아서 달라붙어 용접이 되는 방식이다.

metallic sodium 금속나트륨

왕복엔진의 배기밸브를 높은 열로부터 보호하기 위해 밸브 내부에 충전된 금속나트륨. 금속나트륨은 우수한 열전도체이다. 엔진 작동으로 인해 상승한 높은 열에 노출되면 약 208℉에서 금속나트륨이 녹아 중공으로 만들어진 밸브 내부를 액체 상태로 상전이된 나트륨이 왕복운동을 통해 순환하며, 순환 운동하는 나트륨이 밸브 헤드에서 밸브 스템으로 열을 전달하여 밸브 가이드를 통해 실린더 헤드와 냉각핀으로 열을 방출한다. 이러한 열전달을 통해 밸브의 작동온도는 300~400℉까지 낮아질 수 있다.

methods for security screening of cargo 화물에 대한 보안검색방법

항공운송사업자는 화물기에 탑재하는 화물에 대하여 개봉검색, 엑스선 검색장비에 의한 검색, 폭발물 탐지장비 또는 폭발물 흔적 탐지장비에 의한 검색, 폭발물 탐지견에 의한 검색, 압력실을 사용한 검색 등의 방법을 이용한다.

mineral-based fluid 광물성유

석유계에서 추출한 hydraulic fluid. 인화점과 발화점이 상대적으로 낮아서 화재의 위험성이 높지 않은 운송용 항공기의 landing gear shock strut 내부 작동유로 사용된다. 체리주스 색상으로 착색이 되어 있으며 MIL-H-5606이 대표적이다.

Minimum Equipment List (MEL) 최소장비목록

정해진 조건 아래 특정 장비품이 작동하지

않는 상태에서 항공기 운항에 관한 사항을 규정하는 목록. 감항성과 관련된 주요 구성품의 최소 작동 수량을 확보하기 위한 개념으로 감항성을 전제로 하며 조종사 영역(O), 정비사 영역(M)으로 적용 가이드를 제시하고 있다.

747-8/8F MEL

ATA 21 **Air Conditioning** **Section 2**

21-61-10 **Aft Cargo Trim Air Valve (TAV)**
21-61-10-02 **747-8I**
21-61-10-02A **Valve Closed**

Interval	Installed	Required	Procedure	After Door Close
C	1	0	(M)	Return To Gate
May be inoperative deactivated closed.				

MAINTENANCE (M)
Deactivate the aft cargo TAV closed (AMM 21-00-00/901).
1. Open the following circuit breakers:
   A. P180 panel AIR SYSTEMS CONTROL 2-A PWR
   B. P180 panel AIR SYSTEMS CONTROL 2-B PWR
   C. P180 panel IASC #2 WETTING CURRENT
2. Gain access to the aft cargo TAV.
3. Disconnect, cap, and stow the electrical connector from the aft cargo TAV.
4. Move the aft cargo TAV to the closed position.
5. Close the opened circuit breakers.

OPERATIONS NOTE
Temperature control may be degraded in the aft lower cargo compartment, depending on the target temperature relative to other zones. A colder target temperature is achievable while a warmer target temperature may not be possible.

misfiring 실화

연료 고갈 이외의 오작동으로 인해 연소가 정지되는 현상. 비행 중 엔진 작동이 정지할 경우 항공안전장애에 해당하여 국토교통부에 보고해야 하는 중요한 사항이다.

missed approach 실패접근

항공기가 착륙 공항에서 정상적인 착륙을 위해 접근할 수 없는 상황. 조종사는 다음 착륙을 재시도하기 위해 실패접근 절차를 수행해야 한다.

mixture control system 혼합기 조절장치

고고도 비행 중 혼합기가 너무 농후해지지 않도록 연료의 양을 조절해주는 장치. 벤투리에 의해 생성되는 저압 영역은 공기 밀도보다는 공기 속도에 따라 달라지는데, 낮은 고도에서와 동일한 양의 연료를 높은 고도에서 분사 노즐을 통해 공급해 줄 때 밀도가 낮은 공기와 혼합된 혼합물은 고도가 높아질수록 더욱 농후한 상태가 되어 이를 방지하기 위해 고도 변화에 따른 연료의 공급량을 조절해 준다.

Mode S SSR transponder

2차 감시 항공교통관제 레이더용 트랜스폰더

각 항공기에 할당된 고유한 24비트 주소에 따라 항공기를 선택적으로 조사할 수 있는 보조 감시 레이더 시스템

monocoque structure 모노코크 구조

구조외피라고도 불리는 모노코크는 달걀 껍질과 비슷하게 물체의 외피에 의해 하중이 지지되는 구조시스템이다. 다른 보강 부재가 사용되지 않기 때문에 주 응력을 외피가 전담하며,충분한 강도를 유지하기 위해 외피의 두께 증가가 필수적이라서 항공기의 중량이 증가하는 단점이 있다. 항공기 내 적재 공간을 확보하기 위해 초기 모델에 사용

되었다.

motor slip 전동기 슬립

슬립(slip)은 회전자기장의 속도인 동기속도(N_S)와 전동기의 실제 정격속도(N)의 차를 %로 나타낸 것이다. 무부하 상태에서는 동기속도와 같은 속도로 회전자가 회전하므로 슬립은 S=0%가 되고, 부하를 걸면 회전자의 회전속도가 동기속도보다 몇 % 정도 느려진다.

$$S = \frac{N_S - N}{N_S} \times 100\%$$

mounting lug 장착 러그

보기품을 장착한 엔진을 항공기에 안전하게 고정할 수 있도록 크랭크 케이스 후면 또는 성형엔진의 디퓨저 섹션 주변에 마련된 구조부

MSG-2 상향식 정비기법

항공기 고유의 설계 신뢰도를 유지할 수 있도록 미국의 항공운송협회(ATA)에서 개발한 정비프로그램 개발 분석기법. 장비품의 내구력 감소 발견 방법으로부터 분석을 시작하는 상향식 접근방식(bottom up approach)의 분석기법을 사용하여 HT, OC, CM으로 구분하여 정한다.

MSG-3 하향식 정비기법

MSG-2를 개선한 정비요목(maintenance task) 위주의 정비프로그램 개발 분석기법. 항공기의 계통, 기체구조 및 부위를 기능상실(functional failure)의 영향으로부터 분석하는 하향식 접근방식(top down approach)의 분석기법을 사용하여 HT, OC, CM이 아닌 servicing, operational check, functional check, restoration, inspection 및 discard 등의 task로 구성되며, 최근 제작된 항공기에 적용된다.

muffler 머플러

내연기관의 배기가스에서 발생하는 소음을 줄이기 위한 장치. 왕복엔진에 사용된 머플러는 객실과 기화기에 사용될 뜨거운 공기를 공급할 열교환기 역할을 하도록 만들어진다.

N

nacelle 나셀

항공기의 엔진이나 기타 장비 등을 수용하는 동체와 분리된 하우징. 공기역학적인 유선형 제작이 설계 시 고려되는 중요한 요소이며 fuel line, control line 등을 pylon을 통해 항공기로 연결한다.

navigation display(ND) 내비게이션 디스플레이

항법 및 항행에 필요한 여러 가지 정보를 제공하는 통합표시장치. 현재 위치, 기수 방위, 비행 방향, 비행 설정 코스, 비행 통과 지점까지의 거리, 소요 시간의 계산과 지시 등의 비행경로, VOR, ADF, ILS, weather radar, TCAS 등에 관한 항법 및 항행정보를 표시하며 plan mode, map mode, vor mode, approach mode의 4가지 display mode로 구성되어 있다.

nick 찍힘

얇은 구성품이나 부품의 가장자리 끝부분에 강한 접촉에 의해 잘리거나 찍히는 것. 터빈 블레이드 끝부분에 FOD에 의한 손상이 자주 발생한다.

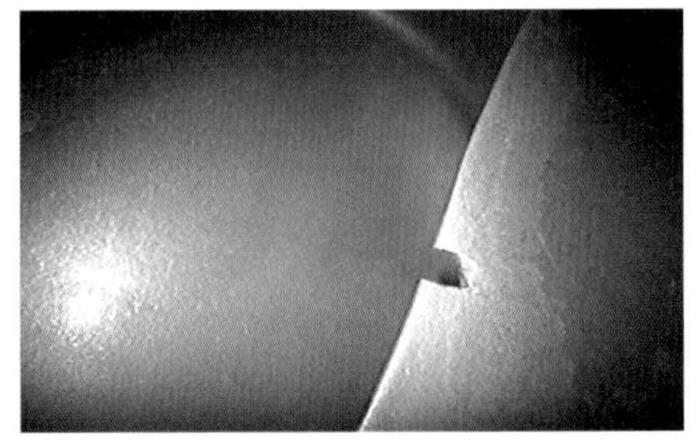

nitriding 질화처리

500~600℃의 온도에서 40시간 이상 암모니아 가스에 노출시켜 강의 표면에 질소가 침투하도록 하여 강의 표면을 경화시키는 열화학적 처리방법. A1 변태점(723℃) 이하의 온도에서 처리하여, 조직 변화를 유도하는 경화방법이 아니기 때문에 침탄법과 비교할 때 열처리 변형이 작다는 장점이 있다.

no delay on the airside 이동지역에서의 지연금지

「항공사업법」 제61조의 2(이동지역에서의 지연금지 등)에 의거하여 항공운송사업자는 항공교통이용자가 항공기에 탑승한 상태로 이동지역에서 국내항공운송의 경우 3시간, 국제항공운송의 경우 4시간을 초과하여 머무르게 할 수 없다. 이동지역은 활주로·유도로 및 계류장 등 항공기의 이륙·착륙 및 지상이동을 위하여 사용되는 공항 내 지역을 말한다.

no tail rotor helicopter (NOTAR helicopter) 테일로터 없는 헬리콥터

헬리콥터 rotor 회전에 의한 anti-torque 제공을 위해 붐 안쪽에 장착된 회전 노즐을 갖춘 헬리콥터. 테일로터가 없는 것처럼 보이지만 붐 내부에 장착된 팬을 사용하여 다량의 저압 공기를 생성하는데, 이 공기가 두 개의 슬롯을 통해 빠져나가면서 테일 붐 주변의 경계층을 만들고, 경계층은 테일 붐 주변의 기류 방향을 변경하여 메인 로터의 토크 효과에 의해 동체에 전달되는 움직임과 반대되는 추력을 생성한다.

nomex 노멕스

듀폰이 1960년대 초 개발한 내화성 meta-aramid 소재. 탄력성이 우수하고, 밀도가 낮으며 강도 대 중량비가 높아 허니콤 구조의 내부 충전재로 사용된다.

non constant displacement pump 가변용량식 펌프

계통에서 요구된 설정 압력으로 공급할 수 있도록 회전수에 따라 행정거리를 달리하여 1회전마다 토출되는 유체의 양이 변하는 펌프. 회전수가 증가하면 swash plate의 각도가 작아져 행정거리가 짧아진다.

nondestructive inspection (NDI) 비파괴검사

검사하고자 하는 대상물의 재료를 파괴하거나 표면상태를 변형시키지 않고 검사하는 방법. 대표적으로 액체침투법, 자기탐상법, 초음파검사법, 방사선투과법, 와전류탐상법 등이 있으며 재료의 표면 결함이나 내부 결함을 관찰할 수 있다.

non-routine card (NRC) 결함카드

계획된 항공기 정시점검 작업 중 발생한 결함 내용 및 조치사항을 기록한 카드. 결함카드(NRC) 분석자료는 운영자가 제기한 정비프로그램 주기 조정의 타당성을 입증하는데 필요한 자료로 활용한다.

normalizing 불림

압연이나 단조로 인해 불균일하게 된 소재 조직을 균일하게 하고 커진 입자를 미세하게 하여 기계가공 등의 작업을 했을 때 표면을 보기 좋게 하는 열처리 방법. 일정시간 가열(850~900℃ 부근)한 후 공기 중에서 냉각시킨다.

nose wheel centering cam 앞바퀴 중립장치

항공기가 이륙한 후 노즈 랜딩기어가 비행기 중심축과 평행하게 정렬되도록 쇼크 스

트럿 내부에 만들어진 기계장치. 정렬되지 않은 상태에서 랜딩기어 레버가 up되었을 경우 동체와의 간섭으로 인해 구조적 손상이 발생할 수 있기 때문에 자중에 의해 내려오면서 정렬될 수 있도록 암수 캠이 만들어진다.

not start 시동불능

엔진 시동 시 정해진 시간 안에 시동이 걸리지 않는 현상. 엔진 회전수와 배기가스 온도의 변화가 없는 것으로 확인 가능하다.

notice to air man(NOTAM) 노탐

항공정보 중 긴급하거나 1차적으로 고려해야 할 항목과 관계된 정보. 공항이나 항공보안시설 사용의 개시·정지, 공항 내 공사 등 항공기 운항에 장애가 발생할 수 있는 내용들에 대한 정보를 포함한다. 출발 전 운항승무원이 브리핑에서 확인한다.

http://aim.koca.go.kr/xNotam

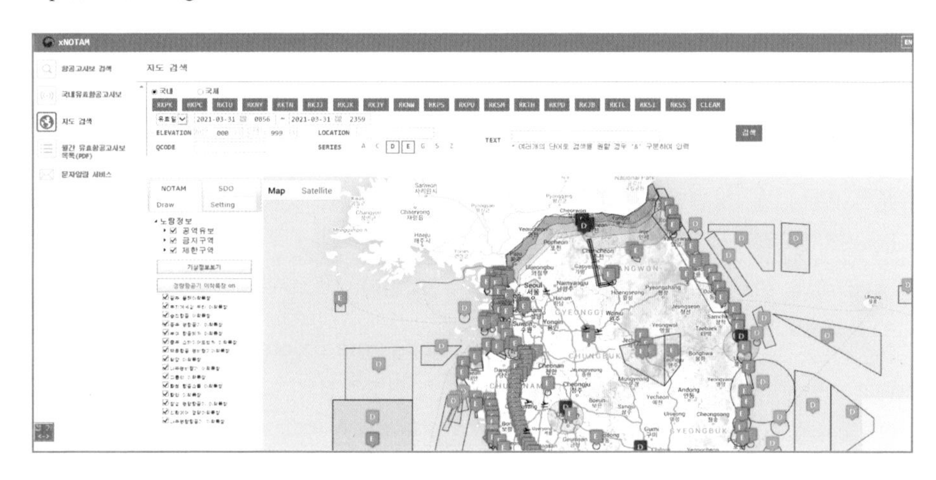

O

obligations of passengers to cooperate 승객의 협조의무

항공기 내에 있는 승객은 승객의 안전한 운항과 여행을 위하여 폭언·고성방가 등 소란 행위, 흡연, 술을 마시거나 약물을 복용하고 다른 사람에게 위해를 가하는 행위, 다른 사람에게 성적 수치심을 주는 행위, 「항공안전법」 제73조를 위반하여 전자기기를 사용하는 행위, 기장의 승낙 없이 조종실 출입을 기도하는 행위, 기장 등의 업무를 위계 또는 위력으로써 방해하는 행위를 해서는 안 된다.

obstacle limitation surface 장애물제한표면

항공기의 안전운항을 위하여 공항 또는 비행장 주변에 장애물의 설치 등이 제한되는 표면으로서 대통령령으로 정하는 구역. 제한표면 내에 운항에 방해가 될 만한 구조물에는 장애물제한표시를 해야 한다.

ohmmeter 저항계

리드 사이의 저항을 측정하는 데 사용되는 도구. 전류 측정 시 전류계를 측정하고자 하는 회로를 끊고 직렬로 연결한다. 이때 회로에 걸리는 전압에 미치는 영향을 작게 하기 위해 전류계 내부 저항은 되도록 작게 한다.

oil control ring 오일조절링

실린더벽의 오일 필름 두께를 조절하는 기능을 수행하기 위해 압축링 바로 아래 및 피스톤 핀 보어 위의 홈에 장착되는 링. 피스톤당 하나 이상의 오일조절링이 장착되며, 필요 이상의 오일이 크랭크케이스로 되돌아갈 수 있도록 링 홈의 바닥이나 홈 옆의 랜드에 구멍 가공을 한다.

oil dilution 오일 희석

온도가 매우 낮은 추운 날씨에도 왕복엔진을 시동할 수 있도록 윤활유의 점도를 일시적으로 낮추는 방법. 엔진을 정지시키기 전에 연료계통의 충분한 가솔린이 엔진의 윤활유와 혼합, 희석되어 오일의 점도가 낮아져 스타터에 부하가 발생하지 않고 시동을 걸 수 있도록 하는 기능이며, 엔진이 시동되고 오일이 예열되면 가솔린은 증발하여 오일의 성능은 유지된다.

oil jets 오일 제트

베어링에 오일을 공급하기 위한 노즐. 윤활유를 공급하는 방법 중 하나로, 오리피스 형태로 만들어진다. 압력에 의해 노즐 끝에서 미세한 입자로 분사되어 공급되고, 작은 오리피스의 막힘 현상을 예방하기 위해 내부에 라스트 찬스 필터를 장착한다.

oil scraper ring 오일 스크레이퍼 링

피스톤 스커트 부분에 위치하며 경사단면이 있어 피스톤이 하향할 때 실린더벽의 오일을 긁어 내리는 역할을 하는 링. 연소실에 오일의 유입을 막아 오일 소모량을 줄인다.

oleo strut 올레오 스트럿

착륙 시 발생하는 큰 하중을 흡수하기 위해 유체의 비압축성과 기체의 압축성 특성을 적절하게 조합하여 충격흡수 효과를 극대화한 랜딩기어 shock strut의 형식. 충전된 유압유와 질소가스가 제한된 크기의 오리피스를 통과하면서 발생하는 충격에너지를 열에너지로 발산하며 충격을 흡수하는 원리가 적용된다.

omega navigation system 오메가 항법 시스템

8개의 고정 지상국으로부터 전송된 10~14 kHz의 초저주파수(very low frequency) 무선 신호 위치를 결정할 수 있는 쌍곡선 항법 시스템. 전리층에 반사되는 특징으로 유효 도달거리가 1만~1.5만 km이고 전파의 위상안정도가 높은 특징이 있지만 GPS 시스템을 위해 폐쇄되었다.

on condition (OC) 온컨디션, 상태점검품목

MSG-2기법에 포함된 부분품을 대상으로 하는 정비방식의 하나. 특정 부품에 대해 항공기 장착상태에서 점검 또는 시험을 통해 다음 점검까지 감항성을 보증하도록 하는 정비방식으로, 발견된 결함에 대해서는 수리 또는 장비품 등을 교환한다.

on-time reliability 정시성

정해진 시간에 항공기를 운항할 수 있는 능력. 민간여객기의 경우 항공기 및 항공사의 문제로 출발이 15분 이상 지연되면 정시 출발하지 못한 것으로 처리되며, 항공사의 신뢰도에 영향을 준다.

Operating Limitations Specification 운용한계지정서

국토교통부장관 또는 지방항공청장이 감항증명을 하는 경우, 항공기기술기준에서 정한 항공기의 감항분류에 따라 지정한 운용한계. 속도에 관한 사항, 발동기 운용성능에 관한 사항, 중량 및 무게중심에 관한 사항, 고도에 관한 사항 및 그 밖에 성능한계에 관한 사항을 한정한다.

operating weight 운항중량

항공기 자체무게(empty weight)에 추가하여 승무원 및 수하물, 물, 오일, 음식, 갤리 품목, 승객 소모품 및 빈 수하물 컨테이너 등 항상 항공기에 탑재되는 품목을 포함하는 중량. 연료 무게는 제외된다.

operational amplifiers 연산증폭기

2개의 차동 입력과 보통 1개의 단일 출력을 가지는 DC coupled 전압증폭기. 하나의 연산증폭기는 그 입력단자 간의 전위차보다 백배에서 수천 배 큰 출력전압을 생성한다.

operations manual 운항규정

항공운송사업자가 운항을 시작하기 전까지 국토교통부장관에게 인가를 받아야 하고 항공기의 운항 또는 정비에 관한 업무를 수행하는 종사자에게 제공해야 하는 규정. 일반사항, 항공기 운항정보, 지역·노선 및 비행장, 훈련과 같은 운항업무관련 종사자들이

임무 수행을 위해 필요한 지침을 포함하고 있다.

Operations Specification(OpSpec)
운영기준

안전운항을 위하여 준수해야 할 항로 및 공항 등에 대한 운항조건 및 제한사항과 위험물 운송, 저시정 운항, 회항시간 연장운항(EDTO), 수직분리간격축소기법(RVSM)공역운항, 성능기반항행(PBN)요구공역운항 등에 대한 허가사항을 포함하고 있다.

operator's maintenance task
운영자 정비요목

항공기 운영 중 발생한 결함 분석 또는 정비작업의 편의 등을 고려하여 운영자가 제정한 정비요목

opposed type engine 대향형 엔진

경량항공기에 많이 사용되고 있는 왕복엔진의 하나로, 실린더의 배치방법에 의한 분류에 해당하며, 실린더가 마주보며 수평으로 엇갈려 배치되어 좌우로 움직여 동력을 발생시키는 형상을 하고 있다. 항공기용 왕복엔진 중에서 효율성·신뢰성·경제성이 우수하여 최근 인기가 많은 조종사 양성기관의 초등비행 훈련용 항공기 대부분에서 사용하고 있다.

optimized maintenance program
(OMP) 최적화 정비프로그램

항공기 제작사에서 운영자의 신뢰성 자료와 전 세계의 자료를 비교 검토하여 주기 조정에 대한 적합성을 검증하고 운영자의 환경에 맞는 정비프로그램을 제작사가 제공하는 서비스

orifice type check valve
오리피스형 체크밸브

계통 내 튜브의 중간 부분에 장착되어 역류하는 유체의 흐름을 제어·차단하는 두 가지 기능을 가진 밸브. 랜딩기어 도어와 같이 접혀 올라갈 때는 신속하게 작동하고, 자중에 의해 열릴 때는 무게로 인해 급하게 열리면서 구조부분에 무리가 가지 않도록 천천히 열리도록 흐름을 제한하는 곳에 사용한다.

oscilloscope 오실로스코프

다양한 신호전압을 그래픽으로 표시하는 전자 테스터 기기. 멀티미터가 전압, 전류, 저항 등의 특징적 신호의 크기만을 표시한다면, 오실로스코프는 다양한 신호의 시간적 변화에 따른 신호 모양까지를 표시해 주기 때문에 시간 간격 측정, 주파수 측정, 위상차 측정 등을 할 수 있다.

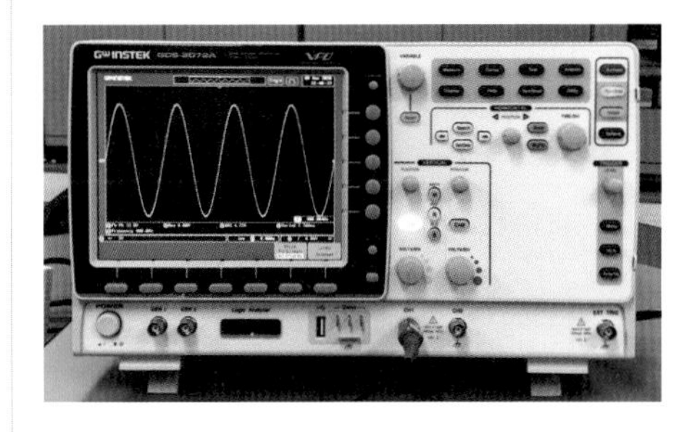

Otto cycle 오토사이클

가솔린 기관 또는 전기점화 내연기관의 기본이 되는 이론 사이클로서 2개의 단열과정과 2개의 정적과정으로 이루어져 있다. 동작유체에 대한 열공급 및 방출이 일정한 체적하에서 이루어지는 정적사이클이다.

over center 오버 센터

랜딩기어의 사이드 스트럿이 쉽게 접히는 위험을 예방하기 위해 물리적으로 중심을 지난 상태에서 지지될 수 있도록 제작하는 방식. 중심을 벗어난 지점에서 lock pin을 장착하여 정지상태가 안전하게 유지되도록 한다.

overhaul 오버홀

인가된 정비방법, 기술 및 절차에 따라 항공제품의 성능을 생산 당시의 성능과 동일하게 복원하는 것. 분해, 세척, 검사, 필요한 경우 수리, 재조립이 포함되며 작업 후 인가된 기준 및 절차에 따라 성능시험을 해야 한다.

overhaul manual 오버홀 매뉴얼

제품의 사용시간을 0으로 환원하기 위해 전체를 분해하고 소모품을 교환해 주는 절차를 포함한 매뉴얼

overhead panel 오버헤드 패널

여객기 등 대형기의 조종실 안 조종석의 중앙 머리 윗부분에 설치된 조작 패널. 엔진의 시동을 비롯한 electric, pneumatic, hydraulic 등 각각의 시스템 조작장치, 엔진 화재 소화장치의 조작 레버 등이 배치되어 있다.

overheat detector 과열감지기

열에너지에 민감하게 반응하여 알람이 울리도록 만들어진 화재경보장치

override 오버라이드

역할 수행에 대하여 작동불능과 같은 특별한 상황 등이 발생하였을 경우, 의도적으로 원래의 기능에 반하는 작동을 수행하는 것

override valve 오버라이드 밸브

전기 모터에 의해 작동하는 밸브의 기능을 수동으로 여닫을 수 있도록 제작된 밸브. 외부에 만들어진 레버에 의해 밸브의 open/close 상태를 확인할 수 있고, 필요에 따라 전력의 공급 여부에 상관없이 작동시킬 수 있다.

overrunning clutch 오버러닝 클러치

입력축과 출력축을 연결하는 클러치 유형. 입력축이 구동되면 출력축도 함께 회전하고, 출력축이 구동되면 입력축은 회전하지 않는다.

overshoot 오버슈트

터보차저를 장착한 엔진이 자연 흡기 엔진보다 스로틀 감도가 더 민감하기 때문에 스로틀을 빠르게 움직일 때 발생하는 터보차저 엔진 매니폴드 압력의 일부 쏠림 현상

oxidizer 산화제

로켓 작동을 위해 연료를 태우는 데 필요한 화학물질. 왕복엔진이나 터빈엔진을 장착한 항공기처럼 대류권을 주로 비행할 때는 대기 중의 공기가 산화제 역할을 하지만, 우주에는 대기가 없기 때문에 로켓의 경우 연료 이외에 산소나 수소와 같은 산화제를 탑재하고 운행해야 한다.

- 항속거리 : 6,350 nmi(11,750 km)
- 동체길이 : 63.66 m(208 ft 10 in)
- 날개길이 : 60.30 m(197 ft 10 in)
- 높이 : 16.79 m(55 ft 1 in)
- 장착 엔진 : PW4168A

동급의 타 항공기에 비해 중량이 가벼워 장거리 운항 시 연료효율이 좋고, 운항 중 발생한 결함 관련 메시지를 correction하기 위한 고장탐구 절차가 용이하다. 반면에 대부분의 액세스 패널(access panel)이 latch가 아닌 screw로 장착되어 있어 Boeing 항공기에 비해 정비인시수(M/H)가 많이 소요되는 아쉬움이 있다.

크지도 작지도 않은 적당한 크기의 활용도가 큰 항공기로, 해외 스테이션에서 지점장들이 가장 선호하는 기종이다. 가동률이 좋아서 사랑받았지만 COVID 상황에서 여객 수요가 사라지면서 장기 ground되어 정비사 · 조종사의 일자리에 공백을 만들어 여러 사람을 힘들게 한 기종이다.

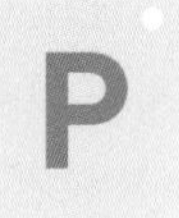

packing 패킹

유압, 공압, 오일, 연료 계통의 부품 연결 부분에서 누출(leak)을 방지하기 위해 장착되는 seal. seal은 상대적인 움직임이 있는 곳에 사용되며 고무재질로 만들어진다.

parasite drag 유해항력

항공기 양력과 관계가 없는 항력으로서, 양력이 0이어도 생긴다고 하여 영 양력 항력(zero lift drag)이라고도 한다. 발생 원인에 따라 형상항력, 조파항력, 간섭항력, 트림항력 등이 포함된다.

parking brake 주차 브레이크

항공기가 지상에서 움직이지 못하도록 잡아주는 유압시스템의 기능 중 하나. 브레이크를 잡고 있을 수 있도록 브레이크 계통 내부의 유압유 리턴 라인을 닫아주어 브레이크 기능이 만들어진다.

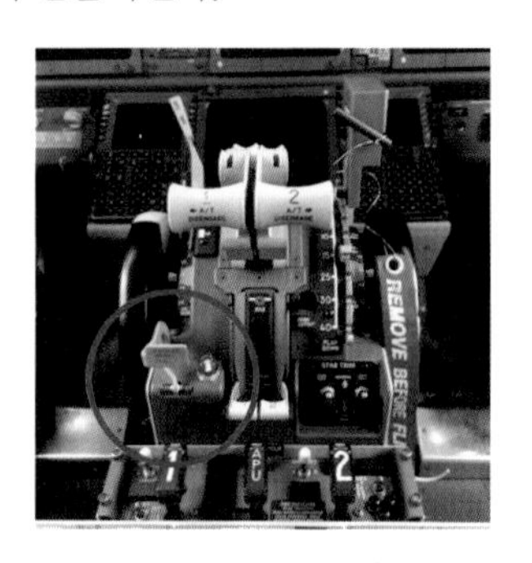

Pascal's law 파스칼의 원리

막혀 있는 튜브 안에 있는 비압축성 유체의 어느 한 부분에 가해진 압력의 변화는 튜브 안에 있는 유체의 다른 부분에 동일한 크기로 전달된다는 원리. 유압계통의 힘의 전달 원리에 대한 배경으로 설명되며, actuator 내에서 단위면적의 변화를 주어 힘의 증폭 효과(기계적 이득)를 응용하여 비행 중 큰 힘이 필요한 조종계통의 작동 등에 사용된다.

passenger load factor 여객수송률

여객기를 대상으로 한 설비 가동률로서 좌석 점유율과 운임 수익 계산에 사용되는 수치. 실제 탑승객-km를 이용 가능한 좌석-km로 나눈 비율로서 무차원 상수로 표현한다.

$$\text{여객수송률} = \frac{\text{탑승객 수} \times \text{거리}}{\text{좌석수} \times \text{거리}} \times 100\%$$

Passenger Service Unit(PSU) 피에스유

객실의 좌석 머리 위에 장착된 유닛. 독서등, 에어컨 공기 출구, 승무원 호출 라이트, 시트 벨트 사인(seat belt sign) 등으로 구성되어 있고, 내부에 긴급상황에서 사용할 수 있는 산소마스크가 장착되어 있다. PSU 커버를 열어 내부를 보면 공기공급호스와 산소발생기, 산소마스크를 확인할 수 있고, 사진에서는 AMM에서 제시한 산소발생장치의 오작동을 방지할 목적으로 안전핀을 장착한 상태를 보여준다.

patches 패치

외피에 발생한 균열이나 작은 홀을 깨끗하고 매끄럽게 수리하기 위해 덧대는 작업. 공기역학적인 매끄러움이 중요하게 여겨지지 않는 부분에 필요한 수의 리벳을 장착하기에 충분한 크기로 원형, 정사각형, 직사각형 형태로 제작한다.

payload 유상하중

항공기에 타는 승객과 승객이 객실에 가지고 타는 수화물과 화물의 무게. 유상/무상은 관계가 없다.

PEAR model 페어모델

항공정비현장에서 인적요소를 평가하고 위험요소를 완화하기 위한 인적요인 프로그램. 4가지 고려 대상으로 일하는 사람(People), 일하는 환경(Environment), 그들이 수행하는 행동(Action), 작업을 완료하는 데 필요한 자원(Resources)을 포함한다.

pearlite 펄라이트

금속조직의 구성이 페라이트 조직과 시멘타이트 조직이 번갈아 한 층씩 자라서 조개껍질 모양을 이룬 상태

pedestal 페데스탈

대형기 조종실의 경우 기장석과 부조종석 사이에 장착된 콘솔의 일종. 각종 조종장치와 스위치, 다이얼, 스로틀 레버, 플랩 레버, 트림휠, 항법장치, 무선기 조작패널 등이 장착되어 있다.

performance based navigation (PBN) 성능기반항행

지정된 공역이나 계기접근절차, air traffic service(ATS) 항로를 따라 운항하는 항공기의 성능 요구조건을 기반으로 하는 지역항법. 이때 항공기의 성능요건은 가용성, 기능성, 지속성, 무결성, 정확성 등의 용어로서 항행요건에 기술된다.

period 주기

1사이클이 회전하는 데 걸리는 시간. 주기적으로 반복되는 신호파형 1개가 출력되는 시간을 의미하며, 기호는 *T*로 표기하고, 단위는 초[sec]를 사용한다.

permanent magnet alternator (PMG) 영구자석 교류발전기

로터의 자기장을 사용하여 신뢰도가 높고 안정적인 전원을 제공하는 장치. PMG는 상용 전기에너지를 생산하기 위해 터빈 및 엔진과 같은 산업 응용 분야에서 자주 사용된다.

persons engaged in aviation 항공종사자

항공업무에 종사하려고 「항공안전법」에 따른 항공종사자 자격증명을 받은 사람. 자가용 조종사, 사업용 조종사, 부조종사, 항공사, 항공기관사, 항공교통관제사, 항공정비사, 운송용 조종사 및 운항관리사가 해당한다.

phase 위상

반복되는 파형의 한 주기에서 첫 시작점의 각도 혹은 어느 한순간의 위치. 위상의 비교는 같은 주파수를 가지는 두 개의 sine파에 대해서만 가능하며, 시간축상에서 차이가 있는 두 교류신호의 특성을 반영하기 위해서 위상을 사용한다.

phosphate ester-based fluid (skydrol) 인산염 에스테르계유

내화성 인산염 에스테르 베이스로 만들어진 합성유. 기존의 유압유 사용 시 브레이크 화재의 증가로 내화성이 큰 유압유의 필요성이 대두되어 개발되었다. skydrol이라 불리고 보라색 또는 청색으로 착색되어 있으며, 강산성으로 직접 피부에 닿지 않도록 세심한 주의가 필요하다.

photoconductive cells 광전도성 셀

입사광의 강도에 따라 종단 저항이 선형적으로 변하는 2단자 반도체 장치. 광저항기라고 불리며 빛에 노출되는 강도가 증가함에 따라 저항이 감소한다.

piezoelectric effect 압전효과

결정구조를 가진 재질 내에서 기계적·전기적 상태의 상호작용을 통해 나타내는 것으로, 해당 재질에 압축 혹은 인장과 같은 기계적 변화를 주면 전기적인 신호가 발생하고 거꾸로 전기적인 신호를 가하면 기계적인 변화가 발생한다.

pinked edge 핑크 에지

우포 항공기 외피용 천 등을 직조한 후 풀리지 않도록 마감 처리한 부분. 톱날 모양으로 가공 처리한다.

piston 피스톤

실린더 내부의 팽창가스의 힘을 커넥팅 로드를 통해 크랭크축에 전달하는 구성품. 엔진 수명을 길게 유지하기 위해 피스톤을 높은 작동온도와 압력에 견딜 수 있는 정도의 강도를 갖도록 제작하며, 성능을 향상시키기 위해 다양한 단면형상으로 만들어진다.

piston engine 피스톤 엔진

실린더 안에서 기화기를 통해 공급된 가솔린과 공기를 섞은 혼합가스를 스파크플러그로 점화시켜 폭발행정이 일어나고, 그 힘으로 피스톤을 아래로 밀어내리는 피스톤의 상하운동을 커넥팅로드로 연결된 크랭크(crank)의 회전을 통해 회전운동으로 바꾸어 주는 엔진이다.

piston ring 피스톤 링

왕복엔진 피스톤의 외경에 장착된 주철이나 강철로 만들어진 분할 링. 가스의 손실을 막고, 실린더벽으로 열을 전달하며, 피스톤과 실린더벽 사이의 적절한 오일양을 유지하는 기능을 하기 때문에 주기적인 점검이 필요하다. 대표적으로 end gap과 side clearance 측정을 수행하여 링의 상태를 점검하며, 검사 수행 시 링이 부러지지 않도록 각별한 주의가 요구된다.

pitching motion 키놀이 운동

항공기의 세로축, 가로축, 수직축을 중심으로 하는 운동 중 가로축에 대한 움직임. 가로축은 항공기 왼쪽 날개의 끝에서 오른쪽 날개의 끝을 잇는 공기력의 중심선으로, 조종간을 조작하여 수평안정판 뒷전에 장착된 elevator의 각도 변화를 만들어줌으로써 항공기 기수 부분의 up/down 운동이 이루어진다.

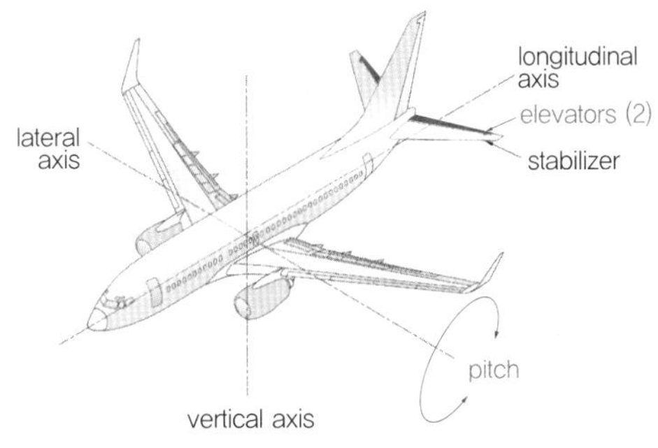

pitot tube 피토 튜브

흐르는 유체의 내부에 설치하여 유체의 속도를 측정하는 계측센서. 넓은 곳을 흐르던

유체가 좁은 피토 튜브 안으로 들어가면 압력이 높아지고, 이로 인해 피토 튜브 내부와 외부의 압력차가 생긴다. 압력차는 베르누이의 정리에 따라서 유체속도의 제곱과 비례 관계를 대입하여 속도를 구할 수 있다. 튜브의 막힘을 방지하기 위해 지상에서 덮개를 씌워주고, 비행 중에는 히터를 가동시켜 anti-icing을 해 준다.

pitting corrosion 점부식

점부식 또는 피팅은 금속에 작은 구멍을 만드는데, 한 부분에 집중된 부식의 형태로 나타난다.

plain bearing 플레인 베어링

플레인 베어링(미끄럼 베어링)은 베어링 표면만 있고 롤링 요소가 없는 가장 단순한 유형의 베어링을 말한다. 베어링이 저널부의 표면 전부 또는 일부를 둘러싼 것 같은 형태로 접촉면 사이에 윤활유가 도포되어 있으며, 가장 간단한 예로는 구멍에서 회전하는 샤프트가 있다.

plain flap 평면플랩

경량항공기에 적용되는 가장 간단한 형태의 플랩. 날개 뒷전의 힌지에 장착된 평판 형태의 조종면

plasma arc welding 플라스마 아크 용접

텅스텐으로 만들어진 전극과 작업 부분 사이에서 파일럿 전기 아크가 형성되며, 주입된 아르곤가스가 플라스마 상태로 변해 모재와 전극봉 사이에서 아크가 발생하여 용접이 이루어진다. 추가된 아르곤가스가 대기로부터 용융금속을 보호하는 용접방식이다.

pneumatic continuous loop system 공압 연속루프 계통

루프 내부에 충전된 가스가 온도 변화에 노출되어 탐지기 내부의 절대온도의 변화에 비례해서 루프가 팽창하여 물리적인 길이가 늘어나면 전기 접점이 연결되어 회로를 구성하면서 알람이 울리는 형식의 화재감지기이다.

pneumatic system 공압계통

엔진에서 만들어 공급되는 고온·고압의 공기압을 사용하여 작동하는 시스템. 날개 전연이나 엔진 노즈카울의 방빙, 유압계통 레저버의 가압, 에어컨계통, 대형 엔진의 시동기 구동 파워 등으로 활용된다.

pole 극

항공기 전기회로에서 전류흐름을 제어하는 스위치의 내부 구성품 중 가동 블레이드 또는 접촉기. 극(pole)은 전원 쪽에 연결된다.

polyalphaolefin-based fluid 폴리알파올레핀계유

MIL-H-83282는 화재의 위험성에 대한 단점을 보완하기 위해 개발된, 내화성 수소를 첨가한 폴리알파올레핀을 주성분으로 한 유체. MIL-H-5606보다 화재에 대한 저항성은 높아졌지만, 저온에서의 점도가 높은 단점이 있다. MIL-H-5605에 사용하는 seal을 함께 사용할 수 있어 저온에서의 점도가 문제가 안 되는 항공기들은 MIL-H-83282로 전환하고 있다.

potential fire zone 화재발생가능구역

비행 중인 항공기에 발생한 화재는 최악의 상황으로 발전할 수 있기 때문에 초기에 진화할 수 있도록 화재발생감지장치와 화재진화장치를 설치한 구역. 연료, 유압유, 각종 오일 등의 튜브들이 지나가면서 고열이 발생할 수 있는 엔진 카울 내부, APU 장착부분, 연료와 유압라인이 교차하는 랜딩기어실 내부, 화물칸 등이 주요 모니터 대상이며 화재감지장치와 소화장치가 장착된다.

potentiometer 전위차계

전압 조절을 목적으로 하는 가장 일반적인 가변저항. 기전력을 주는 전원에 직렬로 연결된 두 저항의 스위치 위치를 변경함으로써 저항 2개의 합을 일정하게 유지하면서 각각의 저항값을 크거나 작게 하여 전압을 조절한다. 연결하는 단자가 3개이며 전원과 병렬로 연결한다.

power factor 역률

공급된 피상전력(p_a) 중 유효전력(p)의 비율을 나타내는 계수. 역률이 100%인 1에 가까울수록 효율이 좋다. 역률이 1인 직류전력에 반해, 교류는 무효전력이 항상 존재하므로 실제 전기장치나 전자장치를 구동시킬 때에는 상대적으로 비효율적이며, 단위는 %를 사용한다.

$$p.f = \frac{p}{p_a} = \cos\theta$$

power rectifier diode 전력정류기 다이오드

AC-DC 전력정류기 회로에 사용되는 다이오드. 전원장치와 같은 높은 전류를 필요로 하는 곳에 사용된다.

power stroke 출력행정(폭발행정, 팽창행정)

출력행정은 4행정 사이클 엔진의 세 번째 행정. 점화된 연료와 공기 혼합물이 팽창하여 피스톤을 아래쪽으로 밀어내며, 이 팽창에 의해 생성된 힘이 엔진의 회전력을 만들어 낸다.

power transfer unit(PTU) 동력전달장치

항공기에 장착된 두 개의 유압라인을 중간에서 서로 연결하여 유압 동력원을 상실한 계통 내부에 유압을 만들어 주기 위한 장치. 한쪽은 펌프, 다른 한쪽은 모터로 작동되도록 한정된 형식과 펌프와 모터를 상호 변환할 수 있는 reversible 형식으로 제공되며, 항공기 구매 시 항공사의 옵션항목으로 선택이 가능하다.

powerplant 동력장치

항공기기술기준에서 "엔진, 구동계통 구성품, 프로펠러, 보기장치, 보조부품, 항공기에 장착된 연료계통 및 오일계통 등으로 구성되는 하나의 시스템. 단, 헬리콥터의 로터는 포함되지 않는다."고 정의하고 있으며, 엔진과 함께 한 묶음으로 교환되는 구성품들까지를 포함해서 부르는 명칭으로, 엔진 본연의 기능인 gas generation을 수행하기 위한 주요 구성품과 이 구성품들을 항공기에 장착하기 위해 필요한 보기품, 배관 및 배선 등을 포함한다. 용어 정의상 엔진과 구별되며, 엔진을 포함한 구성품들이 모여 엔진의 기능인 연소과정을 통해 에너지를 만들어내는 데 필요한 구성품들의 모듬을 의미한다.

precession 세차운동

회전하고 있는 강체에 외부 힘이 가해져 회전하는 물체가 이리저리 흔들리는 현상. 세차운동의 가장 일반적인 예로 팽이의 회전을 들 수 있는데, 회전속도가 줄어든 경우 팽이의 축을 중심으로 한 팽이의 회전이 아닌 축 자체가 넓은 각으로 회전한다.

precision approach path indicator (PAPI) 정밀진입경로지시등

항공기의 착륙을 유도하는 진입각 지시등. 활주로상의 착륙지점 좌우에 각각 4개의 등불이 일렬로 배치되어 있고, 진입각도에 따라 각각의 등불이 빨간색/흰색으로 보인다. 진입각도가 정상일 경우 외측 2개의 흰색, 내측 2개의 빨간색 불빛을 확인할 수 있고, 내측 1개가 빨간색이고 나머지가 흰색일 경우 진입각이 높은 상태, 내측 3개가 빨간색이고 나머지가 흰색일 경우 진입각이 낮은 상태임을 알려주는데, 현장에서는 빠삐라고 부른다.

preflight inspection 비행 전 검사

항공기가 비행하면서 발생할 수 있는 위험 요인을 완화하기 위해 수행하는 출발 전 점검절차. 조종사가 Pilot Operating Handbook (POH)/Aircraft Flight Manual(AFM)에 따라 항공기의 비행 전 육안검사를 수행하고, 정비사는 PReflight inspection(PR)/POstflight inspection(PO) check list에 따라 육안검사를 통해 비행기의 감항상태를 점검한다.

preignition 조기점화

정상적인 점화시기 전에 엔진 실린더 내부의 연료-공기 혼합물이 점화되는 것. 조기점화는 보통 실린더 내부의 열점으로 인해 발생한다.

prepreg 프리프레그

탄소섬유에 수지를 일정한 비율로 미리 함침시켜 사용하기 편하게 만든 중간재. 화학반응을 지연시킬 목적으로 냉동 보관하며, 진공백 가공방법을 주로 사용한다.

preservation oil 프리저베이션 오일

엔진 등을 사용하지 않고 저장하기 위해 내부에 공급하는 오일. 부식, 녹 방지제가 첨가된다.

pressure altitude 기압고도

표준대기압을 기준으로 산정한 고도. 기압 760.000 mmHg(29.92 inHg = 1,013 hPa)를 고도 0 m의 해면고도 1기압으로 기준 삼고, 고도 증가에 따라 감소하는 압력을 측정하여 고도를 산출한 값으로, 항공기 성능계산과 고고도 비행에 사용된다. 예를 들어 10,000 m에서의 기압이 198.288 mmHg를 가지므로 기압고도계가 0.2609기압을 감지할 경우 고도 10,000 m를 표시한다.

pressure feed system 압력공급계통

항공기 연료탱크의 연료를 엔진으로 공급해 주는 방법 중 하나. 연료탱크에 장착된 boost pump의 가압으로 탱크의 연료를 엔진까지 압송하는 방법으로, 운송용 항공기 등에서 일반적으로 사용되는 방법이다.

pressure injection carburetor
압력분사식 기화기

연료펌프에서 가압되어 분사 노즐까지 공급되는 방식으로, 대형, 성형 및 V형 엔진에 사용되고, 여러 개의 압력격실이 있으며, 스로틀을 지나는 공기 흐름량에 반응하여 연료량을 조절하는 장치. 조절된 연료는 엔진으로 유입되는 공기량을 기준으로 계량되며, 슈퍼차저 임펠러의 중앙 부분에 펌프압력으로 분사된다.

pressure ratio 압력비

전체 압력비율 또는 전체 압축비율. 가스터빈엔진의 압축기 입구와 출구 또는 터빈 입구와 출구에서 측정된 전체 압력의 비율을 비교할 때 사용한다.

pressure reducer 압력감소기

계통 내의 정상 압력보다 낮은 압력이 필요한 부분에 압력을 낮춰 주기 위해 장착되는 밸브

pressure refueling 가압급유

항공기 연료탱크에 연료를 공급하는 방법

중 하나. 연료공급에 필요한 시간을 크게 줄일 수 있어 대형 항공기에서 적용하는 방법이다. 소형 항공기의 경우 탱크를 가득 채우는 데 필요한 시간이 상대적으로 짧아 날개 위 연료보급구에서 공급하는 방법이 일반적이지만, 대형기의 경우 동일한 방법으로 채우기에는 시간이 많이 소요되기 때문에, 날개 하부의 연료보급구를 통해 연료차에 장착된 펌프로 가압하여 연료를 공급한다.

pressure regulator 압력조절기

계통이 정상적으로 작동할 수 있도록 설정된 압력을 유지하기 위해 펌프의 출력을 그 down stream에서 조절해주는 밸브. 계통 내 압력이 정상 범위 내에 있을 때 펌프의 부하를 줄여 주기 위해 레저보어로 되돌려 보내는 바이패스 기능을 활용한다.

pressure relief valve 압력 릴리프 밸브

시스템의 압력을 제어하거나 제한하는 데 사용되는 안전밸브. 여압을 조절하는 cabin pressure control system에 이상이 발생하여 객실압력에 변화가 발생하면 이로 인한 기체구조의 손상과 내부 승객의 안전을 위하여 압력을 조절해주는 밸브로서 positive와 negative 두 가지 상황을 개선하기 위해 각각의 밸브를 장착한다.

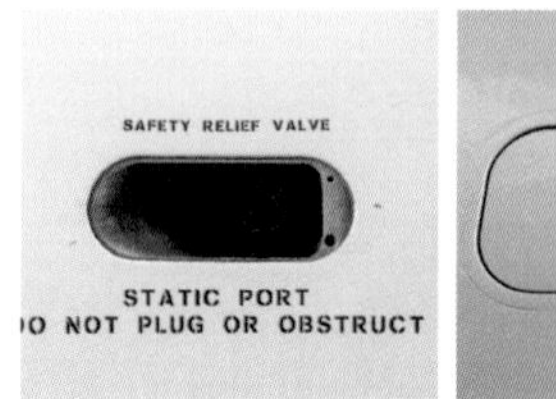

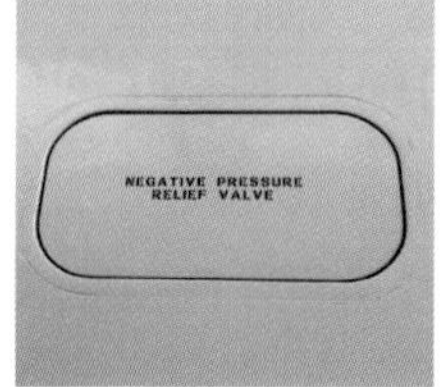

pressurization 여압

고공 비행 중인 항공기 내부 탑승자의 생명을 유지할 수 있도록 지상과 유사한 대기조건을 제공하기 위해 객실 내의 압력을 높여주는 것. 승무원과 승객의 편안함과 안전을 보장하기 위해 항공기 내부의 압력(기내 압력)을 지상에서와 비슷한 상태로 제공하기 위해 cabin pressure control system을 활용해 압력을 높여 줌으로써 산소마스크와 같은 도움장치 없이 기내에서 호흡이 가능하며, 일상적인 활동을 할 수 있다.

pressurization dump valve 여압 덤프 밸브

조종석에서 작동하는 스위치로, 기내의 압력을 방출하는 밸브. 어떤 원인에 의한 비상상황 발생 시 객실로부터 신속하게 압력을 제거하기 위해 사용한다. 대형 항공기에는 따로 만들지 않고 주 출입문 또는 화물실 문을 열 때 링케이지로 연결되어 문이 열릴 때 각각의 문 아랫부분에 만들어진 작은 문이 가장 먼저 열리도록 하여 항공기 내부와 외부의 차압에 의해 문이 열리지 않는 상황을 예방한다.

pressurization system 여압계통

항공기가 연료소비를 줄이고 공기저항을 덜 받으면서 안전한 비행을 하기 위해 고공비행을 선택하는데, 이때 비행 중인 고도에서의 대기 상태 변화로 인해 기내에 탑승하고 있는 승무원이나 승객들의 생존을 위한 방법이 강구되어야 한다. 지상에서와 같은 대기조건을 제공하기 위해 항공기 기내의 압력을 상대적으로 높은 상태로 유지하기 위해 만들어진 시스템으로, 항공기 후방 동체에 장착된 outflow valve로 압력을 조절한다.

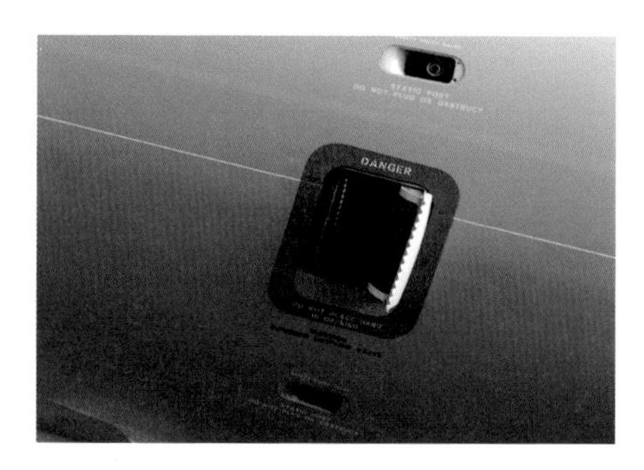

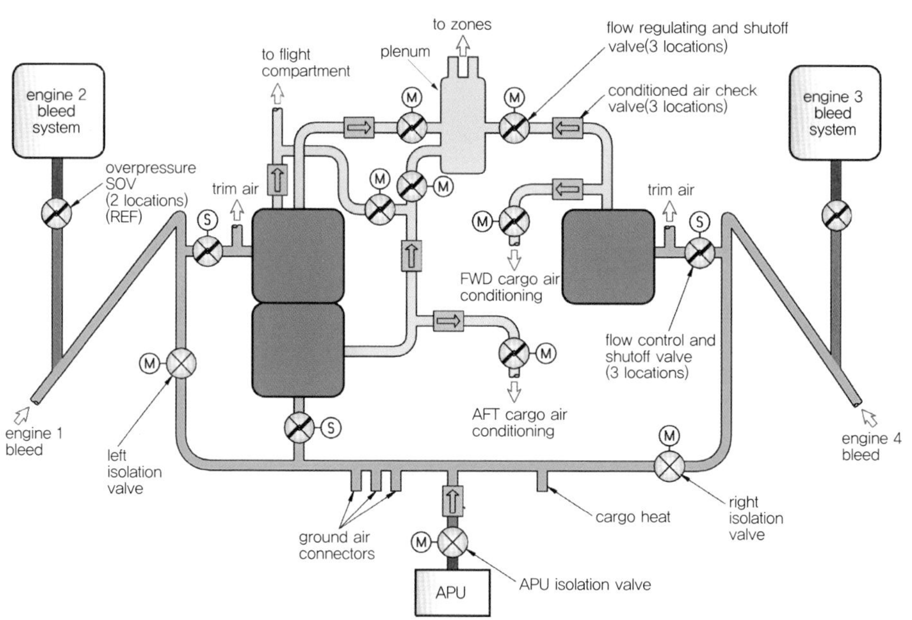

preventive maintenance 예방정비
복잡한 조립을 필요로 하지 않는 소형 표준 부품의 교환과 단순 또는 경미한 예방작업

prick punch 점찍기 펀치
금속에 참조 표시를 만들기 위해 사용하는 날카로운 끝을 가진 펀치. 드릴 작업을 위해서는 작은 홈 위에 센터펀치로 확대해야 하며, 점찍기 펀치는 해머로 가격해서는 안 된다.

primer 프라이머
우포 항공기 직물에 실시하는 피복공정의 첫 번째 칠. 금속구조물 2액형 에폭시 프라이머를 사용한다.

primary cell 1차 전지
충전기능이 없는 전지. 1회용으로 사용하는 알카라인, 망간, 리튬전지 등이 포함된다.

primary flight control surface
1차 조종면
항공기 비행 조종면은 조종사가 비행 중인 항공기의 방향과 자세를 제어하는 수단으로, 1차 및 2차 조종면으로 나뉜다. 1차 비행

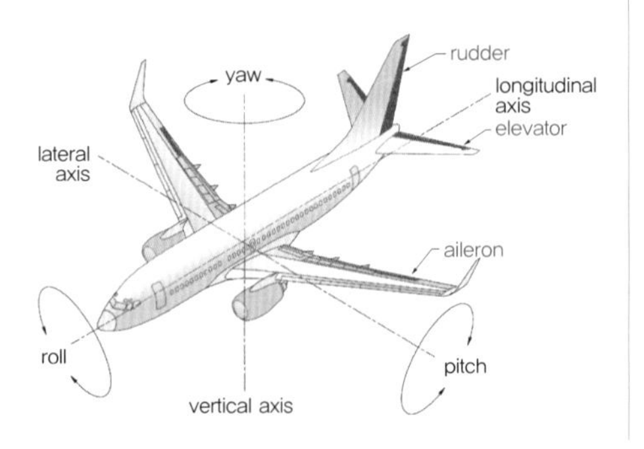

조종면은 비행 중 항공기를 안전하게 제어하는 데 필요하며 에일러론, 엘리베이터 및 러더로 구성된다.

primary flight display(PFD)
주 비행표시장치
전자비행계기시스템이 장착된 항공기에서 탑재하고 있는 조종사에게 중요도가 높은 고도계·속도계·승강계 등 가장 기본적인 비행정보를 제공하는 장치. 중앙에 attitude indicator, flight director를 배치하고, airspeed tape, altitude, vertical speed, ILS glideslope 또는 vertical navigation VNAV의 수직편차, ILS·VOR 또는 FMS track의 측면편차, compass reference, approach, autopilot과 auto-throttle modes 등을 지시한다.

priority valve 우선순위밸브
계통 내의 압력이 떨어져도 필수적인 작동 부품에 유압유를 제공하기 위한 밸브. 정상적인 유압계통 작동 중에는 차등 없이 유압유를 공급해 주지만, 계통 내의 누출(leak) 등 결함 발생으로 유압유가 부족한 상황이

발생했을 때, 주요 구성품 작동을 위해 저압에서도 공급해 줄 수 있는 유로를 형성하도록 설계된다.

private international air law
국제항공사법

항공기 및 항공기 운항과 관련된 법률 분야 중 항공사업과 관련되어 사업상의 관계를 규율하기 위한 법. 항공사고가 발생할 경우 항공기, 여객, 화물 등의 손해에 대하여 운영자 또는 소유자의 책임관계 규율 및 항공기의 사법상의 지위 등 책임소재와 배상문제 등을 해결하기 위한 법들이 해당하며 항공운송계약, 항공기에 의한 제3자의 피해(운항 중인 항공기로 인해 지상에서 발생한 피해), 항공보험, 항공기 제조업자의 책임 등이 포함된다.

profile descent procedure
프로파일 강하 절차

순항고도로부터 아이들 파워 부근의 추력으로 비교적 빠른 속도와 강하율로 강하하다가, 속도를 줄이기 위해 수평고도를 유지하다가 다시 강하를 반복하여, 발생하는 소음과 배기가스에 포함된 유해물질을 줄이는 강하 비행방식

profile drag 형상항력

항공기가 형태를 갖춤으로써 생기는 항력으로, 압력항력·마찰항력으로 구분된다. 형상항력을 줄이기 위해 항공기를 유선형으로 제작한다.

programming plug 프로그래밍 플러그

해당 엔진의 성능 데이터가 들어 있는 장치. EEC에 장착되어 있어 초기값으로 제공되며, EEC를 교환할 때 엔진에 남아 있어야 한다.

prony brake 프로니 브레이크

엔진이 출력 샤프트에 전달하는 마력의 양을 측정하는 데 사용되는 도구. 특정 rpm으로 작동하고 있는 엔진에서 발생하는 출력에 제동력을 가하고, 발생하는 토크의 양을 측정하여 제동마력으로 변환한다.

proof test 보증시험

하중 지지 구조물의 적합성을 입증하기 위한 응력시험의 한 형태. 종종 실제 사용 시 예상되는 하중 이상을 적용하여 안전성과 설계 마진을 입증한다.

propeller balancing 프로펠러의 균형

항공기 내 진동의 원인인 프로펠러 언밸런스에는 정적 불균형과 동적 불균형이 있다. 정적 불균형은 프로펠러의 무게중심(CG)이 회전축과 일치하지 않을 때 발생하고, 동적

인 불균형은 블레이드나 카운터웨이트와 같은 요소의 CG가 동일한 회전면에 위치하지 않을 때 발생한다.

propeller efficiency(η) 프로펠러 효율

추력마력과 제동마력의 비. 프로펠러를 회전시키기 위해 입력되는 힘의 효율성을 프로펠러의 출력으로 변환하는 기계적인 효율성을 측정하는 0과 1 사이의 무차원의 숫자로, 1보다 클 수 없다.

$$\eta = \frac{power\ output}{power\ input}$$

propeller governor 프로펠러 거버너

비행 중 발생하는 공기 부하가 변하더라도 엔진의 rpm을 유지하기 위해 정속 프로펠러의 피치를 자동으로 변경하는 데 사용되는 장치

propeller shaft 프로펠러축

엔진의 크랭크 샤프트로부터 만들어진 토크와 회전을 전달하기 위한 기계적 구성요소. 테이퍼형, 스플라인형, 플랜지형의 3가지가 주로 사용된다.

propeller slip 프로펠러 슬립

프로펠러의 기하학적 피치와 유효 피치와의 차이. 저항과 마찰 등으로 인해 프로펠러가 발생시키는 힘의 작아지는 양을 말한다.

propellers hunting 프로펠러의 난조

엔진 속도가 원하는 속도보다 높거나 낮은 상태로 주기적으로 변하는 것

propulsive efficiency 추진효율

항공기 엔진이 연소시킨 연료를 유용한 추력으로 변환하는 효과를 나타내는 척도. 프로펠러가 생산하는 추력 마력과 프로펠러를 돌리는 샤프트의 토크 마력의 비율로 계산하는데, 항공기의 속도가 배기 제트 또는 프로펠러 후류의 속도에 가까울수록 후류에서 손실되는 운동에너지가 적고 추진효율이 높아진다.

protocol 의정서

외교 교섭이나 국제회의의 의사 또는 사실의 보고로서 관계국이 서명한 것. 법률과 시행령의 관계와 마찬가지로 협약을 위한 구체적인 내용을 담고 있으며, 조약에 대한 개정이나 보충적인 성격을 띤다.

prototype 시제기

개발 중인 항공기가 소정의 기능, 성능, 능력 등을 갖추고 있는지를 확인하기 위해 제작한 기체로서 비행시험 등에 사용되는 항공기. 민간기의 경우 시작기를 통한 시험을 거쳐 형식증명을 얻어 실용기로 제작된다.

proximity sensor 근접 센서

기계 구성 요소의 위치를 모니터링하는 감지장치. 랜딩기어 스트럿에 장착된 proximity sensor의 가까워지고 멀어짐에 따라 랜딩기어가 접혔는지 펼쳐졌는지의 정보를 보내주며, 보내진 신호를 활용해서 랜딩기어의 위치 표시 및 제어기능을 제공하는 등 여러 가지 회로에 활용되며, 랜딩기어 외에도 passenger entry doors, cargo doors and access doors, equipment center access doors, thrust reversers 등에도 사용된다.

public international air law 국제항공공법

항공기 및 항공기 운항과 관련된 법률 분야 중 항공안전과 관련되어 공공의 안녕을 확보하기 위한 법. 각 국가가 주체가 되어 강제성을 갖는 법률을 구현하여 항공안전을 확보하고자 하는 법들이 해당하며 국내법의 경우 「항공안전법」, 「항공보안법」, 「항공철도사고조사에 관한 법률」, 「항공사업법」, 「공항시설법」 등이 포함된다.

publication 간행물

항공지도를 포함하여 종합항공정보집의 구성 간행물 형태나 적절한 전자매체의 형태로 제공되는 항공자료 및 항공정보

pulley 풀리

케이블의 움직임 방향을 변경시켜 주기 위한 조종계통의 구성품. 기체 구조부분에 장착되며 중앙에 위치한 핀을 중심으로 회전하는 구성품으로, 케이블이 마찰에 의해 마모되지 않도록 연질의 재료로 만들어진다.

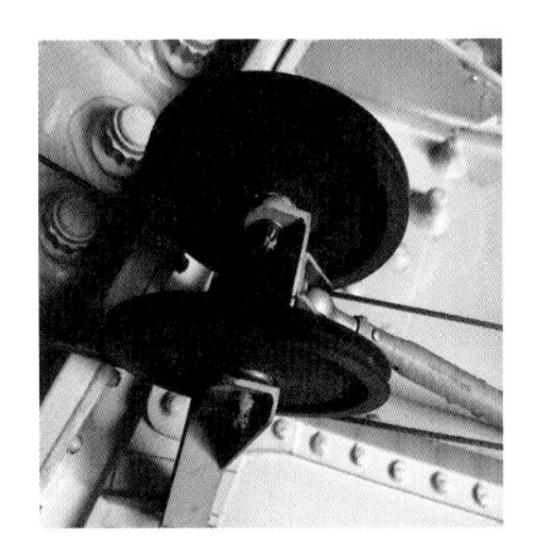

purging 퍼징

정비사가 연료탱크 내부에 접근해서 작업하는 경우 질식사고와 화재 발생을 방지하기 위해 작업 전에 연료탱크에 남아 있는 연료를 제거하는 작업. 외부의 공기를 공급해 남아 있는 연료 증기를 제거하는 절차로, 연료탱크 상부와 하부의 access panel을 열고 공

P

기의 진입구와 배출구를 장착하여 강제로 공기의 유동을 만들어 준다.

push rod 푸시 로드

밸브 태핏에서 로커 암으로 리프팅 힘을 전달하는 관 모양의 로드. 튜브 모양의 하우징에 둘러싸여 있으며 크랭크케이스에서 실린더 헤드까지 연장되며, 푸시 로드 튜브라고도 한다.

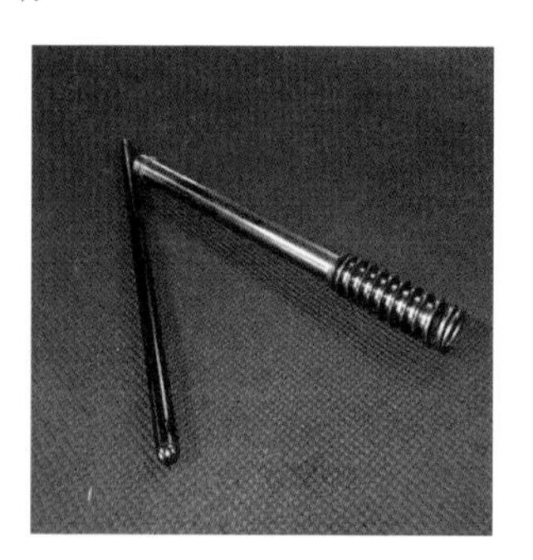

pusher propeller 추진식 프로펠러

항공기 엔진 구동축의 후방 끝부분에 위치하고 프로펠러의 회전에 의해 추력을 발생시키는 형태의 프로펠러. 초기 항공기 개발 당시에 고안된 방식으로, 1903년 라이트 형제가 역사상 첫 비행을 한 플라이어호의 프로펠러 형식에서도 확인할 수 있다. 최근에는 FOD에 의한 프로펠러의 손상으로 인해 지상용 비행기보다는 수상기에서 채택하고 있다.

Q

QFE (field elevation) setting
절대고도 세팅

고도계의 수정노브를 돌려서 지표면 및 지형·지물 위에서 고도계의 지시값이 0 ft가 되도록 수정하는 방법. 세팅 후 고도계에서 지시하는 고도는 지표면을 0 ft로 맞추었기 때문에 절대고도를 지시하며, 같은 비행장 활주로에서 이륙하여 비행하다가 같은 비행장으로 착륙하는 훈련 비행과 같은 단거리 비행의 경우에 효과적이다.

QNE setting 기압고도 세팅

전이고도인 14,000 ft 이상의 고고도 및 해상 원거리 비행을 할 경우, 비행 중인 항공기들이 동일한 기준면을 갖는 고도로 세팅하여 항로 준수, 충돌 방지 등 항공기들 사이의 고도 분리를 위해 사용하는 수정방법. 표준대기 1기압인 29.92 inHg가 되도록 고도 수정 노브를 돌려 세팅하며, 기압고도를 지시한다.

QNH (nautical height) setting
진고도 세팅

전이고도인 14,000 ft 미만의 고도비행 시에 공항 근처의 관제공역에서 사용되는 수정방법. 항공기 이륙을 위해 고도계 수정창을 관제소에서 제공한 당시 해수면의 기압으로 맞추면 고도계는 진고도를 지시한다. 조종사는 비행할 때마다 이륙 시 QNH로 세팅하고 출발하며, 전이고도에 도달하면 QNE로 세팅하고, 착륙공항 관제공역에 접근하면 관제소에서 제공된 해당 착륙지 공항의 진고도로 세팅하여 착륙하게 된다.

quick disconnect valve 신속분리밸브

튜브의 연결부분을 분리하거나 장착할 때 유체가 외부로 흐르지 않게 빠르게 장착하기 위한 밸브. 엔진구동펌프의 연결 유압라인, 브레이크의 연결 유압라인 등에 사용된다.

quick engine change assembly (QECA)
엔진 교환 모듈

엔진을 교환해야 할 경우 그라운드 시간을 줄이기 위해 단위 구성품별로 교환할 수 있도록 설정된 모듈단위의 구성품. 보통은 엔진을 교환할 때에 한정하여 사용되던 용어지만 정비용어로 일반화되었다. 엔진 교환 시 코어엔진을 장착하기 위해 필요한 구성품들의 번들 개념으로 인식할 수 있으며, 해당 번들을 교환함으로써 엔진 장탈착 시간을 줄일 수 있다.

radio altimeter(RA) 전파고도계

항공기의 전방 동체 하부에 설치되어 송신 및 수신 안테나의 송신파와 회신파 사이의 차이를 통해 지면으로부터의 절대고도를 측정하는 고도계. 항공기에서 지표면을 향해 전파를 발사하여 이 전파가 되돌아오기까지의 시간이나 주파수 차를 측정한 뒤 항공기와 지면과의 거리, 즉 절대고도를 구하며 항공기가 공항에 착륙하기 위하여 활주로로 진입하는 상황과 같은 2,500 ft 이하의 저고도에서만 작동한다. 착륙 시에는 실제고도를 'FIVE HUNDRED, FOUR HUNDRED" 와 같이 기계음이지만 육성으로 알려준다.

radio control panel(RCP) 라디오 콘트롤 패널

HF 및 VHF 통신장치 중 작동시킬 통신장치를 선택하고 송수신기의 전원을 제어하며, 각각의 active frequency와 standby frequency를 설정할 수 있는 패널

radio magnetic indicator(RMI) 무선자방위지시계

자북에 대한 VOR무선국의 항로편차, 지상 NDB무선국에 대한 항로편차, 기수방위각을 동시에 제공하는 전자계기. 기능선택 스위치가 있으며, ADF와 VOR을 선택하여 사용할 수 있다.

radio navigation aids 항행안전무선시설

전파를 이용하여 항공기의 항행을 돕기 위한 시설로서 국토교통부령으로 정하는 시설. 거리측정시설(DME), 계기착륙시설(ILS/MLS/TLS), 다변측정감시시설(MLAT), 레이더시설(ASR/ARSR/SSR/ARTS/ASDE/PAR), 무지향표지시설(NDB), 범용 접속데이터통신시설(UAT), 위성항법감시시설(GNSS monitoring system), 위성항법시설(GNSS/SBAS/GRAS/GBAS), 자동종속감시시설(ADS, ADS-B, ADS-C), 전방향표지시설(VOR), 전술항행표지시설(TACAN) 등을 포함한다.

radio station license 무선국 허가증명서

무선설비 및 무선설비의 조작을 행하는 자의 총체를 무선국으로 정의하고 무선국 개설을 위해 방송통신위원회로부터 허가를 얻은 증명. 「항공안전법」 시행규칙에 따라서 항공기에 탑재해야 한다.

radiography 방사선 검사

X선, 감마선을 사용하여 물체의 내부 형태를 검사하는 비파괴 검사방법의 하나이다.

radius shim 곡률 심

판재의 굽힘 가공 시 사용하는 radius bar가 추가적인 곡률이 요구될 때 덧대어 작업하는 판재. 1/16 inch 단위의 판재를 사용하여 필요시 여러 장을 추가하면서 원하는 각도를 맞출 수 있다.

raked wing tip 레이크드 윙팁

테이퍼를 준 구조의 윙팁. 보잉사가 개발한 대형 항공기의 날개 끝 구조물로, B767-400ER 항공기에 처음 도입한 이래 B777, B787, B747-8 항공기에 장착하였다. 날개 끝부분을 연장시키고 큰 테이퍼를 주어 날개 부분의 후퇴각보다 더 크게 만들어 유도 항력을 줄여주는 역할을 한다. 윙렛과 비교할 때 구조가 간단하고 장착이 용이하며 중량이 가벼운 장점이 있다.

ram air 램 에어

물체가 움직임으로써 만들어진 대기압력이 증가된 공기 흐름. 엔진에서는 출력을 높이기 위해 사용되고, 에어컨 계통에서는 냉각을 위한 에너지원으로 활용된다.

ram air turbine(RAT) 램 에어 터빈

항공기가 비행 중 엔진이 정지하여 유압과 전력을 제공하지 못할 경우, 비상동력을 공급하기 위해 windmilling에 의해 작동하는 동력원(power source). 평상시에는 동체에 접혀 있다가 필요할 때 동체 밖으로 펼쳐져 맞바람을 받아 회전하면서 일정량의 전기와 유압을 만들어 낸다.

ram pressure 램 압력

움직이던 유체가 멈출 때 발생하는 압력. 항공기 전진속도의 결과로 엔진 흡입구에서 대기압 이상의 압력으로 상승하는 현상이다.

ramp 이동지역

비행장의 경우 계류장과 같은 말로, 항공기 주기구역. 비행장은 이륙과 착륙을 수행하는 기동지역과 유도로와 주기장 등이 포함된 이동지역으로 구분된다.

range 항속거리

항공기에 탑재한 연료를 전부 사용할 때까지 비행할 수 있는 거리. 항공기에 한 번 탑재한 연료만으로 비행 가능한 최대 거리를 말하며, 예비연료는 제외된다. 항속거리와 항속시간을 항속성능이라 부른다.

reaction turbine blade 반동형 터빈 블레이드

공기흐름을 터빈에 가장 효율적인 각도로 지나가게 하여 발생하는 공기역학적 작용에 의해 터빈이 회전하는 형태의 블레이드

reaction-impulse turbine blade
충반동 터빈 블레이드

블레이드의 루트 부분에서 절반은 충동형 블레이드, 나머지 절반은 반동형 블레이드로 만들어 장점을 살린 형태의 블레이드. 현재 사용되는 엔진 대부분의 터빈 블레이드가 충반동형을 채택하고 있다.

reactive power 무효전력

교류회로에서 실제로 일을 하지 않지만 인덕터나 커패시터 때문에 리액턴스가 생기게 되고, 이로 인해 생기는 전력에 기여하지 못하는 전류의 성분. 교류회로에 인가된 전압과 전류의 위상차를 고려해서 전압과 전류를 벡터성분으로 분해하고 무효성분만을 곱하여 전력을 계산한다. P_r로 표시하고 단위는 [VAR]를 사용한다.

$$P_r = V \cdot I \sin\theta \text{ [VAR]}$$

reamers 리머

드릴과 비슷한 모양의 절삭도구. 드릴로 만들어진 구멍의 면을 가공하는 데 사용하며, 면의 정확한 가공을 위해 회전 방향 등 사용

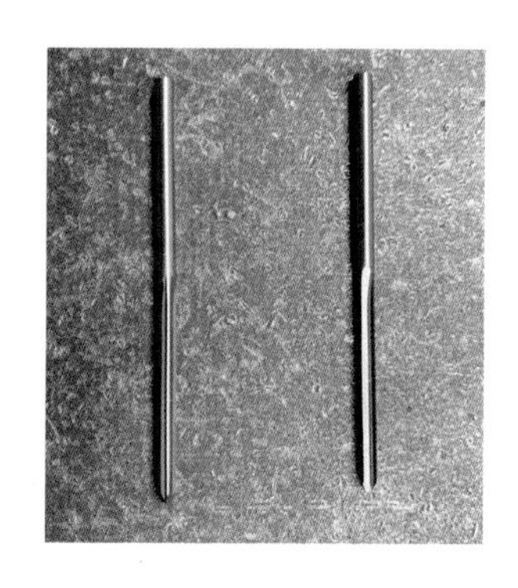

법을 숙지해야 한다. 수작업 시 트위스트 드릴과 혼동하여 사용하지 않도록 주의가 필요하다.

receiving inspection 수령검사

구매품에 대해 구매 품질의 기준과 구매 발주의 정보에 따라 제품의 적합성 여부를 확인하는 검사. 구매한 제품을 항공기에 장착하기 위한 사전작업으로, 현장에 제공된 어셈블리를 대상으로 장착에 필요한 구성품의 수량과 상태 등을 확인한다.

reciprocating engine takeoff power 왕복엔진의 이륙출력

해면상 표준 상태에서 이륙 시에 항상 사용 가능한 크랭크축 최대 회전속도 및 최대 흡입기압력에서 얻어지는 축출력으로, 연속 사용이 가능하다고 엔진규격서에 기재된 시간으로 제한된다.

rectifiers 정류기

교류를 직류로 변환하는 과정인 정류기능을 수행하는 전기장치. 단방향성 특성을 이용하여 정류기능을 수행하기 때문에 다이오드가 정류회로의 필수 소자로 사용되며, 커패시터와 제너다이오드 등이 함께 사용된다. 정류(rectifying) 과정, 평활화(smoothing) 과정, 레귤레이팅(regulating) 과정을 거치고, 정류회로는 반파 정류회로(half-wave rectifier circuit)와 전파 정류회로(full-wave rectifier circuit)로 구분된다.

reduced vertical separation minimum (RVSM) 수직분리간격축소기법

항공교통량의 증가에 대응하기 위해 특정 공역을 대상으로 항공로를 비행하는 항공기의 고도 간격을 2,000 ft에서 1,000 ft 유지로 축소시켜 비행하는 방식. 수직 공역의 이용률을 높여 교통혼잡을 완화하고 공중과 지상에서의 항공기 운항지연 발생을 감소시켜 항공기의 연료소모율 절감 등의 효과를 얻을 수 있다.

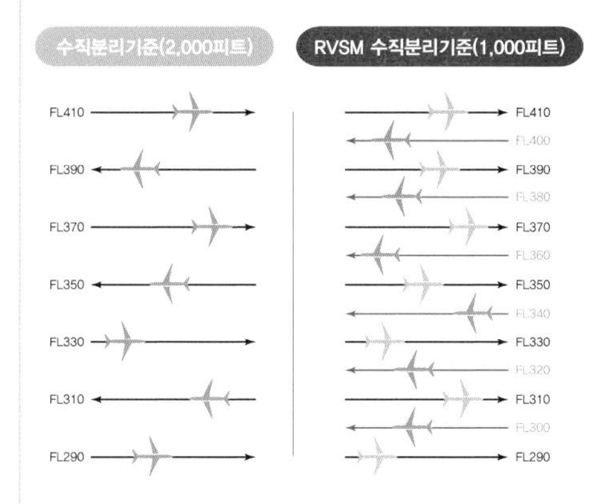

reduction gearbox 감속기어박스

주 엔진의 출력축 회전을 프로펠러 구동에 필요한 회전으로 변환하는 데 사용되는 장비. 기어 박스는 엔진의 회전은 빠르면서 프로펠러 효율을 높이는 속도로 회전할 수 있도록 구동축 사이에 위치한 피니언과 휠의 맞물림 기어들의 회전비를 통해 속도를 줄여주는 역할을 한다.

redundancy 중복성

장비, 회선, 서비스 등을 고장에 대비해서 이중화하여 장애를 최소화하는 기술. 항공기 정비영역에서는 redundant, double, back-up, load dropping 등의 제작방식을 적용한 fail safe 개념으로 정의하고 있다. 쉽게 확인할 수 있는 예로, 두 명의 조종사가 탑승하는 것과 auto mode와 동일한 기능의 manual mode를 함께 채택하고 있는 것을 들 수 있다.

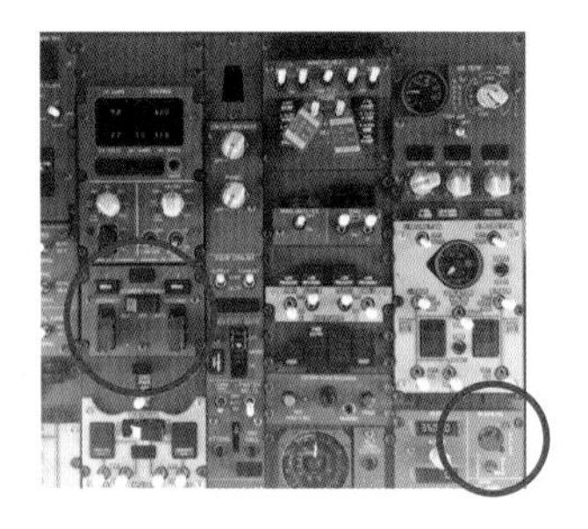

refrigerant 냉매

vaper cycle machine의 냉동사이클에 사용되는 혼합물질. 액체에서 기체로, 다시 액체로 역전이 되는 특징이 있다.

Regulation of the European Parliament and of the Council 유럽항공법

유럽의 항공안전전문기관인 EASA가 유럽공동체 조약에 의거하여 제정·시행하고 있는 법. 항공안전의 증진을 위하여 기본법률 아래 이행법률 11개로 구성되어 있다.

reinforcing tape 보강 테이프

우포 항공기 리브에 천의 외피를 부착하는 부분에 사용하는 테이프. 해당 부분을 보호하고 강화하기 위해 사용한다.

relay 릴레이

항공기에 사용되는 스위치 종류의 하나. 전기로 회로를 연결시켜주는 전기 스위치이며, 내부에 코일이 감겨 있어 이 코일에 전류를 흘려주면 자력이 생겨 극(pole)을 잡아 당기게 되고, 이때 NC(Normal Close) 접점이 NO(Normal Open) 접점으로 바뀌는 형태로 작동한다.

reliability 신뢰성

어떠한 시스템 또는 부품이 다양한 작동 조건하에서 규정된 시간 동안에 고장 나지 않고 만족스럽게 주어진 기능을 다하는 확률. 결과적으로 신뢰성이 높은 구성품이 정비안전과 정비비용 측면에서 경쟁력으로 작용한다.

reliability program 신뢰성 프로그램

정비프로그램 효과를 모니터링하는 적절한 방법을 제공하여 점검요목이 효과적이며 점검주기가 적합함을 보증하는 프로그램. 항공기 운항 및 계획정비 중에 발견한 고장, 기능장애, 결함 등의 자료를 수집·분석하여 잠재된 안전저해요인을 사전에 시정 조치하고, 설정된 신뢰성 목표의 유지 여부를 모니터링함으로써 점검 주기를 조정하거나 정비

절차를 변경할 수 있다. 운영자는 신뢰성 프로그램을 이용해 정비요목 및 점검단계 주기 조정의 타당성을 입증하는 자료를 제공한다.

relief hole 릴리프홀

판재의 굽힘 가공 시 교차하는 부분에 발생하는 하중을 분산시키기 위해 뚫어 주는 홀. 홀의 크기는 사용하는 판재의 두께에 따라 적용한다.

remotely piloted aircraft 무인항공기

사람이 탑승하지 않고 원격조종으로 비행할 수 있는 항공기

remotely piloted aircraft system 무인항공기시스템

무인항공기, 무인항공기 통제소, 필수적인 명령 및 통제 링크, 형식 설계에서 규정된 기타 구성요소 등을 포함하는 시스템

repair 수리

항공제품을 감항성 요구조건에서 정의된 감항조건으로 회복시키는 것

required inspection items(RII) 필수검사항목

작업 수행자 이외의 사람에 의해 검사되어야 하는 정비 또는 개조 항목으로 지정된 요소. 적절하게 수행되지 않거나 부적절한 부품 또는 자재가 사용될 경우, 항공기의 안전한 작동을 위험하게 하는 고장, 기능장애 또는 결함을 야기할 수 있는 주요 요소들을 대상으로 한다.

reservoir 저유기

hydraulic system에 사용될 fluid의 저장소 역할을 하며, actuator의 작동행정을 고려한 체적에 필요한 양과 그 유체의 열팽창 등을 고려한 충분한 양의 fluid를 저장할 수 있도록 제작된다. hydraulic pump 내부에 공기층이 생기지 않도록 engine bleed air로 reservoir 상부를 가압해 준다.

resonance 공진

어떤 시스템 외부에서 주기적인 힘이 가해

질 때, 그 힘의 주기(주파수)가 시스템의 고유 주파수와 일치하여 발생한 진동이 계속해서 커지는 현상. 외부에서 가해지는 힘의 크기가 작더라도 공진 상태가 되면 진동과 진폭이 점차 커지면서 물체가 파괴에 이르게 되며, 전기회로에서도 인가되는 전원 주파수가 회로 자체의 고유 주파수와 일치하면 회로에는 큰 전기적 진동이 발생하여 전기회로가 파괴될 수 있다.

restrictor 흐름제한장치

유체가 흐르는 튜브 중간에 장착하여 흐름의 비율과 작동속도를 조절하는 장치. 출구 쪽에 오리피스가 장착되어 홀의 크기로 흐름이 제어되어 비례해서 속도가 줄어들도록 하는 역할을 한다.

retarder 억제제

건조 시간을 늦추기 위한 첨가제. 분무된 도장이 평평해져서 더 짙고 광택이 있는 마무리가 되도록 많은 시간을 확보하기 위해 첨가한다.

retractable landing gear
접이식 착륙장치

장시간 비행 시 항공기의 공기저항과 연료소모를 줄여서 안정적이고 효율적인 비행을 하기 위해 랜딩기어를 동체 안으로 접어들이는 방식. 지상에서는 접혀 들어가지 않아야 하고 비행 중에는 백업기능으로도 내릴 수 있도록 작동해야 하며, 작동상태를 모니터할 수 있는 indicating 기능을 갖추어야 한다.

retreading 타이어 재생

타이어 구조부를 재활용하기 위해 마모가 발생한 트레드 부분을 벗겨내고 다시 입힌 타이어. 제작사에서 공정이 이루어지며, 타이어 형식별 재생횟수를 지정해서 사용한다.

return to service 사용가능상태로 환원

정비작업 후 인가받은 자가 제작사의 매뉴얼과 인가받은 검사프로그램에 따라 적합하게 정비를 수행하였음을 확인하고 비행에 투입할 수 있도록 확인하는 것

reversing propeller system
역피치 프로펠러 장치

프로펠러가 생성한 추력이 항공기의 움직임 방향에 대하여 앞을 향하도록 프로펠러 블레이드의 각도를 마이너스값으로 조절 가

능한 시스템. 착륙거리를 줄이고 rejected take-off 선택 시 항공기 정지성능의 향상을 위해 사용하며, 경우에 따라서 후진하기 위해 사용하기도 한다.

revision block 개정란

초기 제작도면에서 변경된 내용들에 대한 정보를 기록한 표로, 도면의 오른쪽 상단에 위치한다.

revocation, etc. of air operator certificate of air operators 운항증명 취소

「항공안전법」 제91조(항공운송사업자의 운항증명 취소 등)에 근거하여 운항증명을 받은 항공운송사업자가 항공기 정비와 관련하여 해당 법령을 어길 경우 운항증명을 취소하거나 6개월 이내의 기간을 정하여 항공기 운항의 정지를 명하는 것. 항공기의 감항성 유지를 위한 항공기등장비품 또는 부품에 대한 정비 등에 관한 감항성 개선지시 또는 그 밖에 검사, 정비 등 명령을 이행하지 아니하고 이를 항공에 사용한 경우 등을 포함한다.

revocation, etc. of certification of qualification or aviation medical certification 자격증명 취소

「항공안전법」 제43조(자격증명의 취소)에 근거하여 항공정비사가 해당 법령을 어길 경우 자격증명이나 자격증명의 한정을 취소하거나 1년 이내의 기간을 정하여 자격증명 등의 효력 정지를 명하는 것. 정비 등을 확인하는 항공종사자가 기술기준에 적합하지 아니한 항공기등장비품 또는 부품을 적합한 것으로 확인한 경우 등을 포함한다.

Reynolds number 레이놀즈수

관성에 의한 힘과 점성에 의한 힘의 비. 보통 흐름이 층류인지 난류인지를 판별하는 데 사용한다. 항공기의 속도 변화와 고도 변화에 따라 레이놀즈수도 달라지는데, 무차원 계수인 레이놀즈수의 크기가 작은 흐름은 층류이고, 큰 값에 도달하면 난류를 나타낸다. ρ는 유체의 밀도, V는 유체의 속도, L은 유체 중의 물체의 길이, μ는 점성계수인데, 기체의 경우 온도가 높아질수록 점성계수가 커진다.

$$R_e = \frac{\rho VL}{\mu}$$

rheostat 가감저항기

회로의 전류 조절을 목적으로 하는 가변저항. 회로에 흐르는 전류의 양을 변화시키기 위한 전력 제어장치로, 연결하는 단자가 2개이며 전원과 직렬로 연결한다.

R

rigid removable fuel tank 경식 탈착식 연료탱크

소형 항공기에 사용되는 연료탱크의 종류 중 하나. 알루미늄 등의 금속으로 만들어진 탱크로 장탈착을 위해 탱크 크기보다 큰 액세스 커버(access cover)가 필요하다.

rigid rotor 고정식 회전날개

가장 간단한 방법으로 제작된 단일 각도로 회전하는 rotor. rotor hub 부분에서의 움직임을 허용하는 추가적인 힌지가 장착되지 않아 구조가 간단하고 정비비의 감소 효과가 크며, 이를 위해 fiber composite 재질 등으로 로터 블레이드를 제작한다.

rigidity 강직성

고속으로 회전하는 로터가 회전 방향을 변경하려는 외부 힘이나 토크에 대해 원래 회전하던 그 상태를 유지하려는 성질. 로터의 회전속도가 빠르고, 질량이 커서 관성모멘트가 클수록 강직성이 커진다.

ring laser gyro (RLG) 링 레이저 자이로

고리 간섭계에서 회전에 의해 우회전과 좌회전으로 빛의 위상에 차이가 발생하는 효과인 사냑 효과(Sagnac effect)를 이용한 자이로스코프. 짐벌식 자이로와 비교할 때 모터와 로터 등이 없어 기계구조가 간단하다.

rivet length 리벳 길이

리벳 헤드 아래 생크의 길이. 리벳 길이는 접합할 판재의 두께에 리벳 직경의 1.5배를 더해 총길이를 구한다.

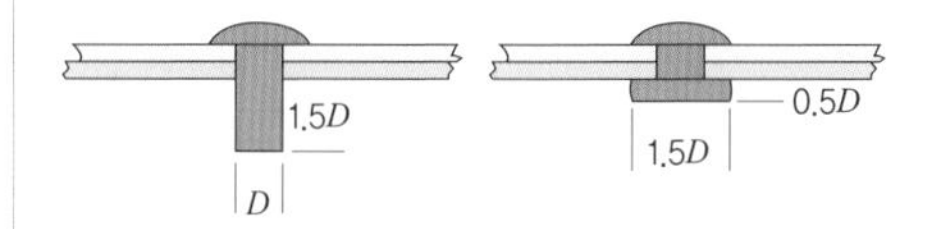

rivet pitch 리벳 피치

리벳 헤드 중심선으로부터 다음 리벳 헤드 중심선까지의 길이. 리벳이 장착된 판재가 하중을 담당해야 하기 때문에 최소 간격과 정해진 간격의 규칙을 따라야 한다.

rivet spacers 리벳 간격기

판재에 리벳 배치를 정확하고 빠르게 그리기 위한 공구. 아코디언을 접었다 폈다 하는 것처럼 도구를 확장하거나 축소하는 방법으로 리벳의 연거리와 피치를 설정할 수 있어서 동일한 간격의 리벳 배치도를 빠르고 쉽게 작도할 수 있다.

rivet spacing 리벳 간격

외피가 기체 구조의 부재 역할을 하는 항공기의 판재작업 시 최소 거리와 최대 거리의 제한 등 리벳작업에 적용하는 배치 기준. 수리작업 시에는 제작사가 손상 부분에 사용한 것과 동일한 연거리, 피치를 적용해야 한다.

rocker arm 로커암

피벗 역할을 하는 플레인, 롤러, 볼베어링 또는 이들의 조합에 의해 지지되어 캠에서 밸브로 리프팅 힘을 전달하는 구성품. 일반적으로 팔의 한쪽 끝이 푸시 로드와 맞닿아 있고, 다른 한쪽 끝은 밸브 스템에 접촉하고 있어 밸브를 열고 닫는다. 흡입밸브와 배기밸브에 장착되는 로커암의 크기와 각도가 다르기 때문에 서로 바뀌어 장착되지 않도록 사전에 구분이 필요하다.

rocket 로켓

연료와 산화제를 연소시켜 발생된 배출가스를 빠르게 분사시켜 그 반작용으로 추력을 얻는 비행체. 대기가 없는 우주공간에서도 연소가 진행될 수 있도록 연료와 산화제를 동시에 탑재하여 연소실에서 연소시켜 고온·고속의 연소가스를 특수한 형태의 노즐을 통해 가속시켜 그 반작용력을 이용해 고속 비행을 한다. 연료의 탑재방식에 따라 액체로켓과 고체로켓으로 구분한다.

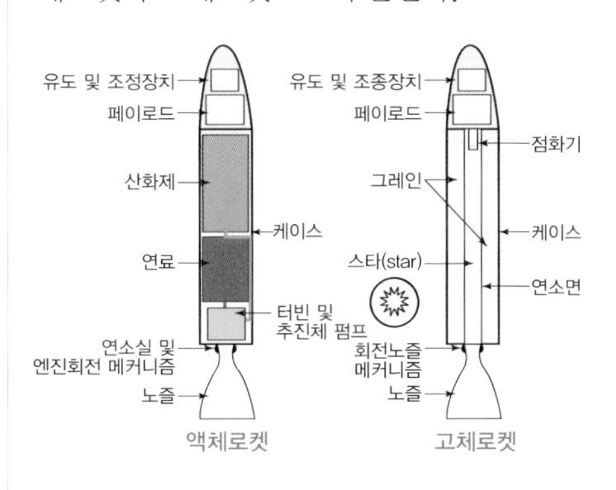

roller bearing 롤러베어링

마찰을 최소화하면서 하중을 전달하도록 설계된 베어링. 베어링의 움직이는 부분 사이의 분리를 유지하기 위해 실린더 롤링 요소를 사용하여 하중을 전달하며, 방사상의 하중과 추력하중을 모두 지지할 수 있다.

rolling motion 옆놀이운동

항공기의 세로축, 가로축, 수직축을 중심으로 하는 운동 중 세로축에 대한 움직임. 세로축은 항공기 레이돔을 시작점으로 하여 동체 꼬리를 가르는 동체의 중심선으로 조종휠을 조작하여 날개 뒷전에 장착된 에일

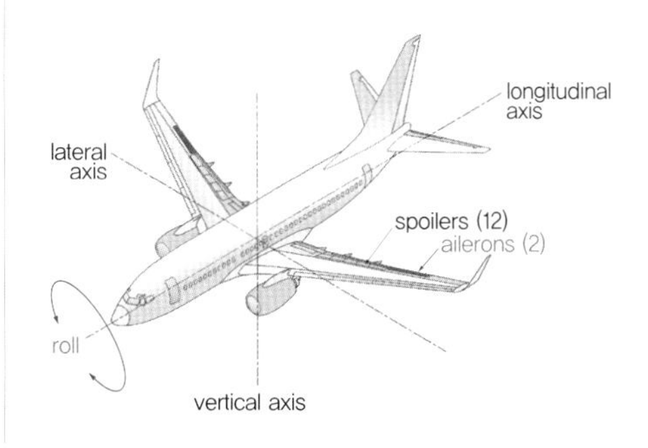

러론(aileron)의 각도 변화를 만들어 줌으로써 동체 중심선을 기준으로 좌우로 기우뚱거리는 운동이 이루어진다. 이때 왼쪽 날개, 오른쪽 날개에 장착된 에일러론이 오르고 내리는 각도 차이를 주는 차동조종면으로 설계되어 안정적인 옆놀이 특성을 만들어 준다.

rotary actuator 회전운동 작동기

유압에 의한 피스톤의 움직임을 랙과 피니언 기어를 통해 회전하는 힘으로 바꾸어 활용하는 작동기

rotary cycle engine 로터리 사이클 엔진

왕복엔진이 피스톤의 직선운동을 회전운동으로 바꾸는 것과는 다르게, 연소가스의 폭발력이 로터를 직접 회전시켜 동력을 만드는 엔진. 로터하우징(rotorhousing) 내부의 단면이 에피트로코이드(epitrochoid) 곡선이라고 불리는 형상을 하고 있으며, 그 가운데에 피스톤에 해당하는 3각형 모양의 로터가 회전하고, 로터와 하우징벽 사이에 체적이 변화하는 3개의 공간을 형성하면서 각각의 공간을 통과하는 혼합기에 흡입, 압축, 연소, 배기가 순차적으로 진행된다. 이때 연소가스의 팽창력이 로터를 회전시킨다.

rotary selector switch 회전선택스위치

항공기에 사용되는 스위치 종류의 하나. 스위치의 손잡이를 회전시키면 회로 1개만 구성되고 나머지 회로는 개방되어 선택적으로 회로가 구성되며, 다음 사진에서처럼 여러 기능 중 하나를 선택하는 경우와 와이퍼의 속도 차이를 선택하는 경우 등에 사용된다.

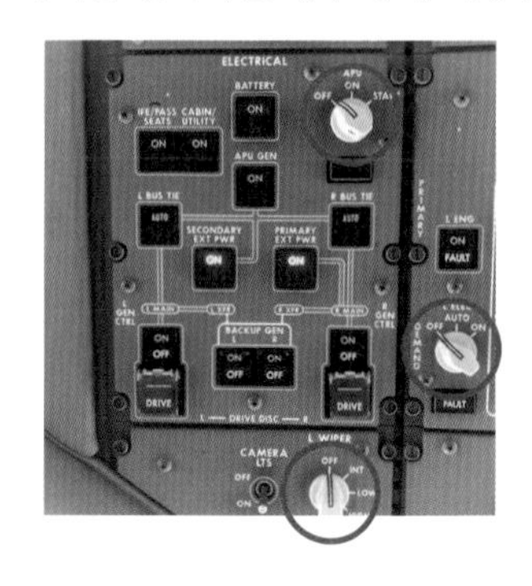

rotary wing aircraft 회전익 항공기

엔진의 힘으로 로터(rotor)를 회전시켜 거의 대부분의 양력과 추력을 얻는 항공기. 「항공안전법」에서 회전익 항공기를 헬리콥터로 용어를 변경했으며, 항공기기술기준은 "대체로 수직축에 장착된 하나 또는 그 이상의 동력구동 회전익에 의한 공기의 반작용에 의해 부양되는 공기보다 무거운 항공기를 말한다"로 정의하고 있다.

rotating magnetic field 회전자기장

교류를 입력전원으로 사용하기 때문에 고정자 코일에서 만들어지는 3상의 위상차로 생

성되는 자기장. 시간에 따라 크기와 극성이 변화하는 교류를 입력하기 때문에 각 고정자 코일에 생성되는 자기장은 크기와 극성(N극/S극)이 계속해서 바뀌게 되어 각 코일에서 발생한 개별 자기장이 합쳐진 전체 합성 자기장은 극성이 360°를 계속해서 회전하는 자기장으로 생성된다.

rotating wing 회전날개
헬리콥터, 오토자이로, 자이로다인 등 로터크래프트의 양력을 발생시키는 회전날개. 고정익 항공기가 날개에서 양력을 발생시켜 비행이 가능한 데 반해, 회전하는 블레이드가 평면을 이루고 이 평면이 양력을 발생시켜 비행기의 날개와 같은 역할을 한다.

rub-strip 럽스트립
터보팬 엔진이 작동 중 진동이나 휨 응력이 작용하여 흡입구 내벽과 접촉에 의한 손상을 방지하기 위하여 연질의 링을 장착하여 블레이드의 손상 없이 작동할 수 있도록 만들어진 구성품. 팬 블레이드보다 덜 단단하기 때문에 링에 마모가 발생하므로 정비사는 마모 정도를 잘 점검해야 한다.

rudder 방향타
수직축을 중심으로 한 빗놀이운동을 만들어 주기 위한 조종면. 수직안정판 뒷전에 장착되며 조종석 계기판 아랫부분에 있는 페달의 움직임에 연동하며, 빗놀이의 안정성 확보를 위해 요댐핑(yaw damping) 기능이 적용된다.

ruddervator 러더베이터
항공기의 비행특성을 고려하여 두 개의 조종면 역할을 하도록 만들어진 구성품. 러더(rudder)와 엘리베이터(elevator)의 기능을 한다.

run up 시운전
엔진을 교환하거나 고장을 탐구하기 위해 엔진을 작동시키는 것. 기종교육을 이수한 후 해당 기종에 대한 엔진 작동을 위한 교육을 이수해야 하며, 정상작동 상태에 대한 지식과 비정상 상황 발생 시 대처방법에 대한 훈련이 필요하다. 항공기 형식에 따라 작동절차가 다를 수 있기 때문에 사전 준비 절차를 준수해야 한다.

R

runway 활주로

항공기의 착륙과 이륙을 위해 국토교통부령으로 정하는 크기로 이루어진 공항 또는 비행장에 설정된 구역

runway visual range(RVR)

활주로 가시범위

비행 중 항공기 중심선상에 위치하는 항공기 조종사가 활주로 표면 표지, 활주로 표시등, 활주로 중심선 표시 또는 활주로 중심선 표시등화를 볼 수 있는 거리

- 항속거리 : 8,100 nmi(15,000 km)
- 동체길이 : 66.80 m(219 ft 2 in)
- 날개길이 : 64.75 m(212 ft 5 in)
- 높이 : 17.05 m(55 ft 11 in)
- 장착 엔진 : Trent XWB

B787 항공기에 견주기 위해 제작된 장거리용 광동체 항공기로서 조종석 윈드실드 모양을 특징 있게 만들어 너구리라는 별명이 있다. 많은 부분 복합재료를 사용해 항공기 무게가 가벼워서 연료 효율이 좋고, 탑승 시 소음이 적고 탑승감이 좋다는 평가를 받고 있다.

엔진 교환 시 작업절차가 조금 난해하지만, 디지털 세대의 항공기로서 복잡한 고장 탐구를 하지 않아도 Onboard Information System(OIS)이 빠르게 해결해 주며, 3D 동영상이 포함된 매뉴얼을 제공한다.

S

safety 안전
항공기 운항과 관련되거나 직접적 지원 시 항공활동과 관련된 위험상태가 수용 가능하고 통제가 가능한 상태

safe-life design 안전수명설계
구조물에 요구되는 수명기간 이내에는 절대로 균열 발생에 의한 파손 사고가 발생해서는 안 된다는 대전제를 바탕으로 수행하는 설계 개념. 초기 피로 설계 개념으로, 무조건 최대한 튼튼하게 만들기 위해 설계 시에 큰 안전계수(safe factor)값을 채택하기 때문에 구조물 부재의 크기와 중량이 증가하는 경향이 있으나, 일정 기간 내에는 균열 발생에 대한 우려가 없기 때문에 점검·정비 또는 보강과 같은 특별한 유지관리가 필요치 않은 장점이 있다. 항공기 제조 영역에서는 항공기의 효율적인 운용을 위해 안전수명설계 개념을 보완한 fail-safe design, damage tolerant design 등 진화된 설계 개념을 적용하고 있다.

safety engineering 안전공학
구성 요소가 고장난 경우에도 생명 유지에 필수적인 시스템이 필요에 따라 작동하도록 허용 가능한 수준의 안전성을 고려한 방안을 연구하는 학문

safety factor 안전계수
재료의 특성, 불균일성, 응력 해석의 불확실성 등에 대비하여 운용 중에 기대되는 최대 하중에 대하여 설계할 때 여유를 두는 하중 배수

safety hazard 항공안전위해요인
항공기사고, 항공기준사고 또는 항공안전장애를 발생시킬 수 있거나 발생 가능성의 확대에 기여할 수 있는 상황, 상태 또는 물적·인적 요인 등을 뜻한다.

Safety Management System (SMS) 안전관리시스템
국가안전프로그램(State Safety Programme, SSP)에 따라 서비스제공자가 안전을 체계적으로 관리하기 위한 시스템. 안전관리를 위하여 요구되는 조직 구조, 책임과 의무, 정책 및 절차 등을 포함한다.

safety occurrence 항공안전장애
항공기사고, 항공기준사고 외에 항공기 운항 및 항행안전시설과 관련하여 항공안전에 영향을 미치거나 미칠 우려가 있는 것으로, 항공기와 관제기관 간 양방향 무선통신이 두절된 경우 등 「항공안전법」 시행규칙 [별표 20의 2]에 정한 사항

safety risk 위험도
항공안전위해요인이 항공안전을 저해하는 사례로 발전할 가능성과 그 심각도. 항공기 정비현장의 안전위험관리를 위해 MSR(maintenance safety report) 제도를 운영

하고 있으며, 심각도와 빈도가 주요 관리 항목이다.

Sagnac effect 사냑 효과

고리 간섭계에서 회전에 의해 우회전과 좌회전으로 빛의 위상에 차이가 발생하는 효과. 링 레이저 자이로센서와 광섬유 자이로센서의 이론적인 기반으로, 광로를 따라 동시에 레이저를 방사하면 양방향에서 접근하는 빛이 같은 시간에 검출되지만, Δt 만큼 회전운동이 발생하면 두 빛의 도달시간이 달라지는 특성을 이용한다.

sandwich structure 샌드위치 구조

모노코크 구조의 외벽에 또 다른 외벽을 붙여 강도를 높인 구조. 외벽을 이루는 판재와 판재 사이에 중간재를 넣어 접착제로 접착시켜 만든다. 심재의 형태에 따라 honey comb, foam, wave형으로 구분하며, 항공기에는 대표적으로 honey comb 형태가 사용된다.

scavenge pump 배유펌프

윤활 등의 목적으로 공급된 오일을 크랭크케이스로부터 오일탱크로 회송시켜 주기 위해 일부 내연기관에서 사용되는 오일펌프

scavenger system 배유 시스템

윤활에 사용된 오일을 오일탱크로 되돌려 보내는 시스템. 엔진 내부 각각의 베어링 섬프로 공급된 오일이 윤활기능을 수행하고 나면, 정상적인 윤활계통이 지속적으로 작동할 수 있도록 배유펌프가 해당 섬프의 오일을 강제적으로 탱크로 되돌려 보낸다.

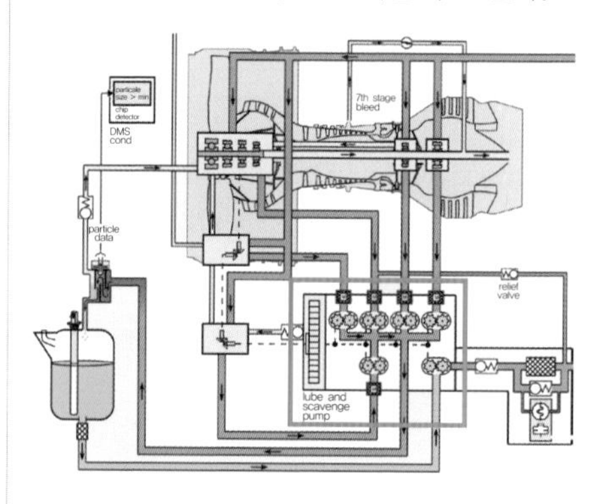

schedule maintenance stage 정시점검 단계

항공기의 효율적인 정비작업을 위해 개별 정비요목을 유사한 점검주기 단위로 그룹화한 것. 정형화된 정비방식의 제작사 설정 문자점검(Letter check, 'A', 'C' & 'D' check 등)과 비정형화된 정비방식(개별정비방식) 정비요목들을 그룹화한 항공사 고유의 점검단위로 구분한다.

scheduled maintenance 계획정비

정비시간 한계에 따라 수행되는 개별정비작업. 감항성 유지를 위한 점검, 검사, 보급 및 정기적인 부품 교환 등을 포함하며, 결함 유무에 상관없이 정해진 주기에 반복 수행된다.

schematic diagram 계통도

hydraulic system, fuel system 등 복잡한 계통을 한 장의 도면에 상관관계를 표현함으로써 시스템의 전체적인 구성 형태를 확인할 수 있도록 한 도면

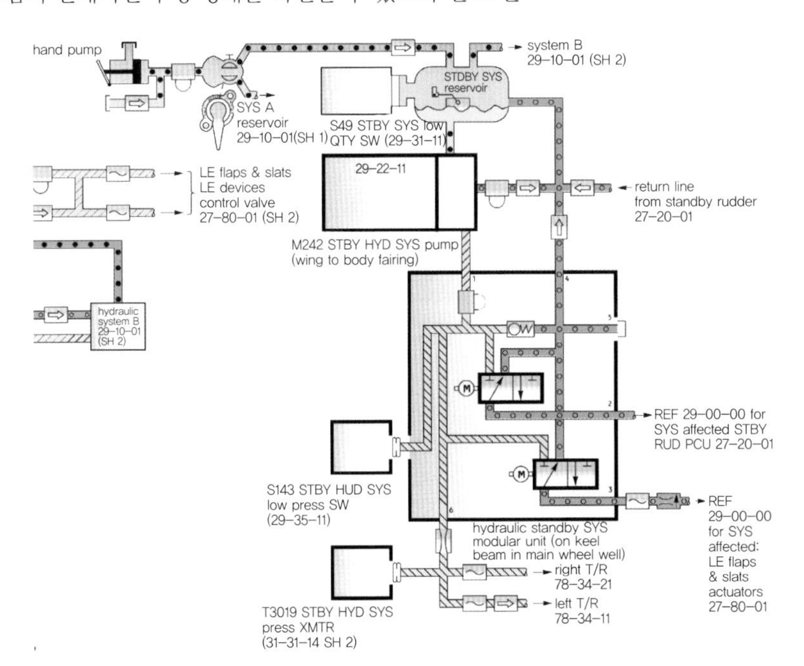

Schottky diode 쇼트키다이오드

반도체와 금속의 접합으로 만들어진 낮은 순방향 전압이 요구되는 다이오드. 순방향 전압 강하가 낮고 스위칭 동작이 매우 빠르다.

scope of services 항공정비사의 업무 범위

항공정비사 자격증명을 받은 사람은 그가 받은 자격증명의 종류에 따라 정비 또는 개조한 항공기에 대하여 「항공안전법」(항공기 등의 정비 등의 확인)에 따른 확인 행위를 할 수 있다. 항공기 등 장비품 또는 부품에 대하여 정비 등을 한 경우에 그 항공기 등 장비품 또는 부품이 기술기준에 적합하다는 확인을 받아 감항성을 입증한 후에 운항 또는 항공기 등에 사용할 수 있다.

score 긁힘

움직이는 부품에 생긴 깊고 굵은 긁힘을 말한다.

scratches 스크래치

작동 중 이물질 등에 의해 생긴 가는 선 모양의 긁힘을 말한다.

scriber 금긋기 도구

판재의 절단선을 그릴 때 사용하는 끝부분이 예리한 공구. 강한 스크래치를 만들기 때문에 절단면이 아닌 곳에 사용하면 부식이 발생할 위험이 있다.

scuffing 스커핑

부품 간의 마찰에 의해 고열이 발생하는 피스톤 링이나 기어 톱니와 같은 구성품에 윤활이 안 되어 금속 간에 직접적인 접촉이 발생하면서 그 마찰열에 의해 용접한 것과 같이 나타나는 달라붙음 현상이나 보호 피막층의 손실

sealant 실런트

항공기를 구성하는 부품들 사이의 기밀작용을 위해 사용하는 물질. 사용목적과 장소에 따라 매뉴얼에서 권고하는 적절한 절차를 따라야 한다. Boeing의 경우 SOPM(Standard Overhaul Practices Manual) 20-50-11 등을 참조한다.

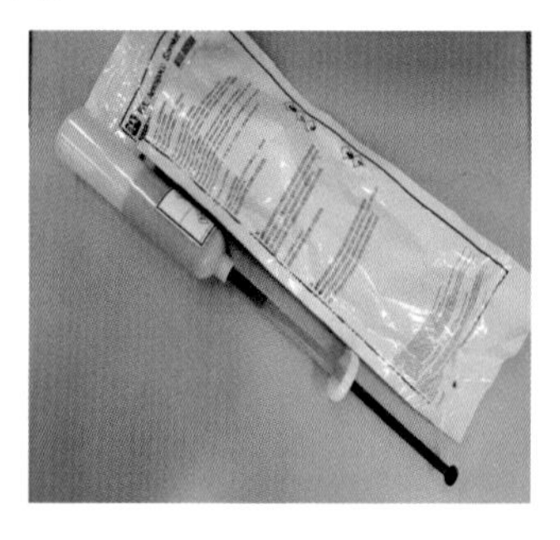

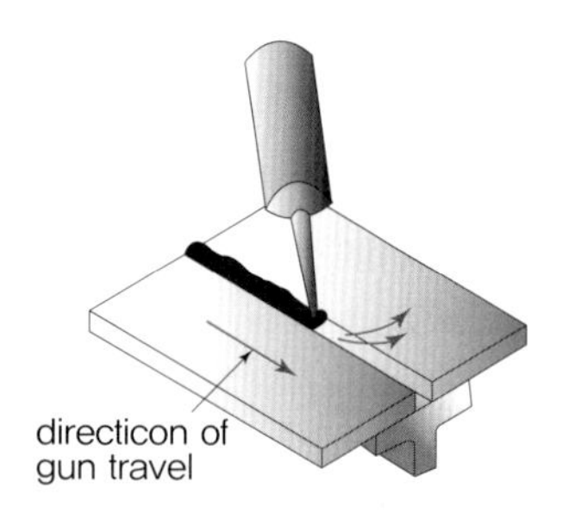

secondary cell 2차전지

충전기능이 있는 전지. 충전형태로 재사용이 가능한 납축전지, 니켈-카드뮴 배터리, 리튬-이온 배터리, 리튬-폴리머 배터리 등이 포함되며, 항공기에 사용되는 배터리는 충전기능이 있다.

secondary flight control surface 2차 조종면

항공기의 기본적인 3축 운동을 위한 1차 조종면을 제외한 조종면. 1차 조종면의 안정적인 기능 수행을 위한 보조적인 역할을 수행하는 조종면으로서 spoiler, flap 등 여러 가지 형태의 명칭으로 사용된다.

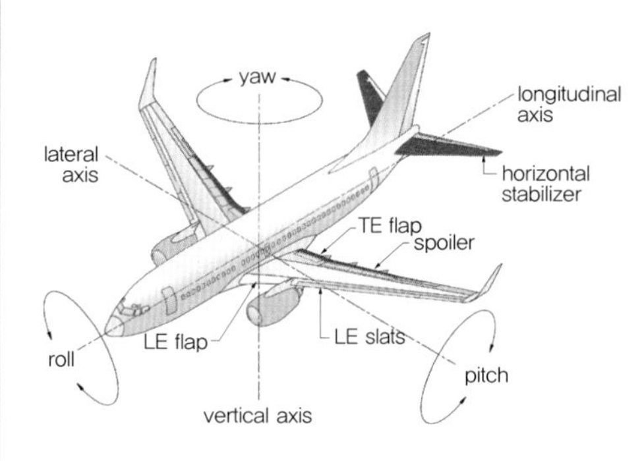

secondary structure 2차구조

항공기 구조부 중에서 하중을 담당하지 않

는 부분. 항공기 전방 부분의 레이돔, 테일콘, 페어링, 주 날개 전연과 후연 등이 포함된다.

sectional view drawing 단면도

부품의 보이지 않는 부분을 확인할 수 있도록 부분 또는 전체를 드러내어 내부가 보이도록 그린 도면

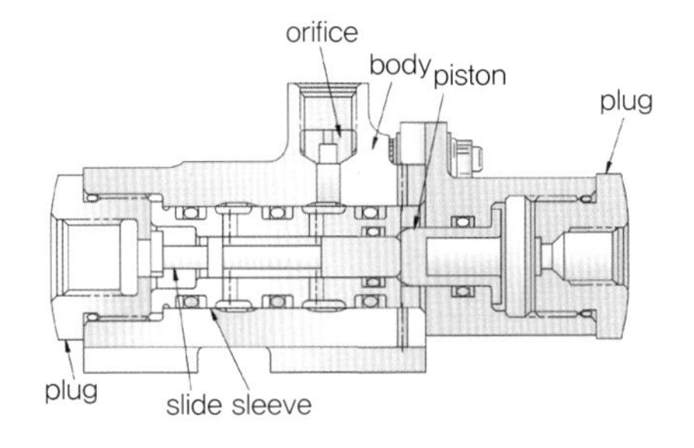

security screening 보안검색

불법방해행위를 하는 데에 사용될 수 있는 무기 또는 폭발물 등 위험성이 있는 물건들을 탐지 및 수색하기 위한 행위

Seebeck effect 제베크 효과

금속선 양쪽 끝을 접합하여 폐회로를 구성하고 한 접점에 열을 가할 때, 두 접점 사이의 온도차로 인해 생기는 전위차에 의해 전류가 흐르게 되는 현상. 이와 같은 재료 양 끝 사이의 온도차에 의해 발생하는 제베크 전압을 열기전력이라고 한다.

selective calling system(SELCAL) 셀칼

지상 무선국에서 비행 중인 특정 항공기를 호출하기 위한 시스템. 비행 중 통신장치를 계속해서 주시해야만 하는 조종사들의 업무로드를 줄일 목적으로 장착한다. 4개의 저주파를 결합한 개별 코드가 각 항공기에 할당되어 있으며, 지상국에서 HF 또는 VHF 통신장치를 사용해서 목적 항공기에 코드를 전송하면, 해당 항공기의 조종석에 콜 라이트가 켜지면서 차임을 울려 조종사가 호출신호를 인지할 수 있도록 한다. 조종석에 해당 항공기의 SELCAL CODE가 부착되어 있다.

selector valve 선택밸브

계통 내 유압의 흐름 방향을 선택해주는 밸브. 스위치나 레버를 조작하면 선택밸브가 움직이고, 밸브의 움직임이 유압유의 흐름 방향을 조정하여 원하는 작동기의 움직임을 만들어 낸다.

self-locking nut 자동잠금너트

항공기 부품 체결에 사용되는 패스너 중 볼

트를 고정하기 위해 사용되는 너트로, safety wire와 같은 추가적인 고정장치가 필요 없는 너트. 자동잠금너트는 hot section, cold section용으로 구분되며, 장탈착이 빈번하게 이루어지는 곳이나 회전부분 등에는 사용할 수 없다.

semiconductor 반도체

상온에서 전기전도율이 도체와 절연체의 중간 정도인 물질. 평상시 전기가 통하지 않지만 불순물을 첨가하거나 빛 또는 열 등의 에너지를 가하면 전기가 통하게 된다. 실리콘(Si)이나 게르마늄(Ge) 단결정과 같이 불순물이 섞이지 않은 진성 반도체(intrinsic semiconductor)와 진성 반도체에 소량의 불순물을 첨가한 불순물 반도체(extrinsic semiconductor)로 구분한다.

semi-monocoque structure 세미모노코크 구조

항공기가 받는 힘을 골격과 외피가 동시에 지탱하는 트러스 구조와 모노코크 구조의 장점을 살린 구조. 세미모노코크 구조는 내부 공간이 넓을 뿐만 아니라 큰 외력에도 견딜 수 있으며, 외형의 곡면처리도 가능하므로 현대의 거의 모든 항공기들이 세미모노코크 구조를 채택하고 있다. 골격은 형태를 유지하면서 항공기에 걸리는 대부분의 하중을 담당하고, 외피는 유선형의 외형을 제공하면서 공기에 대한 압력을 골격에 분산해 전달하며 하중 일부를 담당한다.

separation 박리

물체의 표면에 달라붙어 흐르던 유체의 흐름이 표면으로부터 떨어져 나가는 현상. 주 날개에서 발생하며, 주 날개 정면으로부터의 공기흐름의 박리는 실속을 발생시킨다.

sequence valve 순차밸브

계통의 움직임에 순서를 부여하기 위한 밸브. 하나의 움직임이 완성되면 그 완성된 기계적인 움직임에 영향을 받아 다음 움직임을 이어가도록 유로가 형성되는 밸브로, 랜딩기어 up/down 작동순서를 제어하는 데 사용된다.

series DC motor 직류직권전동기

직류모터의 고정자와 회전자 사이를 연결하는 방법의 하나. 전기자와 계자권선을 DC 전원과 직렬로 연결하여 높은 시동 토크를 가진다.

series wound DC generator 직권직류발전기

전기자 코일과 계자 코일이 직렬로 연결된 발전기. 부하가 커지면 부하전류가 커져서 발전전압도 함께 상승한다.

serious incident 항공기준사고

항공기사고 외에 항공안전에 중대한 위해를 끼쳐 항공기사고로 발전할 수 있었던 것으로, 항공기 간 근접비행(항공기 간 거리가 500피트 미만으로 근접) 등 「항공안전법」 시행규칙 [별표 2]에 정한 사항이다.

Service Bulletins(SB) 정비회보

항공기, 엔진 또는 그 구성요소의 제조업체가 판매한 제조물에 대한 세부 변경사항을 전달하기 위해 사용하는 문서. 항공기의 감항성 유지, 안전성 확보 및 신뢰성 개선 등을 위하여 항공제품의 제작회사에서 발행하는 문서로서 감항성 개선지시(AD)와는 다르게 강제성이 없고, 항공기 운항사에서 선택할 수 있도록 정보를 제시하는 성격을 갖고 있다.

service ceiling 실용상승한도

항공기의 상승능력을 표시하는 수치. 해당 항공기가 도달할 수 있는 고도를 표시한다. 비행고도가 높아질수록 공기밀도가 낮아지면서 이용마력이 감소하고 여유마력도 감소하기 때문에 상승률이 0이 되는 고도인 절대상승한도로 표시할 때 실제로 측정할 수 없어서 상승률이 분당 100 ft(30.5 m)인 실용상승한도와 상승률이 분당 500 ft(152.4 m)인 운용상승한도를 정하여 사용하고 있다.

Service Difficulty Report(SDR) 항공기고장보고

고장(faults), 기능장애(malfunctions) 및 결함(defects) 등 항공기의 감항성 유지에 나쁜 영향을 미치거나 미칠 수 있는 항공기 고장정보에 관한 보고. 이러한 고장정보를 운영자 및 정비조직(AMO)이 항공당국에 보고하고 제작사에도 전달하는 피드백(feed-back) 시스템을 갖추어 고장 발생 경향을 분석하고 효율적인 의사결정을 통해 안전문제를 신속히 개선 조치하여 궁극적으로 사고 예방에 기여한다.

service interruption(SI) 운항장애

고장으로 인해 항공기의 출발 지연, 결항 및 목적지 변경(diversion), 회항(air turn-back) 등 비정상적인 운항사례

service life 유효수명

시스템 또는 구성품의 사용수명. 제작 당시 정해진 사용 가능 기간이 도래하기 전 부품을 교환하여 항공기에 위험한 상태가 발생하지 않도록 관리하기 위해 적용하는 정비 기법이다.

servo tabs 서보탭

1차 조종면과 기계적으로 연결되어 조종면의 움직임을 만들어 주는 탭. 조종면보다 작은 탭을 작동시키므로 적은 힘이 소요되며, 작동시킨 탭을 따라 흐르는 공기력이 힌지로 연결된 조종면의 움직임을 만든다.

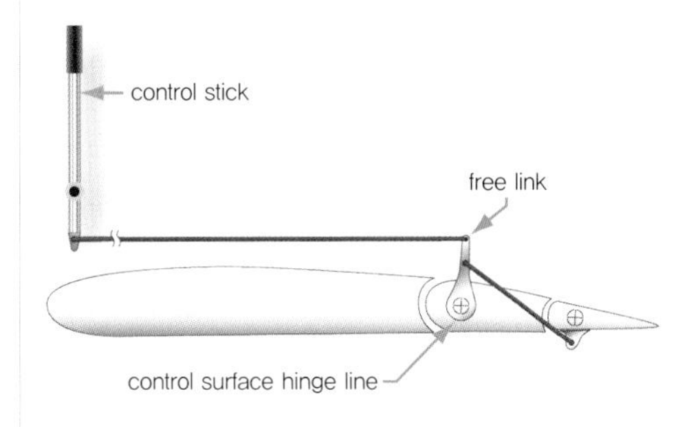

setback 세트백

판재 가공 시 굽힘 접선에서 몰드 포인트 사이의 거리. 판재 가공 시 굽힘 가공의 시작점과 끝점을 찾기 위해 몰드 포인트로부터 떨어진 거리를 계산해야 하기 때문에 가공하고자 하는 판재의 소요되는 전체 길이값을 계산해 내는 작업을 먼저 수행해야 하는데, 90° 가공 시 굽힘 반지름에 두께를 더하면 구할 수 있지만($R+T$), 90°보다 작거나 큰 각으로 가공할 때는 standard setback chart를 참고하고 아래 식을 활용하여 구할 수 있다.

$$\text{setback} = K(R+T)$$

Setback(K) Chart

Degrees	K	Degrees	K	Degrees	K	Degrees	K	Degrees	K
1	0.00873	37	0.33459	73	0.73996	109	1.4019	145	3.1716
2	0.01745	38	0.34433	74	0.75355	110	1.4281	146	3.2708
3	0.02618	39	0.35412	75	0.76733	111	1.4550	147	3.3759
4	0.03492	40	0.36397	76	0.78128	112	1.4826	148	3.4874
5	0.04366	41	0.37388	77	0.79543	113	1.5108	149	3.6059
6	0.05241	42	0.38386	78	0.80978	114	1.5399	150	3.7320
7	0.06116	43	0.39391	79	0.82434	115	1.5697	151	3.8667
8	0.06993	44	0.40403	80	0.83910	116	1.6003	152	4.0108
9	0.07870	45	0.41421	81	0.85408	117	1.6318	153	4.1653
10	0.08749	46	0.42447	82	0.86929	118	1.6643	154	4.3315
11	0.09629	47	0.43481	83	0.88472	119	1.6977	155	4.5107
12	0.10510	48	0.44523	84	0.90040	120	1.7320	156	4.7046
13	0.11393	49	0.45573	85	0.91633	121	1.7675	157	4.9151
14	0.12278	50	0.46631	86	0.93251	122	1.8040	158	5.1455
15	0.13165	51	0.47697	87	0.80978	123	1.8418	159	5.3995
16	0.14054	52	0.48773	88	0.96569	124	1.8807	160	5.6713
17	0.14945	53	0.49858	89	0.9827	125	1.9210	161	5.9758
18	0.15838	54	0.50952	90	1.0000	126	1.9626	162	6.3137
19	0.16734	55	0.52057	91	1.0176	127	2.0057	163	6.6911
20	0.17633	56	0.53171	92	1.0355	128	2.0503	164	7.1154
21	0.18534	57	0.54295	93	1.0538	129	2.0965	165	7.5957
22	0.19438	58	0.55431	94	1.0724	130	2.1445	166	8.1443
23	0.20345	59	0.56577	95	1.0913	131	2.1943	167	8.7769
24	0.21256	60	0.57735	96	1.1106	132	2.2460	168	9.5144
25	0.22169	61	0.58904	97	1.1303	133	2.2998	169	10.385
26	0.23087	62	0.60086	98	1.1504	134	2.3558	170	11.430
27	0.24008	63	0.61280	99	1.1708	135	2.4142	171	12.706
28	0.24933	64	0.62487	100	1.1917	136	2.4751	172	14.301
29	0.25862	65	0.63707	101	1.2131	137	2.5386	173	16.350
30	0.26795	66	0.64941	102	1.2349	138	2.6051	174	19.081
31	0.27732	67	0.66188	103	1.2572	139	2.6746	175	22.904
32	0.28674	68	0.67451	104	1.2799	140	2.7475	176	26.636
33	0.29621	69	0.68728	105	1.3032	141	2.8239	177	38.188
34	0.30573	70	0.70021	106	1.3270	142	2.9042	178	57.290
35	0.31530	71	0.71329	107	1.3514	143	2.9887	179	114.590
36	0.32492	72	0.72654	108	1.3764	144	3.0777	180	Infinite

shear strength 전단강도
전단강도는 하중에 저항하는 능력을 말한다. 재료의 전단강도는 수직 또는 수평 방향으로 측정할 수 있다. 예를 들어 힘으로 인해 물체의 레이어가 수평 방향으로 미끄러지는 경우 재료는 수평 전단강도로 나타내고, 반대로 힘으로 인해 재료층이 수직 방향으로 미끄러지는 경우 재료는 수직 전단강도로 나타낸다.

shear stress 전단응력
구조재에 가해지는 응력의 하나. 어떤 재료의 면에 접하는 접선 방향으로 작용하는 힘을 말한다.

shelf life 보관수명
화학물질이 창고에 저장된 채로 그 본연의 특성 및 기능을 유지하고 목적에 맞게 사용 가능한 최대 저장기간. 제품 제작사가 저장 방법과 저장기간을 결정하며, 보관수명에 의해 제한되는 품목을 저장한계품목이라고 한다.

SHELL model 셸모델
software, hardware, environment, liveware 등 liveware와 관계 맺는 다양한 구성요소 간의 불일치가 human error의 원인이라는 개념. 이러한 상호작용은 항공산업 환경 모든 부분에서 평가·고려되어야 한다고 보는 이론이다.

shimmy damper 시미 댐퍼
랜딩기어의 상부 스트럿과 하부 스트럿 사이에서 지상 주행 시 발생하는 좌우 진동을 잡아주기 위해 장착한 댐퍼

ship maintenance 항공기 정비
항공기 기체와 탑재 장비품 등 항공기 전체를 대상으로 수행하는 정비로서 기체정비라고도 한다. 비행 전 점검 외에 제조사에서 정한 간단하게 수행 가능한 정기점검이 포함된다. 비행 전 점검은 비행기가 착륙한 후 다음 비행 전까지 하는 정비로서 주로 기체 전체의 육안점검을 하며, 기장 등으로부터 결함을 보고 받은 경우 해당 부분을 대상으로 한 점검 및 정비를 포함한다. 연료의 보급 등도 비행 전 주요 점검항목으로 수행한다. 정기점검은 A점검, B점검, C점검 등으로 구분하며, A점검은 타이어나 브레이크의 마모, 기체의 외부 상태를 점검하며 각종 윤활유나 작동유의 보급을 주로 수행한다. B점검은 A점검 항목을 포함해서 엔진에 중심을 둔 점검을 하는데, B점검을 A점검에 포함시켜서 수행하는 항공사가 많다. C점검은 각종 시스템과 기체구조부분에 대한 정비항목을 포함하고 있으며 작동시험, 기능시험, 내부의 상태점검 등을 주로 수행한다.

S

shock wave 충격파
진행하는 파동의 한 종류. 물체가 이동할 때 공기를 압축시키는데, 이 압축효과로 인해 주변에 파가 발생한다. 이동속도가 음속에 가까워지면 파의 앞쪽 가장자리 부분이 압축되고, 파가 음속에 도달하게 되면 모든 파동의 앞쪽 가장자리가 물체의 앞쪽에 고착되어 새로운 큰 파를 만들어내는데 이를 충격파라 부른다. 이러한 파가 음속에 가까워진 시점에 압력이 급격하게 상승하게 되는데 이는 항공기의 비행성능과 안정성에 악영향을 미친다.

shop maintenance 샵 정비
항공기에서 장탈한 엔진, 장비품, 부품 등에 대하여 수행하는 정비. 엔진을 대상으로 하는 엔진정비와 장비품·부품에 대한 장비품 정비로 구분하며, 공장정비라고도 한다. 엔진정비는 on condition 정비, 엔진 중정비, 엔진 오버홀이 있으며, on condition 정비는 사용시간 한계가 정해져 있지 않고 기체에서 엔진을 장탈하여 필요한 검사·정비를 수행한다. 검사만 할 경우에는 기체에 장착된 상태로 보어스코 장비 등을 이용해서 검사하거나 엔진 오일을 샘플링해서 분석하기도 한다. 엔진 중정비는 엔진을 기체에서 장탈한 후 수행하는 분해검사로, 그 내용과 시기는 엔진의 운용시간에 따라 각각의 구성품마다 정해져 있다. 엔진 오버홀은 기체로부터 장탈한 엔진을 완전 분해하여 정비하고 재조립하는 개념으로 사용된다. 장비품 정비는 항공기에 탑재된 다양한 장비품에 대한 정비로, 각각의 장비품마다 정비주기와 방법·내용 등이 정해져 있다. 정해진 시간에 따라 정비하며, 폐기 또는 교환해주는 hard time 방식, 정기적으로 점검시험을 수행하여 이상이 있을 경우 수리 또는 교환해주는 on condition 방식, 정기적으로 정비하지는 않지만 당사 또는 타사에서 이상이 발생한 경우 분석·검토하여 작업을 결정하는 condition monitoring 방식이 있다. 현재 장비품정비의 대부분은 condition monitoring 개념을 적용하고 있다.

shot peening 쇼트 피닝
작은 구형의 금속입자를 고속으로 금속표면에 충돌시켜 소성변형을 시키고 압축 잔류응력을 얻어 기계적 물성치를 변화시키는 냉간단조공법. bending이나 twisting을 받는 부품의 피로 수명 연장에 효과적이다.

shrinking 수축
금속 성형가공 공정의 하나. 금속의 길이를 줄일 때 사용하며, V-블록을 사용하여 각재를 연한 나무망치로 가볍게 두드려 가공해야 신장이 일어나지 않고 작업할 수 있다.

shunt DC motor 분권직류전동기
직류모터의 고정자와 회전자 사이를 연결하는 방법의 하나. 전기자와 계자권선을 DC 전원에 shunt 또는 병렬로 연결하여 부하가 변하더라도 속도 조절이 우수하다.

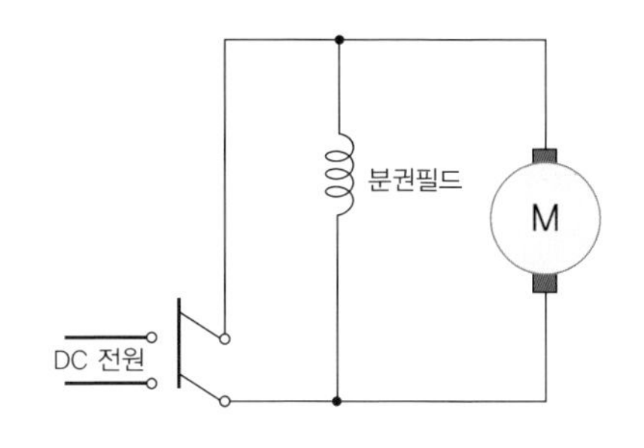

shunt wound DC generator
분권직류발전기
전기자 코일과 계자 코일이 병렬로 연결된 발전기. 부하접속 없이도 전압 발생이 가능하며, 부하에 상관없이 출력전압이 일정하다.

shuttle valve 셔틀밸브
정상계통과 연결된 비상계통의 source를 사용하도록 유로를 선택해 주는 밸브. 브레이크 계통과 같이 중요 기능을 담당하는 구성품의 경우 압력 source를 2중으로 공급하도록 설계하여 공급원 하나가 고장나더라도 그 기능을 수행할 수 있도록 백업이 가능하다. 정상 또는 비정상 유로를 선택할 때 압력이 높은 곳에서 플런저를 밀어 유로를 형성하도록 만들어진다.

side slip 옆미끄러짐
비행 중인 항공기의 축과 진행 방향이 일치하지 않은 상태. 선회하는 중 에일러론과 러더의 조타 균형이 맞지 않을 경우 발생하며, 측풍이 강한 경우에도 발생한다. 측풍이 강한 상태에서 착륙해야 하는 경우, 일부러 기수를 바람이 부는 방향으로 향하게 하고 옆미끄럼을 만들어 착륙을 한다.

signification meteorological information (SIGMET) 시그멧, 위험기상정보
모든 항공기의 안전에 관한 악천후 등의 기상정보를 포함하는 주의보. 항공기 운항에 중대한 장애를 줄 수 있는 기상현상이 하나 이상 발생한 경우 국제적 기준에 따라 제공되는 정보로서, 천둥이 자주 발생하는 지역, 태풍, 강력한 스콜, 화산재 발생지역 등에 대한 정보가 포함된다.

simplex fuel nozzle 단식 연료 노즐
단일 연료 매니폴드에서 공급되는 가스터빈 엔진의 연료배출 노즐

single aisle aircraft 협동체 항공기
객실 내 통로가 1개인 여객기. B737 항공기나 A220 항공기처럼 항공기 내 복도가 1줄인 항공기를 말하며, narrow body aircraft라고 한다. B777 항공기와 같이 복도가 2줄 이상인 항공기는 광동체 또는 와이드 바디 항공기라고 한다.

single phase induction motor
단상유도전동기
1개의 단상 교류전원을 공급하는 전동기.

소형 전동기, 냉장고, 선풍기, 세탁기 등 부하가 작은 장치에 사용된다.

sink rate 하강률

항공기가 하강하고 있을 때 이동한 고도를 단위시간으로 나눈 비율. 하강률의 한계값은 기체구조의 강도에 의해 결정되지만, 항공기에 탑승한 인체에 미치는 영향도 고려해야 하기 때문에 분당 300 ft 이하로 설정한다.

slat 슬랫

이륙과 착륙 시 양력을 증가시켜 공기력 특성을 향상시키기 위해 날개 앞전에 장착된 작동면. 힌지를 중심으로 actuator의 작동에 의해 앞쪽으로 날개 앞전이 움직이면서 아래쪽 공기 흐름이 상면으로 흘러들어갈 수 있도록 형성된 틈을 만드는 앞전 플랩의 형태이다.

slinger ring 슬링거 링

프로펠러 블레이드의 결빙을 방지하기 위해 회전 중에 방빙액을 뿌리는데, 이를 위해 장착된 프로펠러 허브에 튜브의 끝이 연결된 원형의 링. 링에는 공급 튜브로부터 제공된 용액이 넘치지 않도록 받침이 만들어져 있으며, 이 받침 끝부분에서 튜브가 돌출되어 블레이드 뿌리 부분으로 용액이 뿌려진다.

slip 내활

선회 중심의 안쪽으로 옆미끄럼이 발생하는 공기역학적인 상태. 경사각이 너무 크거나 러더 조작량이 부족할 때 발생하며, 기수가 날개 뱅크의 반대 방향을 가리키고, 항공기가 조종된 비행상태가 아니므로 비효율적으로 비행하게 된다.

slip joint 슬립 조인트

공기와 연료의 혼합가스를 공급하는 흡입관의 누설을 방지하기 위해 내부에 패킹을 장착하여 움직임이 가능하도록 만들어진 연결부분

slip ring 슬립 링

제빙이나 방빙을 위해 전도체로 마감된 프로펠러 블레이드 앞전 부분에 전력을 공급할 수 있도록 허브에 물려 있는 회전하는 전도체 링. 블레이드 뿌리부분까지 연장된 접촉단자가 슬립링과 접촉하여 결빙 방지를 위한 전원을 공급받는다.

slip roll former 슬립 롤 성형공구

항공기 날개 앞전이나 엔진 흡입구 등 큰 반지름 곡선이 있는 부분의 판재를 가공하기 위한 장비. 3개의 강철 롤러가 장착되어 결정한 굽힘 반지름으로 가공할 수 있다.

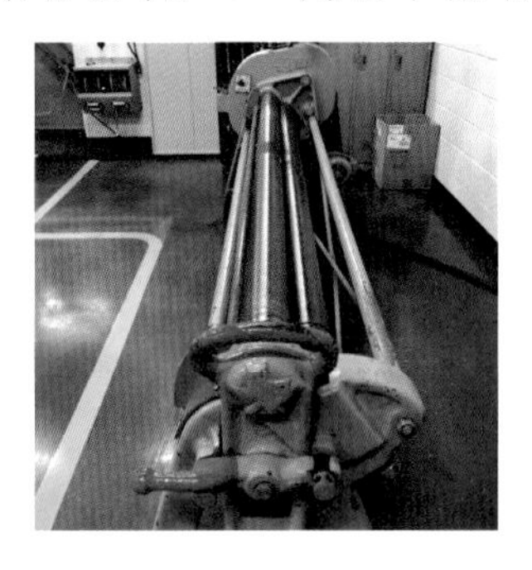

slot 슬롯

날개 상면을 흐르는 공기의 박리를 지연시킬 목적으로 앞전을 지난 부분에 아랫면에서 윗면으로 공기가 흐를 수 있도록 만들어진 틈. 길이가 긴 에어포일(airfoil) 상면을 지나는 공기 흐름의 속도가 감소하면서 발생하는 박리를 예방하고자 아랫면의 공기 흐름을 유입시켜 에어포일 끝단까지 상면의 공기흐름 속도를 잃지 않고 층류형 흐름을 유지시켜 양력의 향상을 꾀한다.

slotted flap 슬롯 플랩

운송용 항공기에 적용되는 보편적인 형태의 플랩. 보통 파울러 플랩과 함께 구성되며, 여러 장으로 구성된 파울러 플랩과 플랩 사이에 공기가 지나갈 수 있는 틈인 슬롯을 형성하여 공기 흐름의 박리가 지연되면서 플랩 끝부분까지 공기흐름이 이어져 안정적인 양력의 확보가 가능하다.

smoke detector 연기감지기

열감지장치가 작동하기 전 연기가 발생한 것을 감지하여 화재 발생을 경고해 주는 장치. 연기입자에 의해 반사된 빛을 이용하거나, 이온 밀도의 변화를 감지하여 경보를 제공하는 원리가 적용된다. 화장실, 화물칸, 전자장비실 등에 장착된다.

snap ring 스냅링

기계장치의 축(shaft) 또는 베어링이 제 위치에 고정될 수 있도록 끝부분에 만들어진 홈에 장착되는 부품. 스냅링은 스프링처럼 탄성이 있어서 장탈착 시 스냅링 플라이어를 사용해야 한다.

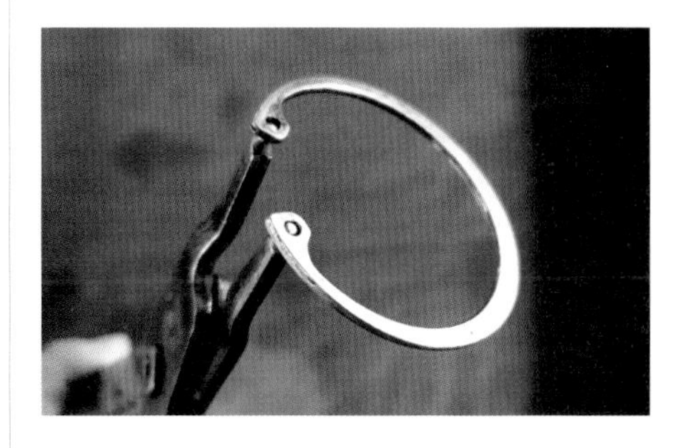

soaking 균열 처리

해당 금속의 정해진 온도에서 충분히 유지하여 조직과 성분을 균질화시키는 처리

soft time program
가변적 수명관리프로그램

항공기 운용 중 구성품의 결함에 대한 대책을 마련하는 데 상당한 시간이 소요되는 경우, 장비품의 결함으로 인한 안전장애 등을 방지하기 위해 조기에 점검하거나 장탈하는 중간 해결책

solid oxygen 고체산소

고공비행을 하는 항공기의 객실 압력에 이상이 생길 경우 생명유지를 위해 공급하는 산소의 일종. 객실 내부의 압력이 낮아져 탑승객들의 자가호흡이 어려운 상황이 발생했을 때, 천장에 장착되어 있던 마스크가 머리 위쪽으로 떨어져 내려오고, 그 상태에서 마스크를 잡아 당기면 고체산소 카트리지 내부의 연소가 시작되도록 격발장치가 작동하여 충전되어 있던 염소산나트륨이 연소하면서 만들어낸 가스에서 걸러진 산소가 마스크를 통해 공급된다. 연소열로 인해 카트리지에 고열이 발생하므로 카트리지를 다룰 때에는 화상을 입지 않도록 유의해야 하며, 정비작업을 위한 장탈 시 안전핀을 확실히 꽂고 작업해야 한다.

solid shank rivet 솔리드 생크 리벳

항공기 구조물의 영구적 접합에 사용되는 패스너. 저렴하고 신뢰도가 높아 항공기 제작에 많이 사용되며, 필요에 따라 리벳 헤드 모양을 다양하게 갖추고 있다.

solid solution 고용체

결정구조 내의 두 개 혹은 그 이상의 다른 원소들이 서로 섞여서 하나의 상으로 모인 결정구조

solution heat-treatment 용체화 열처리

강의 합금성분을 고용체로 용해하는 온도 이상으로 가열하여 충분한 시간을 유지한 후 급랭함으로써 그 석출을 저지하는 조작

sound barrier 음속장벽

비행속도가 마하 0.8 부근에 접근할 때 공기역학적 항력과 기타 바람직하지 않은 효과가 갑작스럽게 증가하는 현상을 말한다. 마하 1.1 부근에 도달하면 공기력의 불규칙한 변화가 일어나기 때문에 이러한 문제를 해결하기 위한 기술력이 필요했다. 1940년대 초반에는 문제를 해결할 수 없어 장벽이라고 명명했으나, 1947년 척 예거(Chuck Yeager)가 초음속 비행에 성공함으로써 음속의 장벽이 허물어져 전투기 등 특수 목적의 항공기가 음속을 넘는 속도로 비행할 수 있도록 제작되고 있다.

sound velocity 음속

대기 중을 통과하는 음의 속도. 해면고도, 기온 15°C의 표준대기 조건에서 초당 340.3 m(시간당 1,225 km)의 속도로 진행하며 기온이 상승하면 속도가 빨라지고, 기온이 내려가면 속도도 느려진다. 또한 공기밀도의 변화에도 영향을 받아 고도가 상승하면 속도가 느려진다.

source of low 법원

법으로서의 효력을 발휘할 수 있는 근거. 국제법 성격을 띠고 있는 항공관계법의 경우 국제법의 일반원칙, 다자조약, 양국의 협정, 국제법원의 판결문, 국제민간규정 등과 함께 분단국가 등 각 국가의 특성을 갖는 국내법을 포함한다.

spalling 스폴링

베어링과 같이 마찰되는 금속 표면의 경화된 부분이 조금씩 깎여 나가는 손상

span loading 날개폭 하중

기체의 중량을 날개폭(wing span)으로 나눈 값. 항공기가 비행 중에 하중이 걸리면 유도효력이 발생하고, 기체의 가속성과 운동성에도 악영향을 미치는데, 그 악영향의 크기가 익폭하중에 비례하게 된다. 익폭하중이 작으면 기체에 발생하는 저항도 작아지고, 잉여추력률의 저하도 줄여준다.

spark plug gap 점화플러그 간극

점화플러그 전극과 전극 사이에 불꽃이 튈 수 있도록 만들어진 간격. 왕복엔진의 경우 일반적으로 점화플러그를 설치하는 작업자가 접지전극을 약간 구부려 조정할 수 있는 스파크 간격을 갖도록 설계되어 있으며, 갭 게이지(gap gauge)를 활용해서 동일한 플러그 제품을 해당 항공기 매뉴얼에 따라 각각 다른 간격으로 적용할 수 있다.

special airworthiness certification 특별감항증명

「항공안전법」 시행규칙 제37조에 해당하는 항공기가 기술기준을 충족하지 못하여 운용범위 및 비행성능 등을 일부 제한할 경우 제한된 용도로 안전하게 운용할 수 있다고 판단될 때 발급되는 증명

special inspection 특별검사

사고·준사고·안전장애 및 환경 등에 의해

S

접하게 된 특정사안에 대하여 정기점검 이외에 별도의 계획을 세워 실시하는 검사. AMM 05-51에 hard landing, bird strike, volcanic ash, tail skid 등 해당 항공기에 발생한 이벤트별 검사방법이 기술되어 있다.

specific gravity 비중
물질의 중량을 특정 온도에서 동일한 양의 증류수의 무게와 비교한 것

specific fuel consumption(SFC) 비연료소모율
왕복엔진의 경우 마력, 터보제트 또는 터보팬 엔진의 추력으로 정의되는 내연기관의 기계적 효율을 측정하는 것. 제동마력에 대한 시간당 연료소비량 또는 추력 1파운드에 대해 시간당 연소되는 연료의 양으로 측정된다.

specific thrust 비추력
제트 엔진의 단위 공기질량 유량당 추력. 순추력과 총흡입기류의 비율로 계산되며 제트 추진기관은 상대적으로 비추력이 높다.

spectrometric oil analysis program (SOAP) 오일분광검사
오일 샘플에 포함된 금속입자의 화학적 조성을 분석하여 엔진 부품의 비정상적인 마모를 식별하는 검사방법. 오일분광분석장치를 활용해 발광시켜 스펙트럼을 검출하고, 각각의 금속원소 고윳값과 비교하는 정량분석방법을 통해 이상 부품을 식별하여 엔진의 부분품 정비를 미리 수행함으로써 완전분해 등 추가 비용이 많이 드는 정비작업과 in-flight shutdown과 같은 치명적인 엔진 고장을 피할 수 있다.

speed brake 스피드 브레이크
비행 중, 착륙 시 항공기의 속도를 줄이기 위해 작동되는 스포일러(spoiler). 항공기 착륙 시 지상에 타이어가 접지되는 순간 auto mode로 작동하여 날개 상면에 접혀 있던 스포일러가 날개 상면의 공기 흐름을 막도록 힌지를 중심으로 일어서서 막아 브레이크 역할을 한다.

spinner 스피너
항공기의 구성요소로 프로펠러 허브 또는 터보팬 엔진 중앙에 장착된 유선형 페어링. 기체를 전반적으로 더욱 간소화하여 공기역

학적 항력을 줄이고 공기 흐름을 원활하게 하여 공기흡입구로 효율적으로 공기가 유입되도록 한다.

splash system 스플래시 시스템

섬프 내에서 회전하는 구성품에 의해 뿌려지는 형태로 오일을 공급하는 시스템. 기어박스 내부에 있는 기어와 베어링에 적용되고 나머지 베어링 섬프에 있는 구성품들은 압력식으로 공급된다.

spline 스플라인

큰 토크를 전달하고자 할 때 원주 방향을 따라 같은 간격으로 여러 개의 치형을 가공한 축 형태의 기계요소. 터빈엔진 샤프트 및 엔진 기어박스에 장착된 스타터, 제너레이터, 펌프 등 각종 보기품들의 연결에 사용한다.

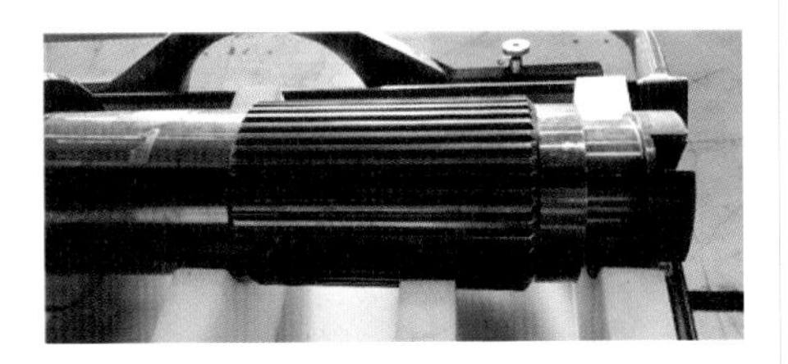

split flap 스플릿 플랩

경량항공기에 적용되는 진화한 형태의 플랩. 날개의 뒷전 아랫면에 힌지로 장착된 날개의 절반 정도 두께인 평판 형태의 조종면을 작동시키면 상면판과 분리되면서 아랫면의 캠버가 증가하여 양력을 증가시킨다.

spoiler 스포일러

항력을 증가시키는 동시에 양력을 감소시키기 위해 날개 상면에 장착된 2차 조종면. 날개 상면을 이루고 있다가 필요시 actuator의 작동에 의해 상면으로 전방의 힌지를 중심으로 들어올려져 상면의 유선형 공기흐름을 방해해서 양력을 감소시키며, 에어브레이크의 역할을 하거나 aileron의 보조 역할을 하는 flight spoiler와 온전히 고항력장치로 사용되는 ground spoiler로 구분된다.

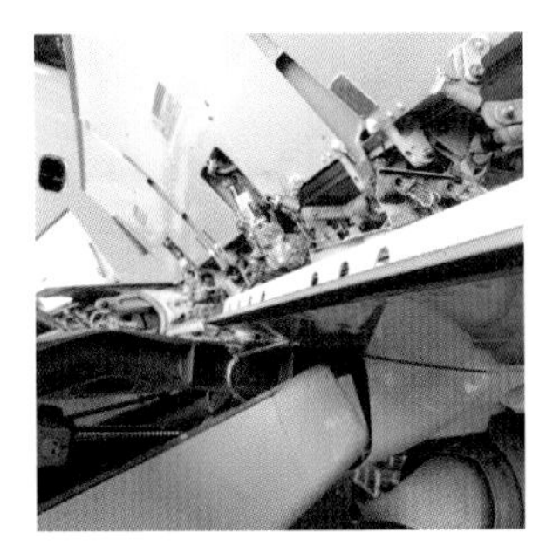

spongy brake 스펀지 브레이크

브레이크 계통 내부의 유압유에 공기가 침투하여 브레이크 작동 시 브레이크가 밟히지 않고 작동이 지연되는 현상. 브레이크 계통 블리딩 절차를 수행하여 스펀지 현상을 제거할 수 있다.

S

sport and leisure aviation service 항공레저스포츠사업

타인의 수요에 맞추어 유상으로 항공기, 경량항공기 또는 국토교통부령으로 정하는 초경량비행장치를 사용하여 조종교육, 체험 및 경관조망을 목적으로 사람을 태워 비행하는 서비스. 취미·오락·체험·교육·경기 등을 목적으로 하는 비행과 공중에서 낙하하여 낙하산류를 이용하는 비행을 포함한다.

spring back 스프링 백

물체에 힘을 가하여 변형시킨 후 힘을 제거하면 물체의 두 가지 상반된 성질, 즉 변형된 모양을 영구히 보존하려는 소성과 초기 형상으로 복원하려는 탄성에 의하여 물체의 최종 변형이 결정되는데, 스프링 백은 물체를 변형시킨 후 물체 내부에 탄성이 어느 정도 남아 있느냐에 따라 그 크기가 결정된다. 스프링 백 현상은 물체가 변형에 저항하려는 물체 내부의 복원력인 탄성에 의해서 발생되며, 스프링 백의 크기는 굽힘 가공 시 굽힘 각도의 크기로 측정되고 물체의 복원력에 비례한다. 알루미늄 판재나 튜브 가공 시 스프링 백 정도를 확인하며 정확한 굽힘 작업이 이루어져야 한다.

squaring shear 정방형 전단기

판금작업을 위해 그려진 도면의 모재를 절단하기 위한 장비. 절단작업 시 손가락이 절단될 수 있으므로 주의가 필요하며, 정확하게 절단하기 위해 절단선을 맞추는 작업에 세심한 주의가 필요하다.

squat switch 스쿼트 스위치

랜딩기어에 장착된 ground signal을 만들어 주는 스위치. 랜딩기어 스트럿과 토크링크의 물리적인 접촉에 의해 회로가 구성되어 신호를 보내며, 보내진 신호를 활용해서 지상에서 랜딩기어 레버를 올리지 못하도록 lock을 걸어주는 등 여러 가지 회로에 활용된다.

squawk 항공기 등의 결함

항공기와 장비부품 등에 이상이 생긴 것. 그 결함의 정도에 따라 적절한 조치를 취해야 한다. 지상에서 발생한 결함의 경우 ground squawk, 비행 중 발생한 결함의 경우 flight squawk라 한다.

squib 스퀴브

엔진, CGO에 장착된 fire bottle의 작동을 위해 사용하는 특수목적의 소형 폭발물. bottle에 충전된 소화액을 배출시키기 위한 격발장치로, 봉인된 frangible disk를 찢을 정도의 충격력을 발생시키며, 테스트할 때 적절한 절차를 준수하여 bottle의 격발장치가 사용되지 않도록 주의가 필요하다.

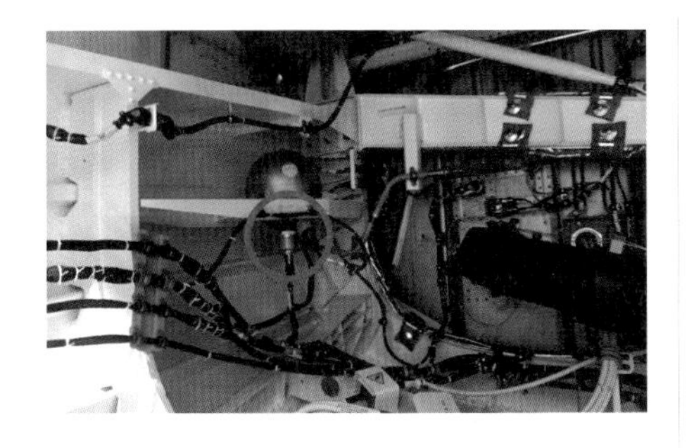

stabilator 스태빌레이터

항공기의 비행특성을 고려하여 두 개의 조종면 역할을 하도록 만들어진 구성품. 스태빌라이저(stabilizer)와 엘리베이터(elevator)의 기능을 수행한다.

stabilizer trim actuator
스태빌라이저 트림 액추에이터

항공기의 피치와 자세 조종을 위해 수평안정판의 각도를 변경시키는 액추에이터. 최적의 엘리베이터 효율성을 보장하기 위해 이륙 전에 무게중심 위치를 보정하도록 조정된다. 조종사가 컨트롤 칼럼이나 컨트롤 휠을 움직여 반응하는 것이 아니고 별도의 트림 스위치에 의해 작동하였으나, 최근 개발된 항공기는 autopilot 입력신호에 의해 작동된다.

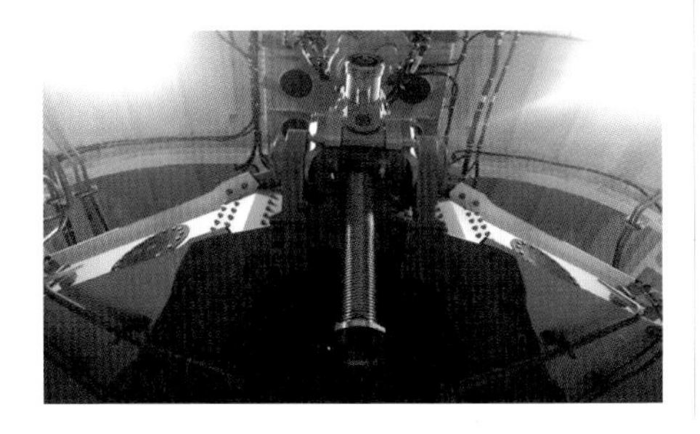

stain 얼룩

금속 표면에 열변형에 의해 생긴 변색을 말한다.

stakes 쇠모루

판재의 굽힘 가공을 위한 받침. 대형 장비를 사용하기 불편한 작은 크기의 굽힘 작업을 수작업으로 수행하기 위한 공구로, 모서리의 굽힘 가공을 위한 볼, 스크루 모양 등으로 제작되며, 플라스틱 해머 등과 세트로 사용된다.

stall fence 실속펜스

날개의 상면이나 엔진 카울의 상·하면의 접촉면에 수직으로 장착된 판재. 날개나 엔진 카울을 지나는 흐름에 교란이 생겨 날개의 root에서 tip 방향으로의 공기 흐름을 막고,

S

엔진 주변을 지나는 공기 흐름에 소용돌이가 발생하여 후방에 장착된 조종면에 부정적 영향을 주지 않도록 직선 흐름이 되도록 유도하는 장치이다.

stall 실속

고정익 항공기의 경우 주 날개에서 발생하는 양력에 의해 비행이 가능하며, 양력은 비행속도의 제곱에 비례해서 증가하고, 받음각의 크기에 따라 증감한다. 비행속도가 작아지면 받음각을 증가시켜서 필요한 양력을 확보할 수 있는데, 일정 받음각 이상 증가시키면 주 날개면으로부터 공기류의 박리가 시작되어 발생되는 양력이 줄어든다. 이런 현상을 실속이라 부르는데, 실속과 함께 항공기가 낙하하기 시작한다. 실속이 시작되는 속도를 실속속도라고 하며, 이 실속속도는 착륙장치의 상태, 플랩의 위치, 엔진 파워 설정위치 등에 의해 결정된다.

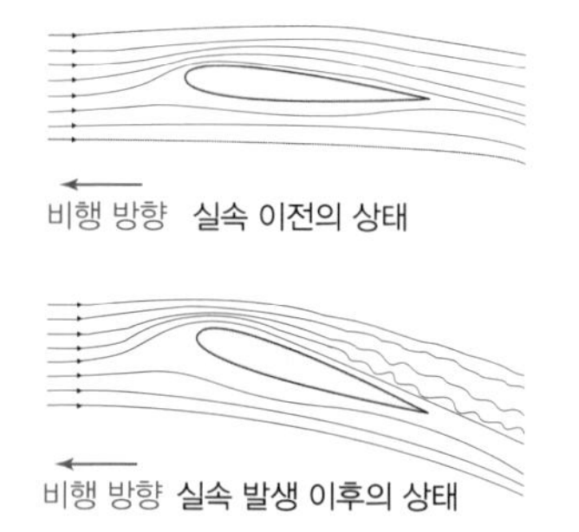

실속 이전의 상태

실속 발생 이후의 상태

standard airworthiness certification 표준감항증명

해당 항공기가 항공기기술기준을 충족함이 입증되어 안전하게 운용할 수 있는 상태가 확인된 경우 발급되는 증명

standard and recommended practices(SARPs) 표준 및 권고방식

시카고 협약 부속서의 각 전문에 포함된 내용에 체약국이 이행해야 할 조항의 준수 여부를 보다 명확하게 알려주기 위한 표현방법. 표준은 국제항공의 안전·질서 또는 효율을 위하여 체약국이 준수해야 하는 성능·절차 등에 대해 필수적인 기준으로 정의하고 있으며, 권고는 체약국이 준수하고자 노력해야 할 성능·절차 등에 대한 바람직한 기준으로 정의한다.

standard atmosphere 표준대기

항공기의 성능비교 등을 위해 실제 대기의 평균 상태를 단순한 형태로 표시한 협정상의 기준 대기. 고도 0 m, 기온 15℃, 기압 760.000 mmHg로 규정하고 있으며, 고고도 비행의 목적을 위해 대기상태와 관계 없이 표준대기를 사용하여 비행고도를 측정하고 있다.

standard operation procedure(SOP) 표준운항절차

운항승무원들이 비행업무 시 적용할 수 있는 절차. 조종실 점검 절차 및 점검표, 승무원 브리핑, 당해 항공기 운영교범에 명시된 비행절차, 점검표의 표준화된 사용법 등을 포함하고 있다.

standpipe 스탠드파이프

비상시 사용할 유압유를 확보할 목적으로

레저보어 내부에 돌출된 형태로 장착된 튜브. 일정 유압유를 확보할 수 있는 높이로 만들어지며, 정상작동 시에는 스탠드파이프를 통해 엔진구동펌프로 유압유가 공급되지만, 튜브의 손상 등으로 인해 유압유가 누출되어 계통 내 유압유가 부족한 상태가 되면, 비상작동을 위한 유압계통에 유압유를 지속적으로 공급해 주기 위해 레저보어 하부에 장착된 튜브를 통해 비상펌프로 유압유를 공급해 준다.

starter generator 시동발전기

엔진 시동기의 한 종류. 대형 항공기 엔진에 공기압력을 이용한 시동기가 사용될 때 APU와 같이 작은 엔진의 시동을 위해 사용된다. 시동기 파워는 장착된 배터리로부터 공급받고 시동절차가 마무리되어도 계속해서 해당 엔진에 맞물려 작동하면서 발전기 기능을 한다. 하나의 부품으로 두 가지 역할을 담당하도록 하여 엔진의 무게를 줄이는 이점이 있다.

State Safety Programme(SSP) 국가안전프로그램

한 국가의 항공안전을 확보하고 안전목표를 달성하기 위한 항공 관련 제반 규정 및 안전활동을 포함한 종합적인 안전관리체계

static air port 정압구

비행 중 대기의 평균 압력인 정압을 측정하는 센서. 동체의 각 측면에 매립형 구멍 형태로 장착되어 공기흐름과 관계된 방해를 받지 않는 압력을 측정하며, 구멍의 막힘을 방지하기 위해 지상에서 덮개를 씌워주고, 비행 중 히터를 가동시켜 안티 아이싱(anti-icing)을 해 준다.

static balance 정적 균형

물체에 제동력이 가해지지 않은 조건에서 축이 중력으로 인해 회전하는 경향이 없이 수평인 상태를 유지할 수 있는 것. 정적 균형은 물체의 무게중심이 회전축에 있을 때 발생하며 프로펠러와 같이 회전하는 구성품의 수리·개조 후, 항공기에 장착하기 전에 균형 검사를 하며 측정장비에 수평상태로 올려진 프로펠러의 움직임 여부로 판단한다.

static discharger 정전기 방전장치

무선수신기의 간섭을 줄이기 위해 장착되는 구성품. 비행 중인 항공기에는 정전기가 발생하는데, 이 정전기를 대전시켜 강제로 방전시키는 장치로서, 동체로부터 최대한 멀리 떨어진 지점에서 방전시킨다. 정전기 방전장치가 없으면 전하가 안테나, 날개 끝, 수직 및 수평 안정판과 기타 돌출된 뾰족한 부분을 통해 방전되면서 광대역 무선주파수

잡음을 생성하여 항공기 통신에 영향을 줄 수 있다.

static inverter 스태틱 인버터

항공기 내에 교류전원이 없는 경우와 교류 발전기의 고장으로 교류전력을 공급하지 못할 때, 항공기에 장착된 배터리로부터 직류를 공급받아 교류로 변환시켜 최소한의 교류장비를 작동시키기 위한 장치. DC power를 115 V, 400 Hz, 단상 AC power로 변환하여 AC standby bus에 공급한다.

static stability 정안정성

항공기가 평형상태를 유지하고 있다가 어떤 교란을 받아 평형상태에서 약간 벗어난 경우에 원래의 평형 비행상태로 되돌아가려는 초기 경향성을 갖는 성질을 말한다.

steam engine 증기엔진

외연 열기관으로, 수증기가 가진 열에너지를 운동에너지로 전환시켜 주는 엔진. 인류 역사상 가장 오랫동안 사용되고 있는 동력기관으로 전력생산에 주로 활용된다.

steering system 조향시스템

고정익 항공기가 지상 활주 중 방향을 변경할 수 있도록 노즈 기어에 장착된 기구. 러더 페달을 밟거나 스티어링 틸러를 회전시키면 노즈 기어에 장착된 시스템이 작동한다.

steering tiller 스티어링 틸러

지상 주행 중인 항공기의 방향 전환을 위해 앞바퀴의 움직임을 주기 위한 조작장치. 소형기의 경우 지상에서의 방향 전환을 위해 러더 페달을 사용하지만, 대형기의 경우 추

가로 틸러가 장착되어 있어 활주로 진출입 등 지상에서 큰 각도의 회전이 필요할 경우 휠타입이나 스틱타입의 틸러를 회전시켜 방향을 전환할 수 있다.

steering 조향

지상에서 항공기의 움직이는 방향을 조정해 주는 것. 일반적으로 앞바퀴의 움직임을 작동기로 제어하며, 항공기가 고속으로 활주로를 질주하고 있을 경우 좌우 움직임의 각도를 제한하기 위해 페달로 작동한다. 저속으로 움직이는 경우 활주로 끝단에서 큰 각도로 회전할 경우 스티어링휠(steering wheel)로 작동 명령을 내리며, 노즈 렌딩기어 스트럿에 장착된 스티어링 액추에이터와 칼러가 토크링크에 연결된 하부 실린더를 움직여 반향을 전환한다.

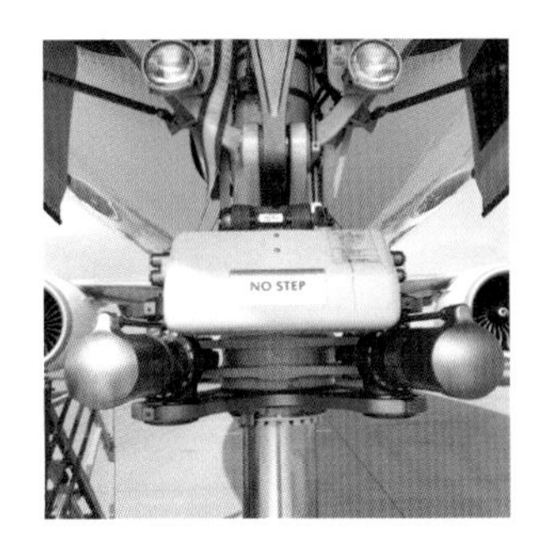

stellite 스텔라이트

내마모성을 위해 설계된 코발트-크롬계 합금. 합금은 텅스텐 또는 몰리브덴이 함유되며 소량이지만 특성을 강화하는 양의 탄소가 포함될 수 있다.

stick shaker 스틱 셰이커

비행기가 이륙할 때 정상적으로 상승하려면 기수를 들어올릴 때 받음각이 적절해야 상승력이 생기는데, 받음각이 필요 이상으로 높아지면 실속이 발생하여 추락의 위험에 노출될 수 있다. 이러한 상황을 막기 위해 조종간이 진동하면서 소리와 떨림으로 실속 경보를 알려주는 장치이다.

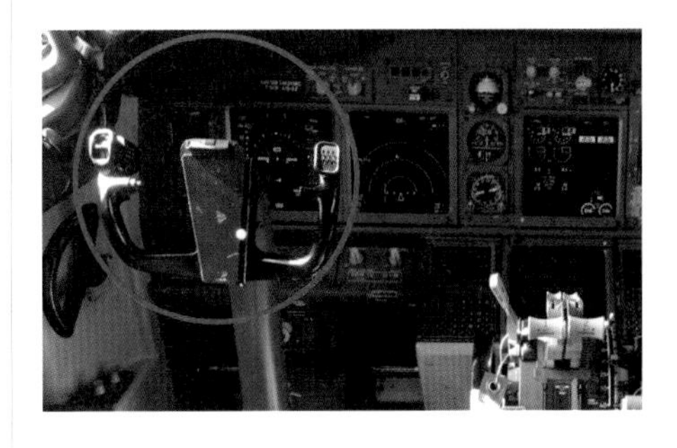

stiffener 보강재

좌굴에 대해 다른 부재를 강화하거나 하중을 분산시키거나 전단을 전달하는 데 사용되는 부재. 일반적으로 부재의 세로축에 수직으로 접합되는 평평한 바, 플레이트 또는 앵글의 형태로 만들어진다.

S

straightening vane 스트레이트닝 베인

압축기 출구에 장착되는 stator vane으로, 연소실로 공급되는 압축공기의 난류를 제거하기 위해 공기가 똑바로 흐르도록 유도하여 연소실로 유입되는 공기를 효율적으로 공급해 주는 압축기의 필수요소이다. outlet guide vane(OGV)이라고도 한다.

stratosphere 성층권

대기권 안의 대류권 위에 존재하는 기층. 고도 11,000~50,000 m의 범위로 상한에 대한 정설은 없다. 고도 32,000 m까지는 기온이 일정하지만, 더 높이 올라갈수록 상승한다.

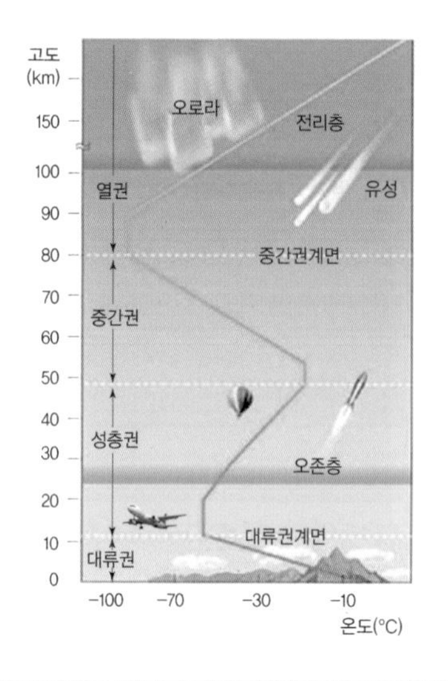

stress 응력

외부의 힘을 받아 변형을 일으킨 물체의 내부에 발생하는 단위면적당 힘. 물체를 찍어 누르려는 외력을 압력이라고 한다면 응력은 힘을 얼마나 견딜 수 있는지를 나타내는 내재력이다.

stress analysis 응력해석

응력이란 물체에 가해지는 외력에 대한 물체의 저항력을 말하며, 응력해석은 이러한 저항력을 해석하는 수학적 계산을 말한다. 주변환경이 급변하는 항공우주 분야나 유동인구가 발생하는 토목·건축 분야에서 많이 사용된다. 응력에 대한 계산을 잘못한다면, 물적 피해는 물론이고 인명피해도 발생할 수 있다.

stress corrosion 응력부식

인장강도 이하의 응력이 가해진 상태에서 부식환경에 노출된 경우, 시간이 경과함에 따라 부식이 촉진되는 현상

stressed skin design 응력외피설계

트러스와 같은 프레임 위주의 구조부재 대신에 기체에 가해지는 하중의 일부를 스킨이 담당하도록 설계하는 디자인. 스킨이 하중을 전담하는 monocoque, frame 또는 ring과 같은 수직부재와 스킨이 함께 하중을 담당하는 semi-monocoque 구조에 적용되며 full frame 구조보다 가볍고 설계가 복잡하지 않다.

stretching 신장

금속 성형가공 공정의 하나. 금속 판재를 해머 등으로 두드려 얇게 늘리고, 굴곡지게 가공하는 것을 말한다.

stringer 스트링거

former 또는 frame 등 동체 구조재에 항공기의 세로 방향으로 배치되는 보강재. 동체의 주요 구성품 중 former 또는 frame 사이 사이, 날개의 경우 spar와 rib 사이에 다수의 스트링거를 장착하여 외피에 작용하는 공기역학적 부하를 프레임에 전달하는 역할을 한다.

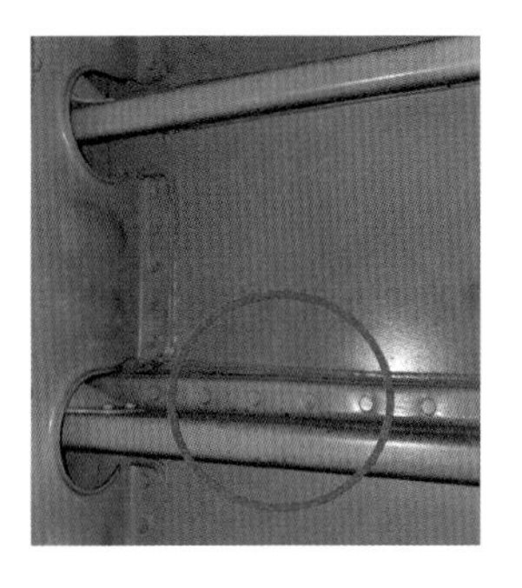

structural inspection 구조검사

항공기 뼈대에 해당하는 주요 하중을 담당하는 구성 요소의 구조적 건전성을 검증하기 위해 수행하는 육안검사

structure repair manual (SRM) 구조수리매뉴얼

항공기의 주요 구조부재 수리를 위한 매뉴얼. 항공기 운용 중 발생하는 접촉사고, 부식, 하중 등에 의한 결함 시 수리를 위해 필수적으로 참고하는 매뉴얼로서 SRM에 제시되지 않는 범위의 수리는 제작사로부터 지원받아야 한다.

sump drain 섬프드레인

연료탱크 내부에 고인 물을 제거하는 절차. 제트연료 특성상 수분을 다량 함유하고 있어 수분에 의한 미생물의 번식과 부식 등을 예방하기 위해 비행 후 일정 시간이 지났을 때 연료탱크 하부에 고인 물을 제거해야 한다.

supercharger 과급기

왕복엔진을 장착한 항공기가 고고도에서 부족한 공기밀도를 보충하기 위해 기계적으로 공기를 공급하는 강제 유도장치. 비행고도가 높아질수록 해당 대기 중의 공기밀도가 낮아져 흡입공기의 질량유량이 낮아짐으로써 엔진의 성능 저하를 유발하기 때문에 강제적으로 압축시킨 공기를 공급시켜 주는 것이 목적이다. 과급기의 목적과 기능

은 터보차저와 유사하지만, 엔진에 직접 연결되어 구동되는 점이 다르다.

supplemental type certification 부가형식증명

형식증명, 제한형식증명, 형식증명승인을 받은 항공기 등의 설계를 변경하기 위해서 받아야 하는 증명

surface corrosion 표면 부식

표면 부식은 금속 표면의 일반적인 거칢, 에칭 또는 구멍 형태로 나타나며, 부식 생성 분말의 흔적을 동반하고, 직접화학부식 또는 전기화학부식으로 인해 발생한다. 부식이 금속 표면을 보호하기 위한 코팅 아래로 퍼져 표면의 거칢이나 분말 흔적을 인식할 수 없는 경우, 주의 깊은 검사를 통해 부식 생성물의 축적 압력으로 발생하는 페인트 또는 도금이 작은 물집 형태로 표면에서 벗겨지는 것을 확인할 수 있다.

surge tank 서지탱크

대형 항공기의 연료탱크 종류 중 하나. 날개 팁 쪽에 장착된 탱크로, 평상시에는 연료가 채워지지 않고 연료 보급 시 메인탱크에 과보급된 연료가 넘쳐 채워지거나 항공기 운항 중 기동에 의해 흘러넘친 연료가 일시 저장되었다가 메인탱크로 돌려보내지는 등 팽창 공간 역할을 하는 여유 공간으로, 대기와 압력이 통할 수 있는 벤트 튜브가 장착된다.

survival equipment 구명용구

항공기의 안전운항을 위해 「항공안전법」에 의거해서 설치하거나 탑재하여 운용해야 할 구급용구. 구급용구, 소화기, 도끼, 메가폰, 의료지원용구 등이 시행규칙 [별표] '항공기에 장비하여야 할 구급용구 등'에 지정되어 있다.

swash plate 스워시 플레이트

회전익 항공기 로터 블레이드의 corrective pitch(회전면을 희망하는 임의의 방향으로 기울이는 것), cyclic pitch(블레이드의 피치각을 동시에 기울이는 것)를 제어하기 위한 원반형태의 구성품. 로터축에 직접 연결된 상부의 회

전 스타와 하부의 회전하지 않는 고정 스타로 구성되며, 두 스타는 일반적으로 베어링 등에 의해 연결되어 있다. 회전 스타는 피치 변경 링크를 통해 블레이드와 연결되어 있기 때문에 회전 스타를 기울이면 블레이드의 피치는 주기적으로 변경이 가능하고, 상하로 움직이면 모든 블레이드의 피치가 동시에 변한다. 고정 스타는 사이클릭 피치 레버와 연결되어 있어 사이클릭 피치 레버의 조작에 따라 기울기를 변경할 수 있다. 이 기울기의 변화가 회전 스타를 통해 주 로터 시스템에 전달되어 회전면의 기울기와 각각의 블레이드의 피치를 동시에 제어하는 것이 가능하다.

sweptback angle 후퇴각

항공기의 날개가 동체의 기준선과 비교했을 때 직각보다 뒤로 기울어진 각도. 주 날개의 경우 기체의 평면도에서 항공기 중심선에 직각으로 교차하는 선을 기준선으로 삼았을 때 주 날개가 뒤쪽으로 기울어진 각도로 표현한다. 후퇴각을 적용할 경우, 항력발산 마하수를 줄일 수 있어서 고속비행 시 유리하다.

swirl vane 스월 베인

연료 증기가 베인의 각도를 따라 회전운동하면서 더 좋은 분무형태가 만들어져 불이 잘 붙을 수 있도록 와류를 유발하는 장치. 압축기를 지난 고온의 압축공기가 연료와 혼합기를 이루어 원활한 연소가 이루어질 수 있도록 공기의 진입속도를 줄여주고 연료공기가 잘 혼합될 수 있도록 회오리바람 형상으로 진입하게 만들어 주는 역할을 한다. 최근 대두되고 있는 환경 문제와 관련하여 불완전 연소를 최대한 줄일 목적으로 연료 노즐에도 적용하고 있으며, 일부 엔진에서는 연소실 자체에 기능을 추가하고 연소실의 길이를 짧게 만들어 사용하기도 한다.

S

swiss cheese model 스위스 치즈 모델

조직에 발생할 수 있는 안전사고를 예방하기 위한 방어막 역할을 하는 여러 겹의 방어기재를 치즈의 조각으로 표현하고, 이 치즈 조각들에 형성된 구멍들을 각각의 방어기재들이 갖고 있는 약점으로 설명하여 그 약점들이 순간적으로 정렬되었을 때 사고가 그 구멍을 통과하여 의도하지 않은 사고로 일어난다는 이론. 치즈 이론에 의하면 각각의 구멍에 해당하는 약점들은 조직의 문화, 불안전한 감독, 불안전한 행동의 전조, 불안전한 행동의 실행 등으로 구성되며, 여러 겹의 방어기재들 중 하나만이라도 정확하게 관리되면 사고로 이어지는 것을 막을 수 있다고 설명한다.

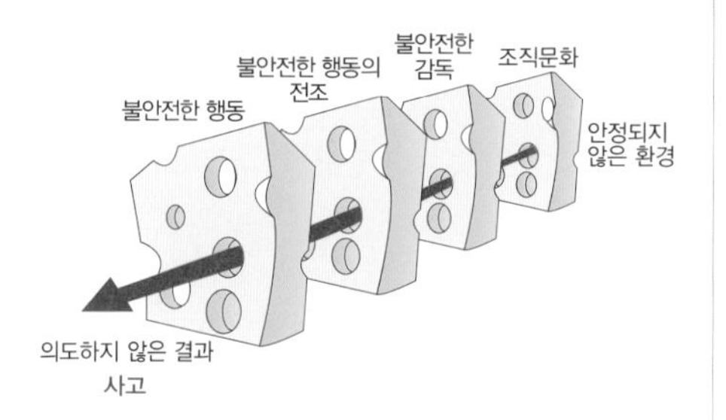

swivel valve 공급밸브

고압의 기체를 안전하게 충전하기 위해 장착된 열림량을 조절할 수 있는 밸브. 랜딩기어 스트럿 상부의 질소가스를 충전하기 위한 보급구 역할을 하며, 고정되어 있던 너트의 잠금을 풀어주면 쉽게 풀리다가 다시 잠금이 걸리고 이때 공구를 사용해 조금씩 풀어 밸브의 열림 정도를 조절할 수 있다.

synchronous motor 동기전동기

교류발전기에서 공급되는 교류(전원) 주파수와 동기되어 회전하는 모터. 매우 일정한 회전수가 필요한 장치에 사용된다.

synchroscope 싱크로스코프

쌍발 이상의 다발 왕복엔진 항공기에 장착되어 각 엔진의 회전속도가 서로 같은지를 표시해 주는 계기. 각 엔진의 회전속도에 차이가 없어야 속도 차이로 인해 프로펠러에 발생하는 진동과 소음이 감소되며, 엔진의 비대칭적인 추력에 의한 항공기의 요잉 모멘트를 상쇄시켜 조종사의 러더 조작 빈도를 줄일 수 있다.

system display(SD) 시스템 디스플레이

항공기의 주요 계통에 관련된 작동 중 상태 정보 및 주의·경고를 요하는 주요 결함 상태를 지시하는 계기. 조종사가 직관적으로 인지할 수 있도록 관련 계통도를 그래픽으로 표시하고, 주의 및 결함상태는 녹색, 주황, 빨강색 등의 색상으로 표현한다.

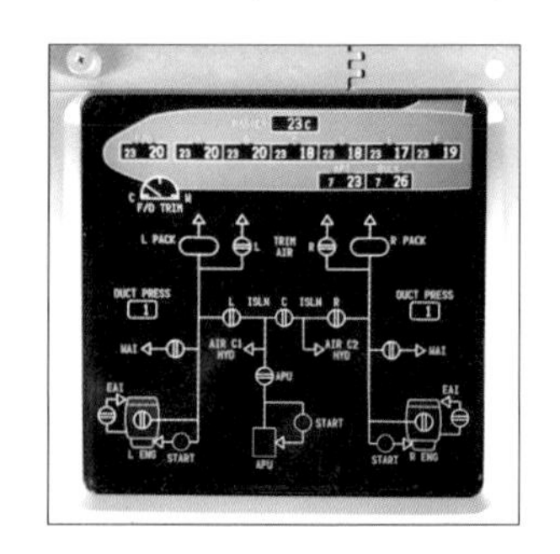

system relief valve 시스템 릴리프밸브

계통 내 압력이 규정값 이상이 되면 고압으로 인한 튜브 등 구성품의 파열을 막기 위해 압력이 빠져나가는 유로를 형성해 주는 밸브. 설정된 압력값에 의해 작동한다.

- 항속거리 : 7,730 nmi(14,310 km)
- 동체 길이 : 76.3 m(250 ft 2 in)
- 날개 길이 : 68.4 m(224 ft 5 in)
- 높이 : 19.4 m(63 ft 6 in)
- 장착 엔진 : GEnx-2B

1988년 출시된 B747-400 항공기를 기반으로 B787 Dreamliner의 혁신 기술을 채용하여 2005년 출시. B747-400 시리즈 항공기가 퇴역한 후, 400석 규모의 좌석을 배치할 수 있는 대형 항공기 자리를 대신하고 있다.

4개의 엔진을 장착하여 정비사 입장에서는 쌍발엔진 장착 항공기와 비교했을 때 돌아보아야 할 구성품이 많아서 어려움을 토로하고, 항공사 입장에서는 과도한 유지비용 지출로 인한 효율성 저하와 2개의 엔진만을 장착하고도 B747 항공기에 버금가는 성능과 항속거리를 자랑하는 중형 항공기의 등장으로 인해 선호의 대상에서 밀려나는 모델이 되었다.

CO, HC, NOx 등 오염물질의 배출을 줄이기 위한 신기술이 도입된 엔진을 장착하고 있다.

S

T

T-5 tensiometer T-5 장력측정기

항공기 조종계통에 장착된 케이블에 정확한 장력값을 맞춰 주기 위한 장력측정기의 하나. 케이블의 직경에 맞는 라이저 블록을 이용하여 읽어낸 숫자를, 함께 보관된 장력환산표를 확인하여 값을 찾아낸다.

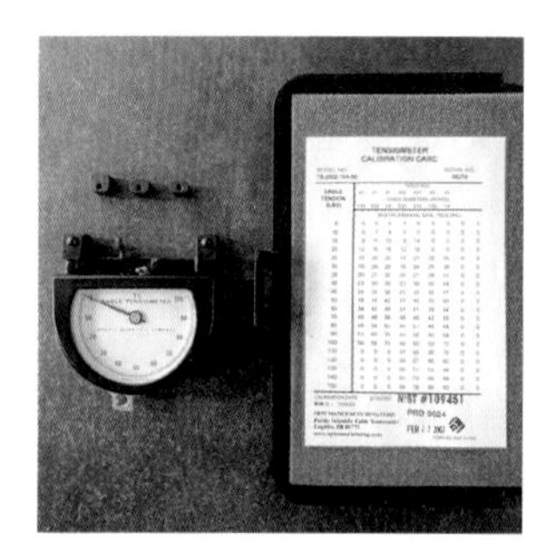

tab 탭

조종력을 경감시켜 주거나 비행 중 한쪽으로 쏠리는 움직임을 수정하기 위해 조종면 뒤쪽 끝부분에 장착되는 2차 조종면. 오래된 경량항공기의 경우 지상에서만 수정이 가능한 고정형 탭이 사용되기도 하였는데, 현재 대부분의 항공기가 조종석에서 조절이 가능한 형태의 탭을 사용한다.

tachometer 회전계

항공기 엔진의 회전수를 측정하여 회전속도 정보를 제공하는 계기. 왕복엔진은 회전속도를 1분당 회전수인 rpm으로 표시하고, 가스터빈엔진에서는 압축기의 회전수를 정격 출력 회전수에 대한 백분율(%)로 나타낸다.

tactical air navigation(TACAN) 전술항공항법장치

TACAN국은 VOR이나 DME국과 마찬가지로 방위와 해당 국가까지의 거리를 동시에 알 수 있는 시설. VOR은 VHF 대역을 사용하는 반면, TACAN은 군 전용 UHF대 전파를 사용하기 때문에 민간 항공기에는 정보를 제공하지 않는다. 민간 항공기에도 정보를 제공하기 위해 VOR국을 함께 설치하는 경우 VORTAC이라 부른다.

tail skid 테일 스키드

항공기가 이륙 혹은 착륙 시 기수를 과도하게 들어올리는 경우 피치가 높아져서 항공기의 후방 동체 부분이 활주로에 직접 닿는 것을 피하기 위해 장착한 장치. 과도한 피치로 지면과 접촉을 일으킨다 해도 먼저 테일 스키드 헤드가 접촉함으로써 충격을 완화하여 동체 구조에 영향을 미치지 않도록 설계되었고, 접촉이 일어날 경우 정비사가 쉽게 알아볼 수 있도록 색상이나 위치의 변화 등으로 지시하는 기능을 포함하고 있다.

tail wheel type landing gear
후륜식 착륙장치

랜딩기어를 장착하는 방법 중 하나. 초기 항공기 모델에 적용된 방법으로, 지상 방향조종이 항공기 후방 동체 하부에 장착되어 있는 상대적으로 작은 타이어에 의해 이루어지며, 전방의 타이어가 커서 조종사의 지상 시야 확보에 어려움이 있다.

take-off power 이륙출력

항공기기술기준에 의해 왕복엔진은 표준해면고도 조건 및 정상 이륙의 경우로 승인을 받은 크랭크샤프트 회전속도와 매니폴드 압력이 최대인 조건하에서 결정된 제동마력, 터빈엔진은 지정된 고도와 대기온도에서의 정격 조건 및 정상 이륙의 경우로 승인을 받은 로터축 회전속도와 배기가스 온도가 최대인 상태하에서 결정된 제동마력으로 정의된 출력으로, 각 엔진의 이륙출력은 승인을 받은 엔진 사양에서 명시된 사용시간으로 제한된다.

take-off speed 이륙속도

안전한 이륙 절차를 수행하기 위해 설정한 기준속도. V_1, V_R, V_2로 설정된 속도를 기준 삼아 이륙 활주가 진행된다. V_1은 이륙결정속도로 이륙 활주 중 1개 이상의 엔진에 연소정지 등의 문제가 발생한 경우 브레이크를 사용하여 정지할 것인지, 이륙 절차를 계속 진행할 것인지를 결정하기 위한 기준 속도로, V_1 속도가 지나기 전에 이상현상이 발생한 경우 정지하고, V_1 속도가 지난 뒤 이상현상이 발생한 경우 이륙절차를 계속하는 것을 기준으로 삼고 있다. 기체의 중량과 이륙성능 등을 고려하여 결정하며, 활주로의 길이에 영향을 받는 경우도 있다. V_R은 이륙 활주 중 항공기가 떠오르기에 충분한 속도에 도달할 수 있는 속도로, 조종간을 뒤로 잡아당겨 항공기 기수를 들어올리기 시작한다. V_2는 안전이륙속도로, 이륙조작 후 항공기의 고도가 35 ft에 도달한 때의 속도로 V_2 속도가 지난 후 계속해서 안전하게 이륙 절차를 수행할 수 있는 속도를 나타낸다.

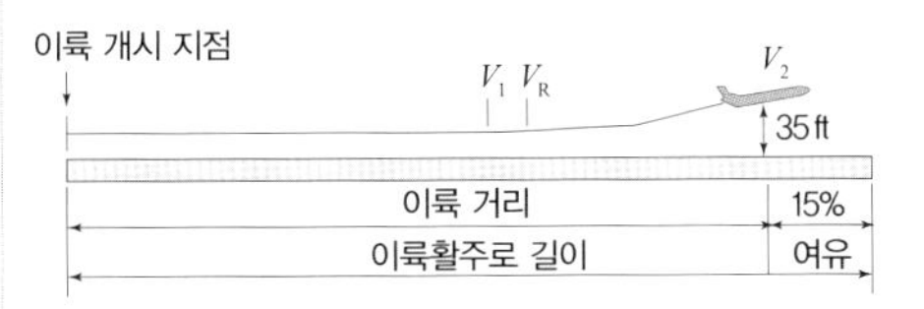

take-off warning 이륙경고

부적절하거나 안전하지 못한 상태에서 항공기가 이륙을 시도하지 않도록 도와주기 위한 경고. flap, slat 등 고양력장치의 위치, elevator, trimable horizontal stabilizer의 위치, ground spoiler 또는 speedbrake의 위치 등을 모니터링하여 경고한다.

T

take-off/go-around(TOGA) 토가

착륙절차 수행 중 이상상황의 발생으로 긴급하게 재상승해야 하는 경우 사용하는 버튼. 이륙, 고어라운드를 수행할 수 있도록 여객기 등의 스로틀 레버에 TOGA 버튼이 장착되어 있다. TOGA 버튼을 누르면 자동적으로 스로틀 레버가 최전방으로 전진하며 엔진 출력을 최대로 올려준다. 이상상황 발생 시 재상승을 주 목적으로 하지만, 매번 비행을 위해 활주로에 진입한 후 이륙 활주를 시작하는 과정에서 엔진이 안정화될 때까지 스로틀 레버를 밀어주고 난 후 TOGA 버튼을 눌러 자동으로 풀파워까지 증가시키도록 운용하고 있다.

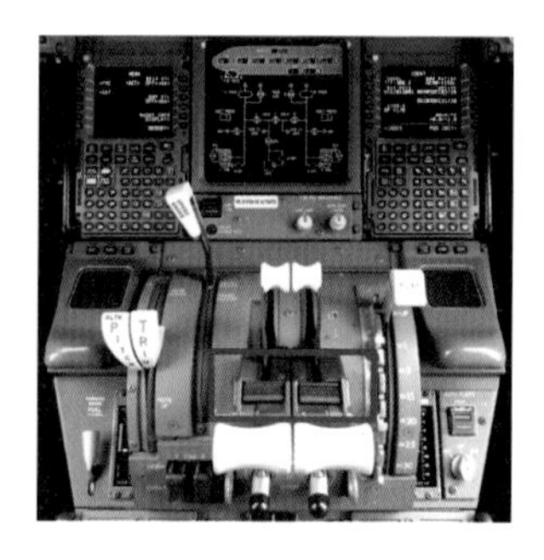

tandem landing gear 탠덤식 착륙장치

랜딩기어를 장착하는 방법 중 하나. 항공기 동체의 앞뒤를 이어서 랜딩기어를 배열한 형태로, 날개의 유연성을 높이는 목적으로 활용한다.

tang 슴베

줄을 손잡이에 연결할 수 있도록 만들어진 끝부분으로, 손잡이 속에 박혀서 고정된다.

tank unit 탱크 유닛

연료탱크에 보급된 연료의 양을 측정하기 위한 fuel quantity indicating system(FQIS) 구성품의 하나. 연료탱크 바닥에 다수의 유닛이 장착되어 각각의 유닛이 연료에 잠겨 있는 높이에 따른 정전용량을 합산하여 연료량을 측정한다.

tappet assembly 태핏 어셈블리

캠 로브의 회전운동을 왕복운동으로 변환하고 이 운동을 푸시로드, 로커 암, 밸브 팁으로 전달하여 적절한 시기에 밸브를 여는 역할을 하는 구성품. 어셈블리 내부에 채워진 오일 압력이 밸브 간극을 제로가 되도록 유지해 준다.

taxiways 유도로

활주로와 계류장, 격납고, 터미널 및 기타

시설과 연결하는 공항 내의 항공기가 이동하기 위한 도로

technical landing 기술착륙

충분한 연료를 탑재하고 있어도 항공기 성능상 목적지까지 도달하지 못할 경우, 미리 정해진 비행장에 연료보급을 위해 착륙하는 것. 기상변화 등에 의한 돌발상황인 경우와 출발 전부터 계획되어 있는 경우로 나눌 수 있다.

temperature bulb 온도감지장치

내부에 충전된 유체의 팽창원리를 이용해서 온도를 측정하는 장치

tempering 뜨임

합금강에 열을 가하여 합금강의 경도를 감소시킴으로써 인성을 증가시키는 공정. 담금질 후에 열을 가하여 응력을 제거하고 연화시킨다.

temporary sheet fastener
임시 판재 고정장치

알루미늄 판재 가공 시 판재를 고정하기 위한 임시 패스너. 다양한 길이로 제작되며 클레코와 비교할 때 장착력이 더 강하다.

tension stress 인장응력

구조재에 가해지는 응력의 하나. 축방향 양쪽으로 잡아당기는 힘

test cell 테스트 셀

항공기 엔진을 공장에서 분해·수리한 후 항공기에 장착하기 전이나 필요할 때, 제작 시 개별 엔진에 부여된 성능 매개변수가 나오는지를 확인하기 위해 엔진 출고 전 최종 검사를 하는 엔진의 성능 테스트 시설. 엔진의 신뢰성을 확보하기 위해 엔진 제작사의 시설과 동일한 검사기준을 적용하기 위한 correlation이 선행된다.

thermal conductivity 열전도율

재료의 열전달 능력의 척도. 열전도도가 낮은 재료는 열전도율이 높은 재료보다 열전달이 더 낮은 속도로 진행된다. 스티로폼과 같은 절연재는 단열재로 사용되며, 열전도율이 높은 금속재료의 경우 방열판 등의 응용 분야에 사용된다.

thermal relief valve 열릴리프밸브

계통 내 압력이 규정값 이상이 되면 고압으로 인한 튜브 등 구성품의 파열을 막기 위해 압력이 빠져나가도록 유로를 형성해 주는 밸브. 유압유의 설정된 온도값에 의해 작동한다.

thermal stress 열응력

온도변화에 따라 재료는 늘어나거나 줄어들게 되는데, 이때의 늘어나거나 줄어들려고

T

하는 변형이 억제되어 재료 내부에 발생하는 응력. 열응력에 의한 피로의 누적으로 피로파괴가 발생한다.

thermal switch 열스위치

일반적으로 정해진 온도 이상의 고온에서 전기회로를 open시키고 온도가 내려가면 다시 전기회로를 close시키는 장치. 열팽창계수가 다른 두 금속을 활용한다.

thermistor 서미스터, 온도소자

온도에 민감하게 반응하는 저항의 종류 중 하나. 온도 센서로 자주 사용되며, 온도가 증가함에 따라 저항이 감소하는 negative temperature coefficient(NTC) 서미스터, 온도가 증가함에 따라 저항이 증가하는 positive temperature coefficient(PTC) 서미스터로 구분된다.

thermocouple 열전대

서로 다른 두 가지 금속선을 접속하고 접합점에 온도를 가하면 온도 차에 대응하는 열기전력이 생겨서 회로 내에 전류가 흐른다. 기전력은 온도에 비례하므로 온도로 변환할 수 있고, 제트엔진의 배기가스온도(EGT)와 같이 고온에 노출되는 부분의 온도를 간접 측정하기 위해 사용된다.

thermoplastic resin 열가소성수지

특정 고온에서 유연해지거나 성형이 가능해지고 냉각 시 응고되는 플라스틱 폴리머 재료. 대부분의 열가소성 플라스틱은 온도 상승에 따라 빠르게 약화되어 점성 액체를 생성하고 이 상태에서 사출성형, 압축성형 등의 방법으로 형상을 만든다.

thermostatic bypass valve
온도조절 바이패스 밸브

오일이 정상 범위 내에서 작동할 수 있도록 오일냉각기로 유입된 오일을 냉각기로 유입되는 통로 또는 냉각기를 거치지 않고 빠져나가는 통로 중 하나의 유로를 선택하는 밸브. 밸브의 움직임은 냉각기를 거쳐 나오는 오일의 온도를 측정하여 오일 온도의 뜨겁고 차가움에 반응한다.

three phase induction motor
3상 유도전동기

3상 교류전원을 공급하며 항공기의 유압펌프(hydraulic pump) 등 힘이 많이 필요하고 부하가 큰 곳에 사용되는 모터. 교류에 대한 작동특성이 좋고 부하 감당 범위가 넓으며, 구조가 간단하고 가격이 저렴하여 많이 활용된다. 직류작동기에 사용되는 정류자나 브러시가 없으므로 스파크 발생이 없어 취급 및 유지·관리가 간편한 장점이 있다.

throttle ice 스로틀 결빙

스로틀 밸브가 부분적으로 "닫힌" 위치에 있을 때 스로틀 후면에 발생되는 얼음. 스로틀 밸브를 통과하는 공기의 빠른 진입은 후면에 낮은 압력을 유발하고, 이것은 스로틀 전체에 압력 차이를 만들어 연료와 공기 혼합기의 진입 시 냉각 효과를 제공하여 저압 영역에서 수분이 얼어붙고 저압 쪽에서 쌓이게 된다.

throttle lever 스로틀 레버

엔진의 파워를 조절하는 레버. 엔진 하나당 하나의 레버가 있으며, 레버를 전방으로 밀면 파워가 증가하고 잡아당기면 파워가 감소한다. 대형 항공기 중 여객기나 수송기의 경우 중앙 페데스탈에 배치되어 있고 기장은 오른손으로, 부기장은 왼손으로 조작한다. 파워레버라고도 한다.

throw 스로

스위치와 연결된 회로를 구성하는 전류의 경로. 하나의 스위치 작동으로 변경되는 전달회로의 숫자만큼의 스로가 필요하며 보통 부하 쪽에 연결된다.

thrust 추력

항공기가 비행 중 공기 중을 통과하면서 발생하는 공기의 저항을 극복하는 데 필요한 힘. 가스터빈엔진과 프로펠러의 작동이 좋은 예이며, 뉴턴의 제3법칙인 작용-반작용의 법칙으로 설명된다.

thrust bearing 추력 베어링

특정 유형의 회전 베어링. 다른 베어링과 마찬가지로 부품 간에 영구적으로 회전하지만 주로 축방향 하중을 지지하도록 설계된다.

thrust horsepower(THP) 추력마력

축 출력을 이용하는 항공기의 일률을 표시하는 마력과 제트엔진과 같이 축 출력을 활용하지 않는 엔진 추력인 힘을 직접 비교할 수 없기 때문에, 제트엔진 추력이 어느 정도의 마력을 내는지를 비교하기 위해 환산한 값. 항공기의 속도가 주어져야 하기 때문에 비행 시의 진추력을 이용한다.

터보 제트엔진이 생성하는 추력과 동등한 마력. 파운드로 표현되는 엔진의 진추력과 시간당 마일로 측정한 항공기 속도를 곱한 다음 375로 나눈 값으로 추력마력을 계산한다.

$$\text{추력마력(THP)} = \frac{\text{진추력[lbs]} \times \text{항공기 속도[mph]}}{\text{375 mile-lb/hr}}$$

thrust reversers 역추력장치

대형화된 항공기의 무게 증가로 인해 브레이크만으로 정해진 길이의 활주로 안에서 안전하게 정지하기에는 비가 오거나 눈이 오는 등의 환경 변화에 적절하게 작동하기 어렵기 때문에 엔진에서 만들어진 추력의 방향을 변경하여 브레이크 작동을 얻기 위해 고안된 구성품. 배기가스의 흐름을 막아 전방으로 뿜어져 나가게 하는 기계적 차단방식(mechanical blockage)과 팬 에어의 흐름을 막아 전방으로 뿜어져 나가게 만드는 공기역학적 차단방식(aerodynamic blockage)으로 나뉜다.

thrust specific fuel consumption (TSFC) 추력비연료소모율

터보제트 또는 터보팬 엔진의 효율성을 측정하는 지표. 해당 항공기의 엔진이 추력 1파운드를 만들기 위해 연소시킨 연료의 시간당 공급 파운드 수로 측정한 값이다.

thrust weight ratio 추력중량비

엔진 추력을 기체의 중량으로 나눈 값. 이 값이 큰 경우, 그 값만으로 엔진의 추력이 크고 운동성이 높다는 것을 알 수 있다. 추력은 미터법의 경우 kN 단위를 사용하기 때문에 인지하기 어렵지만, 피트파운드법은 중량 · 추력 모두 파운드(lb) 단위로 표기하기 때문에 추력중량비 1.0(엔진추력과 중량값이 같다)이 하나의 기준이 되고, 수치가 1.0을 넘으면 큰 추력중량비를 가지고 있다고 판단할 수 있다.

tie down ring 결착 링

항공기가 지상에 계류 중일 때 돌풍 등으로 인한 손상을 방지하기 위해 지상의 계류점(mooring point)과 연결할 로프 등을 묶기 위해 항공기 구조부에 장착된 장치

TIG welding(tungsten inert gas welding) TIG 용접

텅스텐 전극을 사용하며, 아르곤 · 헬륨 등의 불활성가스로 보호하는 용접으로, 알루미늄 · 마그네슘합금 · 티타늄 · 스테인리스강 등 비철합금 접합에 사용하는 용접방식이다.

tilt rotor aircraft 틸트로터 항공기

전환식 항공기의 일종. 기체의 구성은 고정익 항공기와 같으며, 날개 양쪽에 프로펠러가 장착된 엔진을 포드식으로 장착하고 있다. 이착륙 시 엔진을 수직으로 세워 프로펠러의 회전면을 지면과 수평으로 만들어 마치 헬리콥터의 메인로터 역할을 한다. 순항비행 시에는 엔진을 다시 전방으로 약 90° 회전면을 만들어 고정익 프로펠러 항공기의 비행성능을 얻도록 기능한다.

time between overhaul(TBO) 오버홀 주기

항공기 기체 사용시간이나 엔진 사용시간 등을 기준으로 한 오버홀과 오버홀 사이의 시

간. 설정된 시간이 도래할 때마다 오버홀을 수행해야 하는데, 제작사의 권고에 따른 적절한 운용과 정비절차에 의해 TBO가 결정된다.

time in service 기체사용시간

정비목적의 시간 관리를 위해 사용하는 기준시간. 사용 항공기가 비행 중 이륙하는 순간부터 착륙할 때까지의 시간들을 계속해서 더한 경과시간으로, FAA에서는 바퀴가 지면에서 떨어지는 순간부터 렌딩을 위해 바퀴가 땅에 닿는 순간까지로 정의한다.

timing light 타이밍 라이트

브레이커 포인트가 열리는 정확한 시기를 찾아내기 위한 엔진 마그네토 타이밍을 맞출 때 사용되는 측정장치

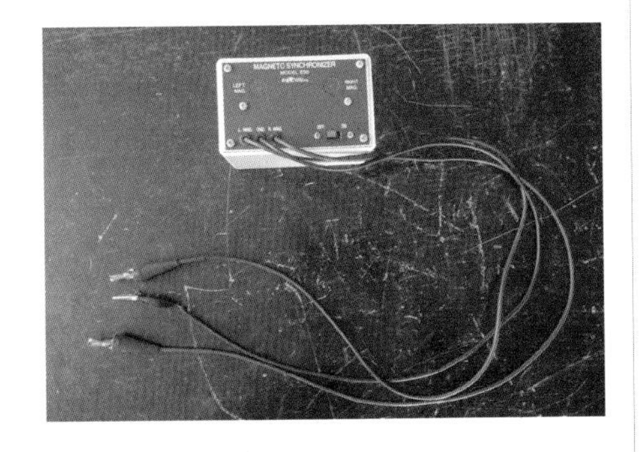

timing reference mark
타이밍 레퍼런스 마크

크랭크샤프트 풀리 또는 플라이휠에 표기되어 있는 엔진의 점화 시스템 타이밍을 설정하는 데 사용되는 표시. 외부 점화시기를 맞출 때 1번 실린더를 압축행정에 두고 케이스에 표기된 부분에 레퍼런스 마크를 일치시킨다.

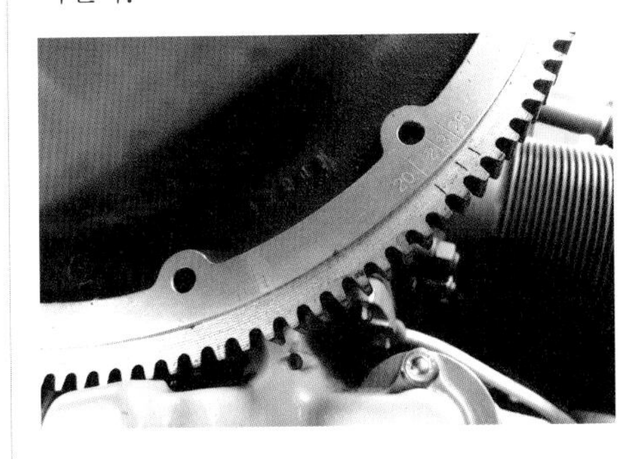

tip clearance 팁 간격

회전하는 터빈 블레이드와 고정부품인 케이스와의 거리. 팁 간격이 일정하게 유지되어야 빠져나가는 공기 흐름이 줄어들어 엔진 효율이 좋아지며, 팁 간격의 유지를 위한 냉각장치가 케이스에 활용된다.

titanium alloy 티타늄합금

티타늄족에 속하는 고체금속. 티타늄을 중심으로 알루미늄과 크롬, 철 등을 혼합시킨 합금으로, 고온에 강하고 부식성이 낮으며 무게 대비 강도가 높은 특징이 있다. 반면에 가공이 어렵고, 가격이 비싸다. 이러한 특징을 바탕으로 고온에 노출되거나 높은 강도와 내식성이 요구되는 부분에만 한정적으로 사용된다.

title blocks 표제란

도면에 대한 정보를 제공하기 위해 도면의 명칭, 도면번호, 제작회사, 제작자, 제작일자, 확인자 등을 기록한 표. 도면의 오른쪽 하단에 위치한다.

toggle switch 토글 스위치

항공기에 사용되는 스위치 종류 중 하나. 외부로 돌출되어 있는 스위치를 올리고 내려 회로를 구성하거나 열어주는 스위치로, 각종 조명을 작동시키는 스위치로 사용된다. generator disconnector 스위치와 같이 스위치 조작으로 큰 오류가 발생할 수 있는 스위치의 경우, 불필요한 작동을 예방하기 위해 가드를 씌워 토글 스위치를 숨길 수 있도록 만든다.

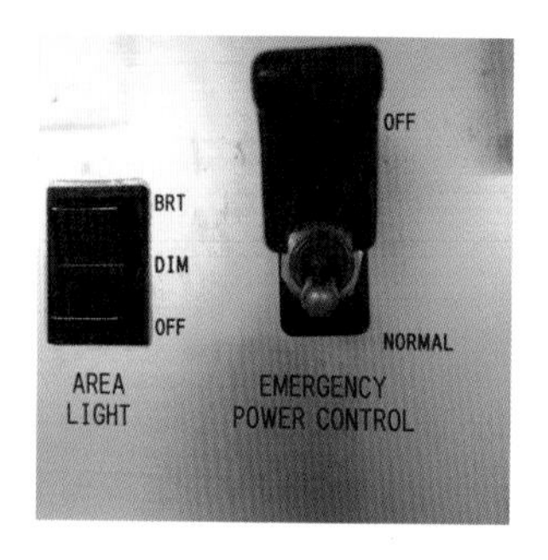

top dead center (TDC) 상사점

4행정 사이클 엔진의 압축행정에서 실린더 내부에서 직선운동하는 피스톤이 위치할 수 있는 가장 높은 지점

topcoats 마무리칠

우포 항공기의 천 외피가 접착되고 필러가 마무리된 후 외관을 완성하기 위한 마무리 도포작업 또는 페인트 작업의 마지막 단계 도포작업을 말한다.

torque 토크

물체를 일정한 방향으로 회전하게 만드는 힘. 항공기에서는 프로펠러나 로터가 토크를 발생시키고, 기체는 토크에 대한 반작용의 힘을 받기 위해 반대 방향으로 회전하려고 한다. 단발 프로펠러 항공기의 경우 토크를 상쇄시키기 위해서 탭을 장착하고, 쌍발 프로펠러 항공기는 양쪽 프로펠러를 반대 방향으로 회전하게 만들어 토크 발생을 방지한다. 헬리콥터의 경우 테일 로터를 장착하거나 페네스트론이나 NOTAR를 적용하기도 하고, 2개의 메인 로터를 장착해서 서로 반대 방향으로 회전하게 만들어 토크를 상쇄시킨다.

torsion stress 비틀림 응력

구조재에 가해지는 응력의 하나. 샤프트에 회전력이 가해졌을 때 단위면적당 비틀리는 힘으로, 비틀림 응력은 물체의 단면상에 존재하며 접선 방향으로 작용하므로 전단응력에 해당한다.

total air temperature (TAT) probe 전온도 프로브

비행 중인 대기 중의 온도를 측정하기 위해 항공기 표면에 장착된 프로브. 프로브 내부로 유입된 공기를 안정화시키도록 설계되

어, 프로프 내부에서 공기의 압축과 단열온도 상승이 일어나 주변의 공기온도보다 높게 측정되어 대기온도와 실제 대기속도를 계산할 수 있도록 air data computer에 의해 필수 데이터로 입력된다.

touchdown locked wheel protection 착지 시 휠 고정 보호

안티스키드 시스템의 보호 기능 중의 하나. 활주로에 접지하는 순간 회전속도가 나타나지 않는 wheel의 브레이크 파워를 릴리스해서 타이어의 파열 손상을 예방한다.

toughness 인성

하중에 의해 작은 소성변형 상태에서 파괴에 이르기까지의 저항성. 파단 전에 재질이 소성 변형해서 에너지를 흡수하는 정도를 나타낸다.

tow bar 토 바

항공기 견인 및 push-back 시에 항공기 nose gear와 towing car를 연결하는 장비. 항공기 연결 후 push-back 중 큰 하중이 걸리면 항공기를 보호하기 위해 견인차와 항공기 연결이 분리될 수 있도록 shear bolt가 장착되어 있어 정비사는 이 볼트를 잘 모니터링해야 한다.

tractor propeller 견인식 프로펠러

항공기 엔진 구동축의 전방에 위치한 프로펠러 회전에 의해 추력을 발생시키는 형태의 프로펠러. 주변 공기의 방해를 받지 않고 회전하여 응력을 적게 받아 대부분의 항공기가 채택하고 있다.

traffic alert and collision avoidance system(TCAS) 공중충돌방지장치

비행 중인 항공기끼리의 이상접근과 공중충돌을 방지하기 위해 항공기에 탑재한 장비. 서로 질문신호와 응답신호를 주고 받는 기능으로, 주변에 있는 다른 항공기를 파악할 수 있도록 작동한다. 비행하고 있는 항공기

로부터 반경 15 nm(nautical mile)(약 28 km), 고도차 ±9,000 ft(약 2,700 m) 이내의 항공기를 검출할 수 있다. 사진에서처럼 다이아몬드 모양 등으로 접근하는 항공기 정보를 보여주며, 상대 항공기가 계속 접근할 경우 최고 근접 예상지점에 도달하기 약 40~60초 전에 접근정보(TA, Traffic Advisory)를 제공하여 조종사가 접근 중인 항공기를 인식할 수 있도록 알려주고, 계속해서 접근할 경우 최고 접근 예상지점 도달 약 25초 전에 회피지시(RA, Resolution Advisory)를 상승·하강 등의 음성신호로 경고한다.

traffic pattern 장주경로

교통정리를 목적으로 비행장에 선회진입을 하기 위해 정해져 있는 비행경로. 기본적으로 좌선회 경로를 따르는데, upwind leg → crosswind leg → downwind leg → base leg → final approach leg 경로로 구분된다.

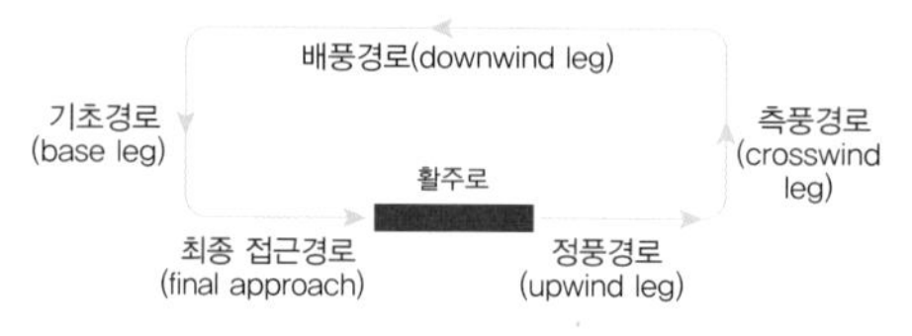

trailing edge flap 뒷전 플랩

고양력장치의 일종으로, 주 날개의 에어포일 뒤쪽에 장착되어 이륙 또는 착륙 시 큰 양력을 제공하기 위해 설정된 각도로 펼쳐지는 장치. 단순 플랩, 스플릿 플랩, 슬롯티드 플랩, 파울러 플랩 등으로 구분되며, 항공기의 크기와 형식에 따라 선택적으로 채택한다.

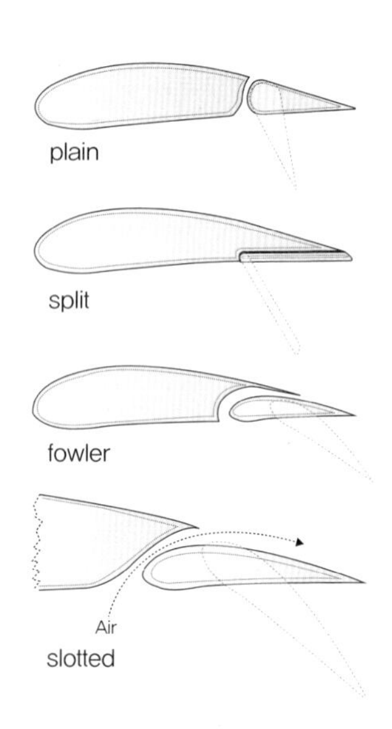

transformer 변압기

변압기능을 수행하는 전기장치. 코일의 상호 유도를 이용한 전기장치로, 1차 코일과 2차 코일의 권선 수에 따라 입력된 전압을 높이거나 낮추어 출력하는 기능을 한다.

transformer rectifier unit (TRU) 변압정류기

IDG에서 만들어진 교류전력을 변압기와 정류기가 통합된 TRU를 통해 감압하고, 정류된 직류로 변환하여 공급하는 장치. 115 V

AC를 28 V DC로 변환해 준다.

transistor 트랜지스터

transfer와 resistor의 합성어로, 명칭이 가진 의미와 같이 저항으로 변신하는 반도체 소자. 이미터(*E*, emitter), 컬렉터(*C*, collector), 베이스(*B*, base)의 3개 단자를 통해 스위칭 기능과 증폭기능을 수행한다. 회로 내에 개별 스위치를 달지 않아도 TR의 스위칭 기능을 이용하여 회로 내의 전류 공급 및 흐름을 제어할 수 있고, 스위칭 기능을 통해 전류가 흐르지 않던 컬렉터(*C*)에서 이미터(*E*)로 베이스(*B*) 전류를 인가하여 전류가 흐르게 만들면 컬렉터에서 이미터로 흐르는 전류를 베이스(*B*)에 인가되는 작은 전류보다 크게 증폭되어 흐르게 할 수 있다.

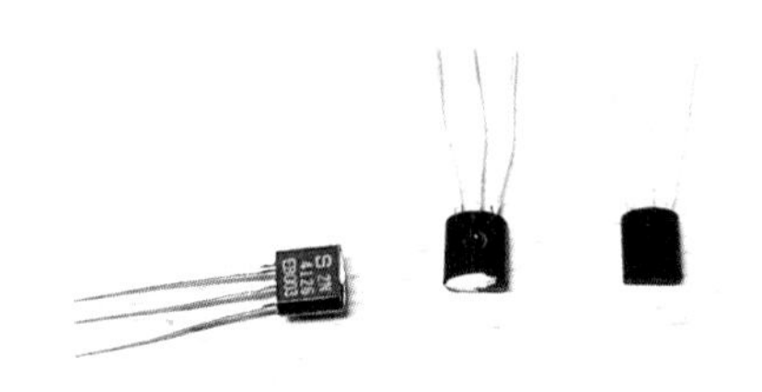

translating cowl 트랜슬레이팅 카울

공기역학적 차단방식의 역추력장치의 메인 구성품 중 하나. 코어엔진을 둘러싼 카울을 유지하고 있다가 액추에이터의 움직임에 의해 슬리브가 트랙을 타고 뒤쪽으로 밀려나면서 안쪽에 장착된 캐스케이드 베인을 통해 유로가 형성되도록 전방과 후방으로 작동한다.

translation lift 전이양력

회전익이 수평으로 이동 시 전진풍이 회전익에 유입될 때 기류가 수평을 이루어 공기흐름의 증가효과가 일어나고, 익단 와류가 소멸되어 회전익의 양력이 증가하는 것

transmitter 트랜스미터, 발신기

물리적인 값을 인식하여 전기신호로 바꿔주는 장치. 낮은 임피던스 부하에서 압력값을 전류로 변환해 주어 비교적 먼 거리에서 신호를 보내줄 수 있는 장점이 있어서 항공기 시스템의 상태 감시를 위한 온도 또는 압력 트랜스미터로 사용된다.

transonic 천음속

음속 전후의 속도 구간으로 마하 0.75~1.25 정도의 속도 영역. 천음속 영역의 속도로 비행할 경우 항공기 기체 주위의 속도는 음속과 초음속이 혼재하며, 충격파 발생으로 인해 기체의 안정성과 조종성에 여러 가지 장애를 줄 수 있다.

transponder 응답기

질문장치에서 발신된 전파를 수신하고, 식별을 위해 설정된 전파를 자동적으로 송신

T

하여 질문한 측에서 각각을 식별할 수 있도록 송수신하는 장치. 항공교통관제에서 개별 항공기를 식별 및 확인하는 데 사용하고, 항공기의 공중충돌방지장치와 피아식별장치에도 이 원리가 사용된다.

tread 트레드

지면과 접촉하도록 설계된 타이어의 중앙 부분. 열 축적을 방지하고, 지면의 마찰력을 높이기 위한 수로 역할을 하는 groove가 있다.

treaty 조약

국가 간에 맺는 법적 구속력을 가지는 약속. 그 당사국의 수에 따라 다자적인 것과 양자적인 것으로 구분할 수 있으며, 가장 격식을 따지는 문서로서 정치적·외교적 기본관계나 지위에 관한 포괄적인 합의 등이 다루어지고, 체결 주체가 국가이며 보통 국회의 비준 동의를 필요로 한다.

trend analysis performance monitoring 경향분석성능감시

엔진작동에 관련된 자료를 수집 및 관리하고, 이를 통해 엔진성능 및 정비 요구사항에 대한 세부적인 분석이 가능하도록 해주는 시스템. 주요 모니터링 대상은 N1/N2 RPM, ITT(Interstage Turbine Temperature), fuel flow, OAT(Outside Air Temperature), airspeed and altitude 등이며, 추가적으로 engine vibration, oil temperature, pressure를 모니터해서 불필요한 비용의 발생과 항공기가 장기간 비행에 투입되지 못하는 상황을 예방한다.

tricycle type landing gear 전륜식 착륙장치

랜딩기어를 장착하는 방법 중 하나. 동체 앞부분에 지상 방향조종이 가능한 노스 랜딩기어가 장착되고 동체와 날개에 메인 랜딩기어가 장착된 형태로, 조종사의 지상 시야 확보가 양호하고 착륙 중 지상전복의 위험이 낮아 대부분의 운송용 항공기가 이 형식을 사용하고 있다.

trim tab 트림 탭

항공기가 수평비행 시 정상 비행 상태를 유지하지 못하고 어느 한 방향으로 계속 치우칠 때, 조종사가 지속적으로 수정해야 하는

피로를 줄여주기 위해 사용되는 장치. 1차 조종면의 뒤쪽에 장착된 탭의 움직임을 통해 공기역학적 힘을 만들어 조종사의 지속적인 개입 없이 수평비행이 가능하도록 만든다. 조종석 페데스탈(pedestal)에 장착된 스위치로 조절한다.

trolley 서비스 카트

객실승무원이 기내에서 음료와 식사 등을 서비스하거나 면세품을 판매하기 위해 물품을 싣고 객실 내를 이동하는 데 사용하는 카트. 다른 형식의 항공기에도 탑재할 수 있도록 규격 사이즈로 제작되어 유용성을 높였으며, 객실 내 좁은 공간에서 활용할 수 있도록 앞면과 뒷면에 도어가 달려 있다. 또한 이동용 바퀴와 정지 시 움직이지 않도록 발로 고정과 해제를 할 수 있는 레버가 장착되어 있다.

troposphere 대류권

지표면부터 권계면까지의 대기층. 고도 11,000 m 정도까지의 대기층으로 고도가 증가함에 따라 기온이 내려가는 현상으로 인해 대류 등 기상현상이 발생한다.

true air speed(TAS) 진대기속도

고도 변화에 따른 밀도 감소와 온도 변화를 수정한 항공기의 실제 속도. 등가대기속도에서 현재 비행고도에서의 외부 공기의 밀도를 기준으로 계산한다.

true altitude 진고도

해발고도라고도 하며, 바다 표면인 평균해수면(MSL, Mean Sea Level)을 고도 0 ft로 지정한 고도. 표준 해수면에서 항공기까지의 수직높이를 고도로 표시한 것으로, 일반 지도 및 항공용 지도상에 표시한다.

true power 유효전력

회로에서 사용되거나 소멸되는 실제 전력량. 교류회로에 인가된 전압과 전류의 위상차를 고려해서 전압과 전류를 벡터성분으로 분해하고, 유효성분만을 곱하여 전력을 계산한다. 기호는 P로 표시하고, 단위는 와트(watt, [W])를 사용한다.

$$P = V \cdot I \cos\theta \, [\mathrm{W}]$$

truss structure 트러스 구조

단단한 구조를 만드는 빔 또는 직선 부재들의 조립체. 엔지니어링에서 트러스는 조립된 구조물 전체가 하나의 객체처럼 작동하도록 두 힘의 부재로만 만들어진다. 일반적으로 노드라고 하는 조인트에서 끝이 연결된 직선 부재로 구성된 5개 이상의 삼각형 단위로 만들어진다. 제작이 간단하여 초기 항공기 동체를 만드는 데 사용되었고, 헬리콥터의 boom 등에서 사용한 사례를 볼 수 있다.

T

tuck under 턱 언더

아음속 이하의 비행 시 속도가 증가함에 따라 기수가 들리는 현상이 나타나 수평비행을 위해서는 속도의 증가와 함께 조종간을 앞으로 밀어주는 힘을 증가시켜야 하는데, 천음속 영역에서 주 날개에서 발생하는 충격파의 영향으로 속도가 증가함에 따라서 기수가 아래로 내려가는 현상을 말한다.

turbine engine bleed air 터빈엔진 블리드 에어

터빈엔진의 압축기에서 추출된 고압의 공기. 항공기에서 필요한 공기의 공급원 역할을 하며, 여압, 구성품의 작동 및 방빙계통에 사용된다. 200~250℃의 온도와 40 psi 정도의 압력으로 공급된다.

turbine inlet temperature(TIT) 터빈입구온도

가스터빈엔진의 연소 부분에서 나오는 가스가 터빈입구 가이드 베인 또는 터빈의 1st stage로 들어갈 때의 가스온도. 터빈입구의 온도가 높으면 엔진 수명이 크게 감소하므로, 압축비가 동일한 조건에서 터빈입구온도와 정비례 관계에 있는 배기가스 온도가 정해진 온도 범위를 넘지 않도록 관리할 필요가 있다.

turbine rotor 터빈 로터

휠에 장착된 블레이드와 샤프트로 구성되어 공급된 고온 가스의 열에너지와 압력에너지를 기계적인 에너지로 변환시키는 장치. 변환된 에너지로 압축기와 발전기 등과 같은 기타 구성품들을 구동시킨다.

turbine section 터빈 부분

베인 또는 버킷이 장착된 휠에 공급된 배기가스가 원주 방향으로 빠져나가면서 발생하는 회전력이 샤프트를 회전시켜 기계적 동력으로 변환하는 장치. 압축기와 액세서리를 구동시킨다.

turbine stator 터빈 스테이터

스테이터 베인(stator vane)은 가스의 열에너지와 압력에너지를 고속의 가스 흐름으로 변환하는 수축형 덕트를 형성하여 가스를 가속시키고, 가스 흐름 방향을 굴절시켜 최적의 각도로 로터 블레이드(rotor blade)로 향하게 한다.

turbo fan engine 터보팬엔진

터보제트엔진(turbo jet engine)에 대형 팬을 추가한 것으로, 이 팬을 통해 유입된 공기가 연소를 위해 압축기로 공급되는 한편, 코어 엔진을 둘러싼 바이패스 덕트로도 보내져 배기구를 빠져나가기 전 연소된 공기와 혼합되도록 설계하여 연료효율을 높이고 배기

소음을 낮추도록 개발되었다.

turbo jet engine 터보제트엔진
압축기, 연소실 그리고 터빈의 순으로 구성되어 가스 제너레이션(gas generation) 기능이 있으며, 압축기에서 압축된 공기가 연료와 혼합되어 연소됨으로써 고온·고압의 기체로 팽창하고, 이 힘을 이용해서 터빈을 구동시키는 원리가 적용되어 엔진 내부에서 연소된 고온의 가스를 강하게 분출함으로써 뉴턴의 작용-반작용 원리에 의해 추력을 얻는 엔진이다.

turbocharger 터보과급기
왕복엔진을 장착한 항공기가 고고도에서 안정된 비행을 하기 위해 부족한 공기밀도를 보충하기 위해 기계적으로 구동되는 공급 공기의 강제유도장치. 슈퍼차저(supercharger)와 다른 점은 엔진 배기가스의 흐름에서 폐에너지를 회수하여 터빈을 구동시키고, 터빈에 연결된 압축기가 주변 공기를 흡입하여 압축한 다음 엔진 흡입구로 공급하여 더 많은 공기 질량을 생성하여 공급한다. 증가된 공기 질량에 비례해서 더 많은 양의 연료를 실린더로 유입시킴으로써 터보차저 엔진은 자연흡기 엔진보다 더 큰 동력을 만들어낸다.

turboprop engine 터보프롭 엔진
엔진의 회전이 프로펠러를 구동하도록 최적화된 제트엔진의 한 형태이다. 마하 0.6 미만의 낮은 비행속도에서 매우 효율적이며 좌석 마일당 연료 소모가 적고 동일한 크기의 터보제트 또는 터보팬 항공기보다 이착륙 시 필요한 활주거리가 짧다. 단거리 노선 운항 시 터보팬 항공기에 못 미치는 저속 특성을 비용 및 성능면에서 상쇄시키므로 단거리 노선의 왕복을 주로 하는 commuter 항공기에 주로 사용된다.

turboshaft engine 터보샤프트엔진
가능한 한 많은 에너지를 추출하기 위해 여러 단계의 터빈을 사용하는 터빈엔진. 직접 추력을 만들어내기보다 터빈이 헬리콥터의 로터, 발전기 또는 펌프를 구동하는 데 필요한 샤프트를 구동한다.

turbulence 난기류
대기 중의 공기 흐름의 방향과 속도가 불규칙하게 움직이는 흐름. 건물이나 지형의 영

T

향으로 발생하고, 공기의 대류현상에 의해 서도 발생하며, 앞서간 항공기의 후류가 원인이 되기도 하고, 윈드시어에 의해 발생하는 등 다양한 원인에 의해 발생한다.

turn and bank indicator 선회경사계

자이로를 활용한 선회계와 경사계가 조합되어 있는 계기로, 항공기의 선회 방향과 선회율 및 선회상태 정보를 지시한다. 지침이나 항공기 모양의 심벌로 항공기의 선회방향과 분당 선회율을 지시해 주고, 경사계 내부 볼의 위치에 따라 변하는 정상선회, 내활선회, 외활선회 등 선회상태에 대한 정보를 제공한다.

twist drill 트위스트 드릴

드릴링 머신으로 구멍을 뚫을 때 사용하는 절삭공구. 구멍 가공을 하고자 하는 재료의 재질에 따라 다양한 크기와 각도로 천공이 가능하며, 드릴 건이나 드릴링 머신에 척으로 고정시켜서 사용한다.

type certification 형식증명

항공기, 엔진 또는 프로펠러의 설계가 정의되고 이 설계가 당해 감항성 요건에 적합하다는 인증. 항공기 등의 설계에 관하여 당국으로부터 설계에 대한 검사, 설계에 따라 제작되는 항공기 등의 제작과정에 대한 검사, 항공기 등의 완성 후의 상태 및 비행성능 등에 대한 검사를 포함해서 항공기기술기준 등에 적합한지를 검사 받는다.

Type Certificate Data Sheet (TCDS) 형식증명자료집

「항공안전법」 시행규칙 제21조(형식증명서 등의 발급)에 의거, 항공기 등의 형식증명서 발행 시 형식증명서와 함께 감항당국에서 발급하는 서류. 항공기 dimension의 제한속도, 날개 하중, 조종면의 운동범위, 장착 엔진 등 항공기 등의 성능과 주요 장비품 목록 등이 기술되어 있다.

type design 형식설계

감항성을 결정하기 위한 목적으로 항공기, 엔진 또는 프로펠러의 형식을 정의하는 데 필요한 자료와 정보의 세트를 말한다. 국토교통부장관으로부터 형식증명, 부가형식증명 및 기술표준품 형식승인을 받은 자는 해당 항공기 또는 기술표준품이 운용되고 있는 동안 그 자료를 보관·유지하여야 한다.

ultra high frequency(UHF) radio equipment 극초단파(UHF) 무선전화 송수신기

「항공안전법」 제51조 무선설비의 설치운용 의무에 의거하여 항공기를 항공에 사용하고자 하는 경우 설치해야 할 국토교통부령으로 정한 무선설비. 비행 중 항공교통관제기관과 교신할 수 있는 초단파(VHF) 또는 극초단파(UHF) 무선전화 송수신기를 장착해야 한다.

ultra-light aircraft rental service 초경량비행장치사용사업

타인의 수요에 맞추어 국토교통부령으로 정하는 초경량비행장치를 사용하여 유상으로 농약살포, 사진촬영 등 국토교통부령으로 정하는 업무를 하는 사업

ultra-light vehicle 초경량비행장치

항공기와 경량항공기 외에 공기의 반작용으로 뜰 수 있는 장치. 자체중량, 좌석수 등 국토교통부령으로 정하는 기준에 해당하는 동력비행장치, 행글라이더, 패러글라이더, 기구류 및 무인비행장치 등을 포함한다.

ultrasonic inspection 초음파 검사

초음파를 기반으로 재료의 내부 결함이나 부식 등을 검사하기 위해 두께를 측정하는 검사법. 보통 강철이나 합금 등에 대해 수행되지만 해상도가 낮은 콘크리트, 목재 및 복합재료에도 사용할 수 있다.

unidirectional tape 단향성 테이프

복합소재의 일종. 열가소성수지가 함유된 섬유가 한 방향으로 늘어선 형태로 제작되며, 섬유 방향으로는 고강도를 갖지만 섬유에 직각인 방향으로는 강도가 존재하지 않는다.

unit 단위

길이, 질량, 시간 등을 수치로 나타낼 때 기초가 되는 일정한 기준. 피트 파운드 표기법과 미터 표기법이 있으며, 항공기 매뉴얼에서는 피트 파운드 표기법을 사용하고 있다. 거리를 표시하는 단위는 육상 mile, 해리(nautical mile), km가 있는데, 이 중 항공기의 경우 적도에서 위도 1분에 해당하는 거리인 NM(nmi)을 사용하는 경우가 많다. 1 nmi은 1.852 km에 해당한다. 속도는 거리 단위가 기본이며, 항공기의 경우 일반적으로 해리에 대응시켜 Knot로 표시한다. 1시간에 1 nmi 진행하는 속도를 1 kt로 정의하고, 1 kt는 1.852 km/h가 된다. 중량을 나타내는 단위는 파운드(lb)를 사용하며, 1 lb는 0.4536 kg이다. 액체의 용량으로 환산하면 1 영국갤런은 4.5461 L(1 US갤런은 3.7853 L)가 된다. 추가로 파운드는 제트엔진의 추력을 표시하는 데도 사용되는데, 힘의 단위로 뉴턴(N)이 사용되고 추력 1 kg은 약 9.8067 N이므로, 추력 1 lb는 0.00445 kN으로 환산된다. 압력을 표시하는 단위는 psi(pound per square

inch), 1제곱인치당 1파운드의 누르는 힘을 기준으로 사용한다.

unitized load device 화물적재함

화물을 단위화하기 위해 설계 제작된 용기. 개별 화물을 ULD로 운송함으로써 항공기에 탑재하거나 수송할 때 용이할 뿐 아니라, 화물의 분실 또는 훼손을 방지할 수 있는 장점이 있다. 그 종류에는 팰릿(pallet), 컨테이너(container), 특수 ULD 등이 있으며, 특수 ULD란 특수화물을 위한 ULD로서 냉동·냉장 컨테이너 등이 사용된다.

Universal Security Audit Programme (USAP) 항공보안평가

ICAO가 체약국을 대상으로 항공보안에 대하여 국가가 행하는 종합적인 관리감독체계 및 이행수준을 평가하는 것

unmanned aerial vehicle(UAV) 무인기

조종사 등 오퍼레이터가 탑승하지 않고, 동익 등을 사용하여 공력적인 양력을 발생시켜 비행하는 비행체. 1990년대의 개념으로, 지상통제소에서 무선을 사용하여 원격조작을 수행하는 방법이 주로 사용되었으며, 대형 고급 기종의 경우 항법장치, 유도시스템이나 자동조종장치를 장착하고 있어 자유항법 비행이 가능하다. 2000년대 들어 무인기가 한정된 공역에서의 비행뿐만 아니라 민간 공역의 진입이 가능해짐에 따라 vehicle을 넘어 aircraft 개념으로 확대되었다.

unscheduled maintenance 비계획정비

계획에 없거나 예측할 수 없는 상황에서 발생한 항공기 계통의 고장 수리, 점검, 고장 탐구에 해당하는 작업. 결함 발생 등 필요에 따라 수행된다.

unscheduled removal rate(URR) 비계획장탈률

계획정비 이외의 경우 고장 등이 발견되어 항공기로부터 엔진이나 장비품 등을 장탈한 건수의 발생률. 일반적으로 항공기 운용시간 1,000시간을 기준으로 발생한 장탈률로 표시한다.

upsetting 단압

풀무질한 화로에서 꺼낸 붉게 달아오른 쇳덩어리를 망치로 두들기거나 압력을 가한 것처럼 외부의 하중에 의해 발생한 변형. 단조 가공한 것처럼 부분적인 부풀어 오름이나 튀어나온 형상으로 나타난다.

V

vaccum bag 진공백

습식 레이업 공정 중 균일한 경화제의 침투를 확보하기 위한 공정. 적층판에 압력을 가하기 위해 플라스틱 필름으로 밀봉하고 진공펌프로 공기를 제거한다.

vacuum tube 진공관

진공 속에서 전자의 움직임을 제어함으로써 전기신호를 증폭시키거나 교류를 직류로 정류하는 데 사용하는 전자장비. 무선통신을 위해 개발되었으며 무선송신기 내에서 발진기, 정류기, 증폭기의 용도로 사용된다.

valence electrons 최외각 전자

원자구조의 전자 배치 시 외부의 전자껍질을 차지하는 전자. 원자핵 주위에 있는 전자들 중 보통은 가장 외각 껍데기(shell)에 위치한 전자로서 화학결합에 사용된다.

valve guide 밸브 가이드

실린더 헤드에 장착된 밸브가 내부를 왕복할 수 있도록 압착되거나 한 몸으로 주조된 원통형 금속. 흡입밸브와 배기밸브에 대해 밸브 가이드가 제공되며, 연소과정에서 발생하는 열을 배기밸브에서 실린더 헤드로 전도하는 역할을 한다.

valve operating mechanism
밸브 작동기구

실린더에 장착된 밸브의 개폐 시기를 조절하는 밸브 작동 메커니즘. 크랭크 케이스 내부에 장착된 캠 롤러 또는 캠 팔로어에 대해 작동하는 로브가 장착된 캠링 또는 캠축, 실린더에 장착된 밸브로 힘을 전달하기 위한 태핏, 푸시로드, 로커암 등으로 구성된다.

valve overlap 밸브 오버랩

흡기밸브와 배기밸브가 동시에 밸브시트에서 떨어져 있는 4행정 왕복엔진의 작동주기 부분. 정확하게 상사점에서 열리고 닫히는 것이 아니라, 상사점 전에서 미리 열리고 상사점 후에서 늦게 닫히므로 상대적으로 많은 시간 열려 있는 밸브를 통해 유입되고 배출되는 가스의 증가된 양으로, 실린더의 체적 효율과 냉각 효과를 증가시킨다.

valve seat 밸브시트

알루미늄 합금으로 만들어진 실린더 헤드의 재질 특성으로 밸브 개폐 시의 충격에 견디지 못하기 때문에, 강도가 강한 청동이나

강으로 밸브가 닫히는 부분을 보강하기 위해 삽입한 구성품. 기밀을 확보하기 위해 냉간 수축 상태에서 장착해야 한다.

valve spring 밸브스프링

밸브를 닫고 밸브시트에 밸브를 단단히 고정하는 역할을 하는 스프링. 만약 스프링이 1개 사용된다면 특정 속도에서 진동하거나 서지가 발생할 수 있기 때문에 진동을 감쇠시키기 위해, 그리고 피로에 의한 스프링의 고장 가능성을 줄일 목적으로 2개 이상의 스프링을 설치한다.

valve timing 밸브 타이밍

피스톤엔진에서 밸브 타이밍은 최대 압축효과를 만들기 위해 설정된 흡입밸브와 배기밸브가 열리고 닫히는 시기를 말한다. 이론적인 4행정 프로세스에서 흡기밸브 및 배기밸브가 기능을 수행하기 위해 엔진 사이클의 특정 지점에서 열리고 닫히는 시기를 의미한다.

vapor cycle air conditioning system 증기순환에어컨계통

항공기 기내의 공기를 냉매를 이용해 차갑게 바꾸어 주는 시스템. 가스터빈엔진을 사용하지 않는 항공기에서 주로 사용하며, receiver dryer, expansion valve, evaporator, compressor, condenser를 순환하며 냉매가 열을 외부로 방출하여 기내 공기를 차갑게 만들어 준다.

vapor lock 증기폐쇄

연료는 공기 흐름 속으로 분사될 때까지는 액체 상태로 남아 있다가 순간적으로 증발하는데, 연료가 튜브나 펌프 또는 다른 구성품 내에서 기화되어 생성된 증기가 연료 흐름을 제한하여 연료의 흐름이 완전히 막히는 현상을 말한다.

varactor 버랙터

가해지는 역전압을 통해 정전용량(capacitance)을 제어할 수 있는 가변용량 다이오드

variable resistors 가변저항기

옴 저항값을 조정할 수 있는 저항기. 저항값을 쉽게 변경할 수 있도록 저항요소 위로 접촉자를 밀어서 작동시키는 전기기계변환기이다. 가감저항기인 레오스탯(rheostat)과 전위차계인 포텐시오미터(potentiometer)로 구분하고, 전자적으로 제어할 수 있는 디지털 전위차계가 개발되어 있다.

velocity of maximum diving 최대급강하속도

급강하 시 비행 가능한 최대속도. 최대순항속도, 최대수평속도보다 고속상태가 되지만 이것만으로 기체 구조한계에 가까워진다.

ventral fin 벤트럴 핀

항공기의 후부 동체 하면에 장착된 기다란 판재. 방향의 안정성을 증가시키기 위해 장착하며, 중앙에 한 장을 장착하거나 중앙선을 약간 벗어나 좌우 양쪽에 한 장씩 장착한다.

venturi principle 벤투리 원리

유체가 파이프의 수축된 부분을 통해 흐를 때 발생하는 유체 압력의 감소 효과를 이용하여 일을 할 수 있도록 만들어진 이론

vertical speed indicator(VSI) 승강계

항공기의 수직 속도인 상승률과 하강률을 분당 피트[fpm] 단위로 측정하여 항공기의 상승과 하강상태를 지시하는 계기. 일종의 차압계로 다이어프램이 사용되며, 정압 포트에서 입력되는 정압을 미세하게 조절된 핀홀(pin holl)을 통해 조절된 정압을 승강계 케이스 안으로 유입시켜 다이어프램 외부에 압력을 가한다. 이때 케이스 내부에 장착된 다이어프램 안으로는 조절 없이 정압을 유입시켜 다이어프램 내·외부 차압에 의해 다이어프램이 수축하고 팽창하는 비율에 따라 상승률과 하강률을 지시한다.

vertical take-off and landing aircraft 수직이착륙기

활주로 없이 수직으로 이착륙이 가능한 항공기. 넓게 보면 헬리콥터도 포함되지만 일반적으로 추진시스템 등 수직이착륙 기능과 호버링 기능을 갖추고 있는 고정익 항공기를 말하며, 줄여서 VTOL로 부른다.

very high frequency(VHF) communication 초단파 무선통신

초단파(VHF)를 이용한 단거리 통신. 직진성이 강해 전리층을 모두 통과하기 때문에 단파대와 같은 반사파를 이용하지 못하므로, 지상파의 직접파 또는 지표 반사파를 이용하여 200 NM 내의 가시거리 통신에 주로 이용되는 단거리 음성통신이다. 항공교통관제 및 운항관리통신에서 항공기와 지상, 항공기와 타 항공기 상호 간의 교신에 가장 많이 이용된다.

VHF omni-directional range(VOR) 전방향표지시설

비행하는 항공기에 VHF 대역(108~118 MHz)의 전파로 전방향표지시설(VOR) 설치 위치 기준 반경(전방향 360°) 321.87 km까지 현재 비행 위치의 방위각 정보를 제공하는 시설. 주요 항로지점에 설치되어 있는 송신기를 통해 항공기의 안전운항을 위한 운항위치를 알려주는 무선항행시스템으로, 360° 전 방향으로 정보를 주고 항공기에 장착된 수신기를 통해 정보를 받을 수 있다.

V

visual docking guidance system (VDGS) 시각주기유도시스템

항공기의 안전한 접현을 위해 3D 레이저 기술을 적용해서 해당 spot까지의 잔여 거리, 좌우 편차 등을 자동으로 인식하고, 거리 및 방위각 정보를 제공하여 조종사에게 정확한 정지점을 유도하기 위해 시각적으로 제공해 주는 시스템. 시각주기유도시스템의 적용으로 시스템 지상유도사의 수요가 감소하였다.

visual inspection 육안검사

시각·청각·촉각·후각 및 일반적인 검사장비를 활용하여 항공기, 장비품 등을 검사하는 것

voltage divider 전압분배기

큰 전압을 더 작은 전압으로 바꾸어 주는 간단한 회로. 두 개의 직렬저항과 입력전압을 사용하여 입력의 일부인 출력전압을 생성할 수 있다.

voltmeter 전압계

전기회로에서 두 지점 간의 전위차를 측정하는 데 사용되는 도구. 전압 측정 시 전압계를 측정하고자 하는 양단에 병렬로 연결하며, 회로에 흐르는 전류에 미치는 영향을 작게 하기 위해 전압계의 내부 저항은 되도록 크게 한다.

volumetric efficiency 체적효율

왕복엔진의 실린더 내부의 연료와 공기 혼합가스의 충전 부피와 실린더의 물리적 총부피의 비율

$$\text{체적요율} = \frac{\text{흡입된 혼합기 체적(온도와 압력에 대해 보정된)}}{\text{피스톤 배기량}}$$

voluntary incident reporting system 항공안전장애 자율보고시스템

항공안전을 해치거나 해칠 우려가 있는 사건·상황·상태 등을 항공안전위해요인으로 규정하고, 항공안전위해요인을 발생시켰거나 발생 사실을 알고 있는 사람 또는 발생할 것으로 예상된다고 판단한 사람은 「항공안전법」 제61조에 의거하여 자율보고할 수 있도록 방법을 제시하고 있으며, 이를 위해 마련된 통합안전정보시스템이다.

voluntary reports on aviation security 항공보안자율신고

민간항공의 보안을 해치거나 해칠 우려가 있는 사실로서 국토교통부령으로 정하는 사실을 안 사람이 「항공보안법」 제33조의 2에 의거하여 국토교통부장관에게 자율적으로 할 수 있는 신고이다. https://avsec.ts2020.kr/avsc/main.do

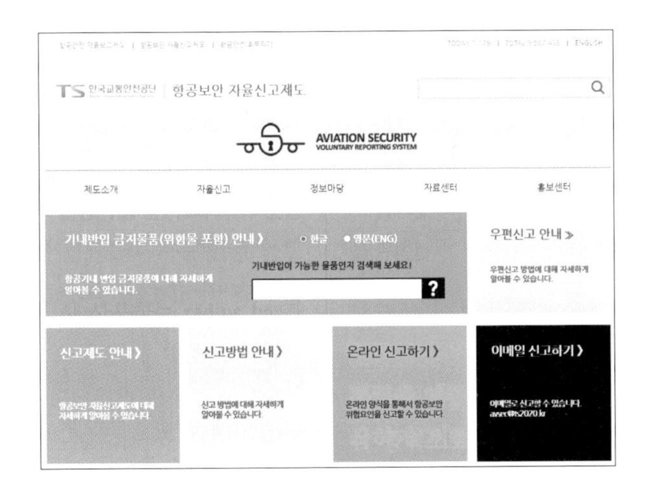

vortex 와류

비행 중 항공기의 날개 끝, 프로펠러나 로터의 끝단에 발생하는 불규칙한 공기 흐름. 와류의 발생은 진동과 버핏의 원인 등 부정적인 요인으로 작용하지만, vortex generator 등 특수 목적으로 활용함으로써 높은 양력계수를 제공하는 용도로도 활용된다.

vortex generator 와류발생장치

날개 상면이나 후방 동체 꼬리 부분에 장착되어 동체면에 수직으로 서 있는 작은 판재. 경계층 흐름이 지속되도록 속도가 낮아진 부분에 장착되어 흐름에 변화를 줌으로써 흐름이 지속될 수 있도록 한다.

V

wake turbulence 후방 난기류

항공기의 익단부에 생기는 와류. 날개의 상하면에 생기는 압력차로 인해 발생하는 현상으로, 일반적으로 항공기의 중량이 크면 클수록 발생하는 와류가 강해지며, 큰 난기류를 동반한다. 후방 난기류의 강도는 항공기의 중량에만 영향을 받는 것이 아니라, 주날개나 동체의 형태에도 영향을 받는다. 후방 난기류의 위험성으로 인해 계기비행방식 또는 유도시계비행방식으로 비행하는 항공기의 경우 대형 항공기와의 간격을 5 nmi 이상 유지하도록 하고 있다.

walk-around inspection 외부 점검

조종면, 타이어 상태, 연료 또는 오일 누출 여부 등 항공기 승무원이 탑승 전 보안 · 안전 · 운영상의 이유로 항공기의 특정 부분을 점검하는 것. 항공기 nose에서 시작해서 오른쪽 날개를 거쳐 시계 방향으로 한 바퀴 돌면서 주요 부분을 점검한다. 정비사는 비행과 비행 사이 중간 점검의 형태로 수행한다.

walkway 통행로

semi-monocoque 형태로 만들어진 날개 구조물의 손상 방지를 위해 통행이 가능하도록 정해진 구역. 구조적으로 취약한 부분의 손상을 방지하기 위하여 접근 제한구역을 설정하여 정비작업을 위해 진입할 때 필요한 구역을 명확하게 표시해 준다.

warning system 경고장치

항공기의 각종 시스템에 이상이 발생하거나 스위치 또는 레버가 올바른 위치에 있지 않을 때, 비행상태에 이상이 발생했을 때 등 특정상황이 발생했음을 승무원에게 알려주는 시스템. 경고등의 점등 및 점멸, 디스플레이 화면상의 메시지 표시, 합성음성, 차임 및 조종간의 흔들림 등으로 알려준다.

waste gate 웨이스트 게이트

배기가스가 배기덕트로 빠져 나가는 경로상에 장착되어 있으며, 열리고 닫히는 정도에 따라 터보차저의 입구로 보내지는 배기가스의 양을 조절하여 터보차저의 구동력을 조절해 주는 역할을 하는 밸브

water injection system 물분사계통

대형 성형엔진을 장착한 항공기가 이륙출력 향상을 위해 물과 알코올 혼합액을 스로틀에 분사하는 시스템. 증발열을 이용해 냉각효과를 증가시키고 디토네이션을 예방하는 역할을 하기 때문에 antidetonation injection(ADI)이라고도 한다.

water injector 물분사장치

엔진 흡입구에 물과 메탄올을 분사해서 엔진 성능의 향상을 꾀하는 장치. 피스톤 엔진의 경우 고출력 운전 시 흡입공기의 온도가 높으면 디토네이션 발생의 위험이 있기 때문에 물분사를 통해 흡입공기의 온도를 낮춰 디토네이션 발생을 예방한다. 가스터빈 엔진의 경우 압축기 입구와 연소실에 물분사를 적용하여 흡입공기의 양을 증가시켜 추력을 증가시킨다.

water line(WL) 워터라인

항공기 운용 중 발생하는 수리 개조 등의 정비작업 시 참고할 수 있도록 동체 구조물 안쪽에 표시된 기준면에서 개별 구조물까지의 거리 표시. 수면이 차오르는 것처럼 기준면을 중심으로 수직한 면으로 측정된 거리값으로, 항공기 형식별로 기준면이 설정되어 있으며, 통상 cabin floor panel 상면을 기준면으로 활용한다.

water separator 수분분리기

수분이 포함된 공기가 항공기 객실 내부로 보내지기 전 수분을 제거하기 위해 사용되는 장치. 원심력에 의해 무거운 물입자가 분리되어 열교환기 쪽으로 방출되고 공기만 계통 내로 유입되도록 하며, 수분분리기에 결빙이 발생할 경우 공기의 통과를 확보하기 위한 bypass valve를 갖추고 있다.

wattmeter 전력계

주어진 회로의 전력 또는 전기에너지의 공급률을 watt[W] 단위로 측정하는 도구

web 웨브

I자형 또는 T자형 빔의 상하면 플랜지 사이의 수직 구조부재. 압축응력을 지지하는 플랜지와 전단응력을 지지하며 결합된 굽힘 응력을 견디기 위해 얇은 판재 형태로 장착된다.

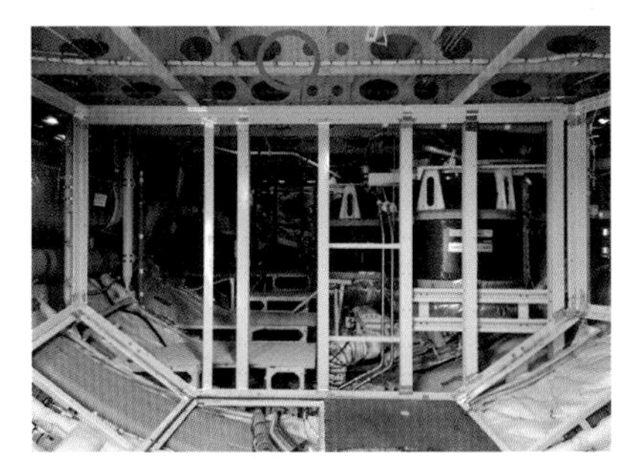

weeping wing system 삼출날개계통
날개 앞쪽 가장자리에 있는 작은 오리피스들을 통해 글리콜 기반의 화학물질을 방출하여 날개에 발생하는 결빙을 제거 또는 예방하는 시스템

weight and balance 중량 및 평형
항공기가 운항하기 전에 탑재된 화물, 승객, 연료 등의 무게를 계산해서 중량 한계를 초과하는지의 여부를 확인하는 것. 매 비행 전 중량 및 평형 점검은 운항관리사가 수행하며 조종사가 안전하고 효율적인 비행을 할 수 있도록 절차화하고 있다. 정확한 점검을 위해 해당 항공기 고유의 무게중심 위치가 파악되어 있어야 하는데, 이를 위해 정비사는 운송용 항공기의 경우 3년에 한 번 정기적으로 측정하고, 추가로 항공기의 무게중심점의 변화가 일어나는 개조나 수리작업이 수행된 때 측정한다.

weight on wheel(WOW) 와우센서
항공기의 무게가 휠에 얹혀 있는지의 여부를 감지하여 항공기가 공중에 있는지 또는 지상에 있는지 여부를 확인하는 스위치. 랜딩기어의 부정확한 위치와 관련된 사고를 예방하기 위한 신호를 제공한다.

wet sump 습식 섬프
기어케이스 자체가 오일탱크 역할을 하도록 만들어진 오일계통. 왕복엔진, APU 등 크기가 작은 엔진에 주로 사용된다.

wheel speed sensor 바퀴속도감지기
랜딩기어 하부 스트럿에 장착된 액슬(axle) 내부에 있는 바퀴속도 감지장치. 각각의 휠 중앙에 장착되어 있으며, 타이어 교환 시 회전구성품의 손상을 방지하기 위해 정확한 장착이 요구된다.

wheel track 차륜 폭
항공기의 메인 랜딩기어의 경우 스트럿과 스트럿 사이의 간격. 복수의 타이어가 장착된 경우 기준 타이어 중간 지점을 기준으로 간격을 측정한다.

wheel well 휠웰
retractable landing gear를 장착한 항공기가 비행 시 기어를 접어 넣을 수 있도록 만들어진 공간. 항공기 배면에 위치하며, hydraulic system 등 주요 구성품들이 모여 있다. 다양한 시스템의 튜브와 케이블이 지나가며 각

종 fluid가 통과하는 공간으로, 화재의 위험이 높아 화재감지장치가 장착된다.

wheelbase 차륜 간 거리

항공기의 차륜 간의 전후 거리. 노스 랜딩기어 스트럿 중심과 메인 랜딩기어 스트럿 중심선을 수평상태에서 측정한 거리로 잰다.

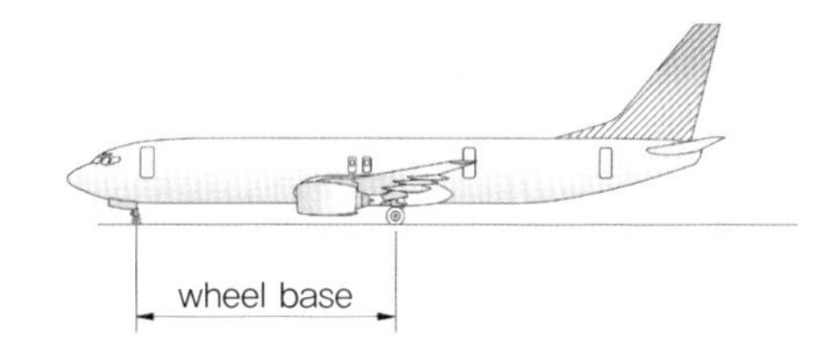

wide-cut fuel 와이드 컷 연료

약 30%의 케로신(등유)과 70%의 가솔린(휘발유)을 혼합한 연료. 어는점이 −60℃(−76°F)로 매우 낮고 인화점도 낮아 군용 항공기에 주로 사용되며, 운송용 항공기용 Jet B와 군용 JP−4가 포함된다.

wind shear 윈드셰어

짧은 시간에 풍향 또는 풍속이 급격하게 변화하는 현상. 항공기가 이착륙할 때 활주로 근처에서 정풍이나 배풍의 급격한 증가 또는 감소로 인해 항공기의 실속이나 비정상적인 고도 상승을 초래하고, 측풍에 의해 활주로 이탈을 발생시키는 등의 위험성이 있다. 항공기에는 이러한 위험성을 경고하는 대지접근경보장치(GPWS, Ground Proximity Warning System)가 장착되어 있다.

windshield 윈드실드

조종석에서 항공기 외부를 명확하게 확인할 수 있도록 만들어진 창. −56.5℃에 노출된 대기 중을 비행하기 때문에 anti−icing, de−fogging 기능이 적용되며, 강한 비에 노출되더라도 시야를 확보할 수 있도록 wiper, hydrophobic coating 기능이 포함되어 있다. 경우에 따라서 여닫이 형태로도 제작된다.

wing anti ice(WAI) system
날개방빙 시스템

항공기 날개에 얼음이 얼지 않도록 예방하는 장치. 항공기의 규모에 따라서 엔진 압축기로부터 뽑아온 뜨거운 공기를 사용하여 가열시키는 방법과 전기 코일을 장착하여 전기 히터가 작동하여 얼음이 어는 것을 방지하는 방법이 있는데, 지상에서 과열의 우려가 있어 사용 시 주의가 필요하다.

wing area 날개 면적

항공기를 평면에 투영시켰을 때의 날개 면적. 날개에 장착된 조종면도 포함되며, 날개의 앞전과 뒷전의 연장선과 항공기 중심선의 교점을 정하여 그 범위 내부에 포함된 동체 부분도 평면 투영 면적에 포함시킨다.

wing layout 주 날개 배치
항공기 동체에 날개를 장착하는 방법. 주 날개를 동체 하면이나 동체 중간 부분, 동체 상부에 장착하는 방법에 따라 하익배치, 중익배치, 고익배치로 나눈다.

wing loading 날개면 하중
기체의 중량을 날개의 면적으로 나눈 값. 수평면에서의 항공기의 운동성을 나타내는 수치로 사용된다. 날개면 하중이 작으면 일정한 날개 면적에 대한 무게가 가벼운 것으로, 주 날개가 지지해야 하는 중량이 가벼워 필요로 하는 양력도 작아진다.

wing rib 날개 리브
항공기 동체 프레임이 수행하는 것과 유사한 기능인 날개 부분의 모양을 유지하기 위한 날개 구조부재. main spar에 장착되며 루트에서 팁까지 지정된 간격으로 장착됨으로써 날개의 에어포일 모양을 형성하고 wing skin에 외부 하중을 전달하며 stringer의 길이를 줄여 주는 역할을 한다.

wing spar 날개보
고정익 항공기 날개의 스팬 방향으로 장착된 메인 구조부재. 동체의 주요 부재인 세로대(longeron)에 장착되어 비행 하중과 지상에 있는 동안 날개의 하중을 담당하며, 리브와 같은 성형부재가 장착되는 base 역할을 하기 위해 전방 spar와 후방 spar가 장착된다.

winglet 윙렛
날개 끝부분에 발생하는 소용돌이 효과로 인한 유도항력을 줄여주기 위해 날개 끝부분에 장착된 수직에 가까운 판재. 비행 중 날개 상하면을 흐르는 공기력으로 인해 wing tip 쪽에 발생하는 vortex에 의한 내리누르는 공기흐름을 동반한 유도항력을 막아주어 총항력을 줄이고, 이륙 및 상승성능을 개선하고 연료 소비를 줄이는 역할을 하며, 뒤따라오는 항공기에 위험을 초래하는 날개 끝 와류의 강도를 감소시킨다. B737 항공기의 경우 연료소비 감소효과가 큰 것이 확인되어 윙렛을 추가로 장착하는 개조작업 SB가 수행되었다.

wingspan 날개 길이
고정익 항공기의 경우 오른쪽 날개 끝부분부터 왼쪽 날개 끝부분까지의 거리

wingtip fence 윙팁 펜스

여객기 등 대형기의 주 날개 끝부분에 장착된 펜스. 일반적으로 윙렛(winglet)으로 불리며, 비행 중 날개 끝부분에서 발생하는 유도항력을 줄여주기 위한 장치로서 날개 폭을 연장한 효과를 얻을 수 있어 순항효율이 좋아지고 항속거리가 길어지는 장점이 있다.

wingtip stall 익단 실속

주 날개에서 발생하는 실속 중에 날개 끝부분 가까운 곳에서 발생하는 실속. 테이퍼형 날개와 후퇴각이 있는 날개에서 쉽게 발생하며, 익단 실속이 발생할 경우 양력의 작용점이 전방으로 이동하기 때문에 기수 피치업 경향성이 커져 실속현상을 악화시킨다.

wire identification 와이어 식별

항공기 각 계통의 장치를 연결하는 전선과 케이블에는 각각의 장치들이 속한 계통을 쉽게 구분할 수 있도록 도선의 지정된 부분에 표시한다. 전선의 굵기, 전선에 관련된 정보 등을 부호화된 숫자와 문자의 조합으로 전선에 직접 표시하는 direct marking과 전선에 부착하는 indirect marking으로 나누어진다.

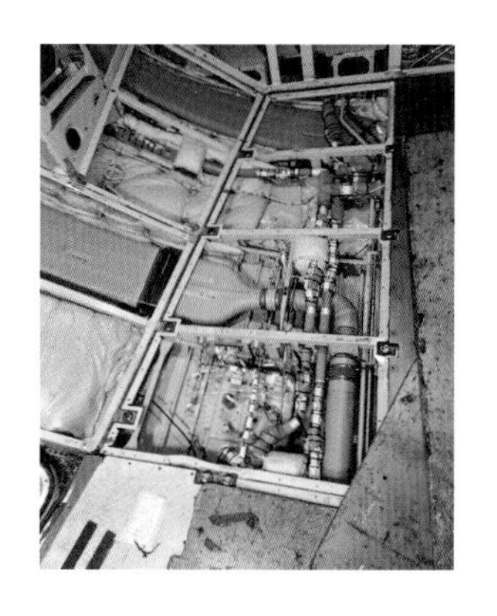

wire shielding 와이어 차폐

음성신호나 신호전송을 유해한 간섭으로부터 차단하기 위해 차폐물을 감싸는 것. 실드케이블(shield cable)을 사용하여 외부로부터의 소음이나 전자기 간섭을 차단시킨다.

wire wound resistor 권선저항

저항이 높은 전선을 절연 코어에 감아서 만든 저항. 대용량의 전류를 제어하고, 고전력 정격을 갖기 위해 세라믹 절연막대 주위에 저항선을 감아서 제작하며, 감긴 와이어는 물리적인 보호와 열전도를 위해 절연재료로 코팅 처리한다.

wiring diagram manual 배선도 매뉴얼

항공기에 공급되고 있는 전력의 흐름을 그림으로 설명한 매뉴얼. 각각의 시스템의 개략적인 설명부터 하나의 구성품에 공급되고 있는 세세한 부품의 연결까지 확인할 수 있다.

wiring diagrams 배선도

구성부품의 전력 공급 및 제어장치의 연결 상태를 보여주기 위한 도면. 사용되는 심벌들에 대한 이해가 필요하다.

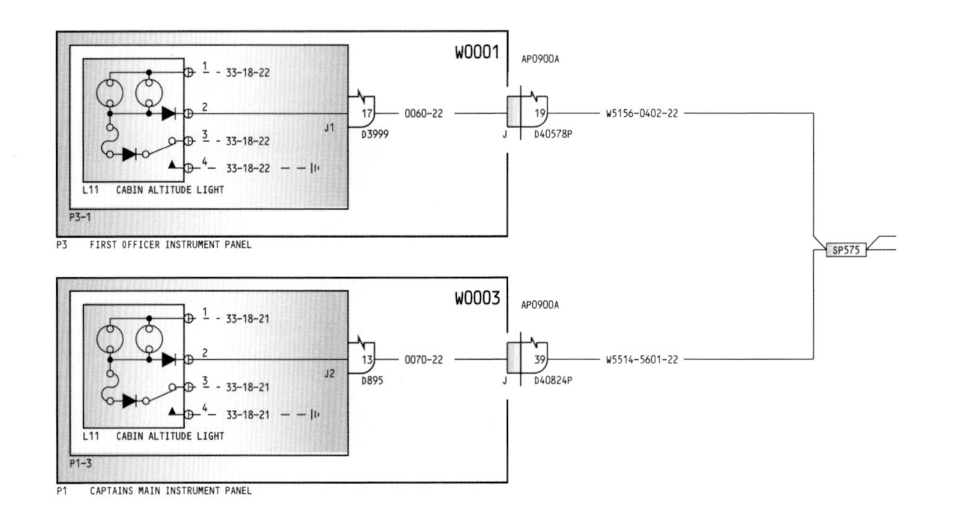

wobble 떨림

스피너의 불균형이 원인이 되어 엔진 작동 중 발생하는 떨림 현상

written law 성문법

법적 효력을 명확하게 하기 위해 문서의 형식을 취하고 있는 법. 관습이나 통념을 받아들이는 당사자의 인식에 따라 달라질 수 있으므로, 명확한 근거로 만들기 위해 이해당사자의 의견을 조율하는 합의 절차를 거쳐 서면형식으로 작성된다.

yaw damper 요댐퍼

반복적인 롤링 및 요잉 동작으로 진동하는 더치롤을 줄이기 위해 사용되는 자동비행시스템. 항공기의 수직축을 중심으로 항공기를 안정적으로 유지하기 위해 요 모멘트에 비례하여 반대 방향으로 방향타의 움직임을 명령하여, 원치 않는 요 동작을 최소화하여 비행을 더욱더 부드럽게 만든다.

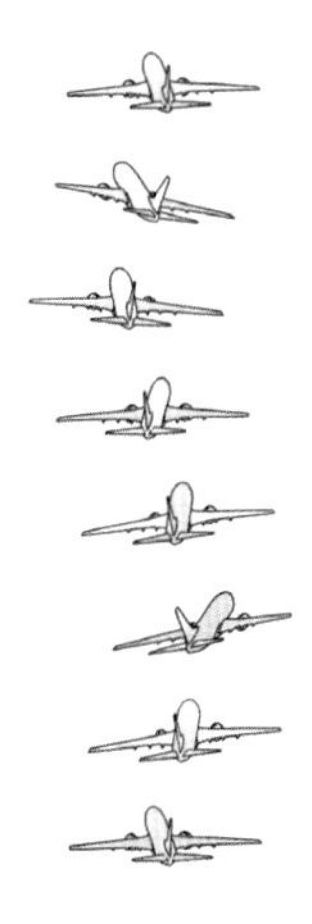

yawing motion 빗놀이운동

항공기의 가로축, 세로축, 수직축을 중심으로 하는 운동 중 수직축을 중심으로 하는 움직임. 세로축과 가로축의 교차점에 위치한 수직축을 중심선으로, 조종석의 좌우 페달을 밟아 수직안정판(vertical stabilize) 뒷전에 장착된 방향키(rudder)의 각도 변화를 만들어 줌으로써 항공기 기수 부분의 좌우 회전운동이 이루어진다.

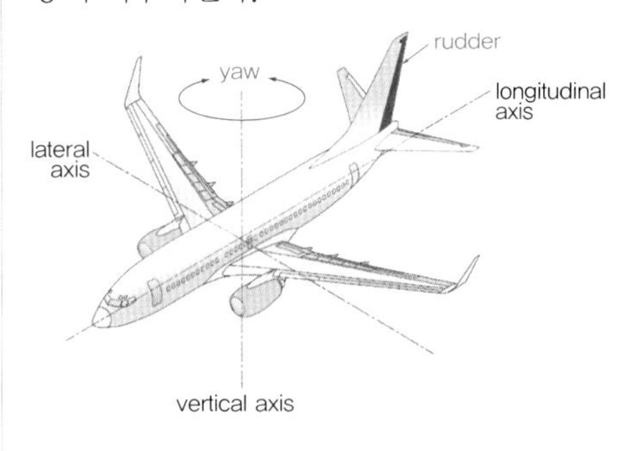

yield strength 항복강도

물체에 힘을 가하여 잡아당기면 물체의 길이가 늘어나고, 힘을 제거하면 원래의 크기로 돌아가지만 일정 크기의 힘 이상으로 당기면 영구 변형이 일어나 원래의 상태로 돌아가지 못하는데, 원래 상태로 돌아갈 수 있을 때의 최대 힘(영구변형이 일어나기 시작하는 힘)의 크기를 항복강도라 한다.

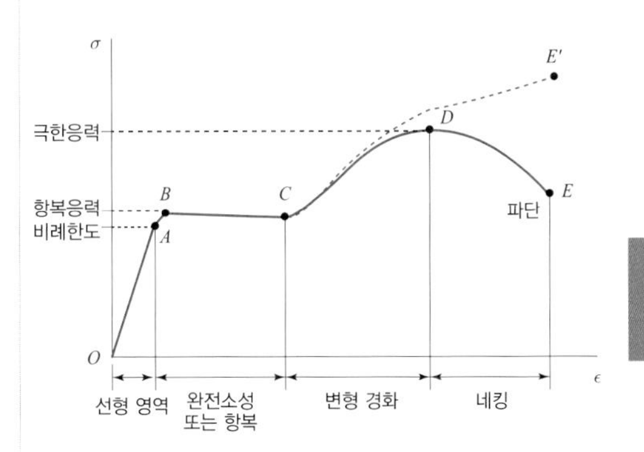

Z

zener diode 제너다이오드

항복특성이 있는 일반 다이오드의 큰 항복 전압값을 낮춘 특수 목적의 다이오드. 항복 전압을 일반 직류회로에서 사용되는 범위인 5~30 V의 값이 되도록 PN 반도체 안에 들어 있는 불순물의 함량을 조절하여 만들며, 역방향으로 항복전압 이상을 가해주면 역방향이더라도 전류가 흐르게 한다. 역방향 바이어스의 제너전압을 낮추어 다이오드로 회로의 직류전압을 일정하게 공급할 필요가 있는 정전압 회로에 주로 사용한다.

zonal inspection 구역검사

항공기의 감항성 확보를 위해서 일정한 주기의 점검을 하도록 정비교범 ATA 05-00-00에 그 절차를 기술하고 있다. 효과적인 정비관리를 위해 항공기를 8개의 zone으로 구분하고, 해당 zone에서 수행해야 할 항목들을 제시한다.

zone number 존넘버

항공기에 장착된 각각의 구성품의 위치를 명확하게 알 수 있도록 주요 구성품을 구분한 번호체계. 존넘버를 기준으로 항공기에 장착되는 access panel 번호가 구성되도록 하는 sub number system을 갖고 있으며, 하부 동체 100, 상부 동체 200, 후방 동체 300, 엔진 나셀 400, 왼쪽 날개 500, 오른쪽 날개 600, landing gear 700, door 800으로 구성된다.

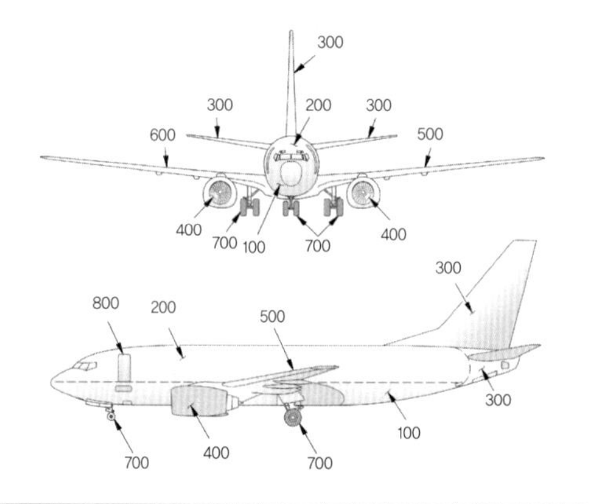

MAJOR ZONE 100 – Lower Half of Fuselage
MAJOR ZONE 200 – Upper Half of Fuselage
MAJOR ZONE 300 – Empennage and Body Section 48
MAJOR ZONE 400 – Power Plants and Nacelle Struts
MAJOR ZONE 500 – Left Wing
MAJOR ZONE 600 – Right Wing
MAJOR ZONE 700 – Landing Gear and Landing Gear Doors
MAJOR ZONE 800 – Passenger and Cargo Compartment Doors

ㄱ

ㄴ

ㄷ

ㄹ

ㅁ

ㅂ

ㅅ

ㅇ

ㅈ

ㅊ

ㅋ

ㅌ

ㅍ

ㅎ

index

지은이 **남명관**

- 현, 동서울대학교 스마트드론과 교수
- 항공기관기술사
- 대한항공 정비본부 정비훈련팀 전임강사
- 한국항공대학교 경영학 박사(항공경영 전공)
- 인하공업전문대학 항공기계과 상근겸임교수 역임
- 대한항공 정비본부 점검정비팀, 정비안전팀
- 대한항공 정비본부 운항정비팀

저서

– 《항공법규(성안당, 2023)》
– 《항공기시스템(성안당, 2018)》
– 《항공정비사 표준교재(국토교통부, 2015)》

mknam1903@gmail.com

현장 전문가가 알기 쉽게 설명한

항공용어사전

2021. 8. 10. 초 판 1쇄 발행

2024. 1. 24. 초 판 2쇄 발행

지은이 | 남명관

펴낸이 | 이종춘

펴낸곳 | BM (주)도서출판 성안당

주소 | 04032 서울시 마포구 양화로 127 첨단빌딩 3층(출판기획 R&D [illegible]

10881 경기도 파주시 문발로 112 파주 출판 문화도시(제작 및 물류)

전화 | 02) 3142-0036

031) 950-6300

팩스 | 031) 955-0510

등록 | 1973. 2. 1. 제406-2005-000046호

출판사 홈페이지 | www.cyber.co.kr

ISBN | 978-89-315-3646-1 (91550)

정가 | 23,000원

이 책을 만든 사람들

책임 | 최옥현

진행 | 이희영

교정 · 교열 | 이희영

본문 디자인 | 유선영

표지 디자인 | 박현정

홍보 | 김계향, 유미나, 정단비, 김주승

국제부 | 이선민, 조혜란

마케팅 | 구본철, 차정욱, 오영일, 나진호, 강호묵

마케팅 지원 | 장상범

제작 | 김유석